嘉兴学院 2013 年重点教材建设项目

有机合成原理与工艺

吴建一　缪程平　宗乾收　刘　丹　编著

化学工业出版社

·北京·

本书从有机化学基础知识入手，系统介绍了有机合成的相关机理，并将有机合成理论与实践相结合，系统性较强，便于学生自学和“学习共同体”课堂教学改革的试行。全书共分9章，内容包括：有机合成的历史、有机合成基础知识、碳-碳单键的形成、碳-碳双键的形成、氧化反应、还原反应、重排反应、杂环的形成和有机合成设计。

本书既可作为高等院校化学、化工、制药等专业有机合成教学用书，也可作为从事相关科学研究的人员参考用书或自学用书。

图书在版编目(CIP)数据

有机合成原理与工艺/吴建一等编著．—北京：化学工业出版社，2015.10（2025.2重印）
ISBN 978-7-122-25169-5

Ⅰ.①有…　Ⅱ.①吴…　Ⅲ.①有机合成-理论②有机合成-工艺学　Ⅳ.①O621.3②TQ02

中国版本图书馆CIP数据核字（2015）第218113号

责任编辑：魏　巍　赵玉清　　　　装帧设计：关　飞
责任校对：王素芹

出版发行：化学工业出版社（北京市东城区青年湖南街13号　邮政编码100011）
印　　装：北京科印技术咨询服务有限公司数码印刷分部
710mm×1000mm　1/16　印张12　字数228千字　2025年2月北京第1版第9次印刷

购书咨询：010-64518888　　　　售后服务：010-64518899
网　　址：http://www.cip.com.cn
凡购买本书，如有缺损质量问题，本社销售中心负责调换。

定　　价：35.00元

前 言

本书是为化工、制药、应化等专业学生编著的有机合成专业课教材。本教材在编写上采用构建“学习共同体”的教学模式，阐述现代有机合成的新方法和新技术。以有机化学最基本的合成机理为基础，使学生学习的主线更明确，将有机化学的电子效应应用于有机合成的逆向切断等方法中。本教材吸收了本领域的最新研究成果，以最新的实例简要介绍本学科的发展趋势。同时也参考了有机合成方面国外经典的书籍，如 Warren S 编写的 Organic Synthesis：The Disconnection Approach 和 Designing Organic Syntheses：A Programmed Introduction to the Synthon Approach、March J 编写的 March's Advanced Organic Chemistry 和 Carey F A 编写的 Advanced Organic Chemistry 等书籍。

本教材的编写首先从有机化学的基础知识入手，系统介绍有机合成的相关机理，然后通过重排反应对合成机理深化学习，并且在有机合成设计的逆向切断法中以案例的形式通过机理分析切断方式，深入探讨有机合成机理在分子设计中的应用。整本教材以有机合成机理为主线，并将有机合成理论和实践相结合，教材的系统性较强，便于学生自学和“学习共同体”课堂教学改革的试行。

本书编写人员：吴建一，缪程平，宗乾收，刘丹。全书由吴建一统稿。

特别感谢浙江省教育厅省级精品课建设项目、浙江省 2013 年高等教育课堂教学改革项目（kg2013295）和嘉兴学院 2013 年重点教材建设项目的大力支持。本书编写中得到作者课题组研究生的大力支持和热情帮助，在此一并表示感谢。

作　者

2015 年 5 月于嘉兴

目 录

第1章 有机合成的历史 / 1

1.1 基本概念 …… 1
1.2 历史沿革 …… 1
1.2.1 有机合成的起源 …… 1
1.2.2 天然产物的人工合成 …… 2
1.2.3 结构理论的发展 …… 2
参考文献 …… 4

第2章 有机合成基础知识 / 5

2.1 电子效应 …… 5
2.1.1 诱导效应 …… 5
2.1.2 共轭效应 …… 6
2.1.3 化学键的断裂方式 …… 6
2.2 亲电加成 …… 6
2.2.1 不对称试剂的亲电加成机理与实例 …… 7
2.2.2 对称试剂的亲电加成机理与实例 …… 7
2.2.3 碳正离子的稳定性和亲电加成活性 …… 8
2.3 亲电取代 …… 9
2.3.1 亲电取代反应定位规则 …… 10
2.3.2 亲电取代反应活性影响因素 …… 11
2.4 亲核取代 …… 11
2.4.1 氧亲核试剂的亲核取代反应实例 …… 13
2.4.2 氮亲核试剂的亲核取代反应实例 …… 14
2.4.3 碳亲核试剂的亲核取代反应实例 …… 15
2.5 亲核加成 …… 16
2.5.1 醛、酮亲核加成的机理 …… 16
2.5.2 氮亲核试剂的亲核加成反应实例 …… 17
2.5.3 氧、硫亲核试剂的亲核加成反应实例 …… 17
2.5.4 碳负离子亲核试剂的亲核加成反应实例 …… 18

2.5.5 羰基亲核加成反应活性的比较 …… 20
思考题 …… 20
习题 …… 21
参考文献 …… 22

第3章 碳-碳单键的形成 / 23

3.1 碳负离子的形成 …… 23
3.2 活性亚甲基化合物的烷基化反应 …… 25
3.3 弱酸性的亚甲基化合物的烷基化反应 …… 30
3.4 烯胺及其相关反应 …… 31
3.5 极性转换在碳-碳单键合成中的应用 …… 33
3.6 醇醛缩合反应 …… 35
思考题 …… 37
习题 …… 38
参考文献 …… 39

第4章 碳-碳双键的形成 / 40

4.1 β-消除反应 …… 40
4.2 魏悌息反应及其相关反应 …… 44
4.3 脱羧反应制备烯烃 …… 46
4.4 缩合反应合成碳-碳双键 …… 47
思考题 …… 48
习题 …… 48
参考文献 …… 49

第5章 氧化反应 / 50

5.1 烷烃的氧化反应 …… 50
5.1.1 芳甲烷的氧化反应 …… 51
5.1.2 羰基 α 位活性烷基的氧化反应 …… 52
5.1.3 烯丙位烷基的氧化反应 …… 53
5.2 醇的氧化反应 …… 53
5.2.1 氧化伯醇、仲醇为醛和酮 …… 54
5.2.2 氧化醇为羧酸 …… 57
5.2.3 二元醇的氧化反应 …… 58
5.3 醛和酮的氧化反应 …… 59

5.3.1 醛的氧化反应 …… 60
5.3.2 酮的氧化反应 …… 60
5.4 碳-碳双键的氧化反应 …… 61
5.4.1 环氧化 …… 61
5.4.2 氧化为邻二醇 …… 64
5.4.3 氧化断裂 …… 67
5.5 芳烃的氧化反应 …… 68
5.5.1 氧化开环 …… 68
5.5.2 氧化为醌 …… 68
5.5.3 酚、*N*-烷基取代芳胺的羟基化 …… 69
5.6 脱氢反应 …… 70
5.6.1 羰基的 α,β-脱氢反应 …… 70
5.6.2 脱氢芳构化反应 …… 71
5.7 胺的氧化反应 …… 71
5.8 其他氧化反应 …… 72
5.8.1 卤化物的氧化反应 …… 72
5.8.2 磺酸酯的氧化反应 …… 73
5.8.3 硫醇（酚）和硫醚的氧化反应 …… 74
5.9 合成工艺实例——邻硝基对甲砜基苯甲酸的电合成 …… 74
思考题 …… 75
习题 …… 75
参考文献 …… 77

第6章 还原反应 / 78

6.1 化学还原反应 …… 78
6.1.1 金属还原剂 …… 79
6.1.2 用含硫化合物作还原剂 …… 84
6.1.3 金属氢化物还原剂 …… 86
6.1.4 硼烷还原剂 …… 89
6.1.5 水合肼作还原剂 …… 90
6.1.6 烷氧基铝作还原剂 …… 90
6.1.7 电解还原法 …… 91
6.2 催化氢化 …… 91
6.2.1 非均相催化氢化 …… 92
6.2.2 均相催化氢化 …… 94

6.2.3 氢解 …… 95
思考题 …… 96
习题 …… 96
参考文献 …… 97

第7章 重排反应 / 99

7.1 基本概念 …… 99
7.2 亲核重排 …… 100
7.2.1 频哪醇（pinacol）重排 …… 100
7.2.2 类频哪醇（semipinacol）重排 …… 101
7.2.3 蒂芬欧-捷姆扬诺夫（Tiffeneau-Demjanov）环扩大反应 …… 102
7.2.4 贝克曼（Beckmann）重排 …… 103
7.2.5 贝耶尔-维勒格（Baeyer-Villiger）氧化重排 …… 104
7.2.6 瓦格内尔-梅尔外因（Wagner-Meerwein）重排 …… 105
7.2.7 苯偶酰-二苯乙醇酸型（Benzil）重排 …… 106
7.3 亲电重排 …… 106
7.3.1 班伯格（Bamberger）重排 …… 107
7.3.2 法沃斯基（Favorskii）重排 …… 108
7.3.3 弗里斯（Fries）重排 …… 108
7.3.4 马狄斯（Martius）重排 …… 109
7.3.5 奥顿（Orton）重排 …… 110
7.3.6 联苯胺重排 …… 111
7.3.7 斯蒂文（Stevens）重排 …… 112
7.3.8 萨姆勒特-霍瑟（Sommelet-Hauser）苯甲基季铵盐重排 …… 113
7.3.9 魏悌息（Wittig）醚重排 …… 115
7.4 自由基重排 …… 115
7.4.1 霍夫曼（Hofmann）重排（降解） …… 115
7.4.2 乌尔夫（Wolff）重排 …… 116
7.4.3 库尔提斯（Curtius）重排 …… 117
7.4.4 罗森（Lossen）重排 …… 117
7.4.5 施密特（Schmidt）重排 …… 118
7.5 协同重排 …… 118
7.5.1 克莱森（Claisen）重排 …… 119

7.5.2 库伯（Cope）重排 …… 121
思考题 …… 122
习题 …… 122
参考文献 …… 124

第8章 杂环的形成 / 125

8.1 杂环成环反应类型 …… 125
8.2 五元杂环化合物的成环 …… 126
8.2.1 含一个杂原子的五元杂环化合物的成环 …… 126
8.2.2 含二个杂原子的五元杂环化合物的成环 …… 127
8.3 六元杂环化合物的成环 …… 128
8.3.1 含一个杂原子的六元杂环化合物的成环 …… 128
8.3.2 含二个杂原子的六元杂环化合物的成环 …… 129
8.4 苯并杂环化合物的形成 …… 129
8.4.1 苯并五元环化合物的形成 …… 129
8.4.2 苯并六元环化合物的形成 …… 130
思考题 …… 130
习题 …… 131
参考文献 …… 131

第9章 有机合成设计 / 133

9.1 概述 …… 133
9.1.1 “分子拆开”的原理和方法 …… 134
9.1.2 “分子拆开”应遵循的原则 …… 134
9.1.3 “分子拆开”的一般方法 …… 137
9.2 1,3-二氧化的化合物的拆开 …… 138
9.2.1 β-羟基羰基化合物的拆开 …… 138
9.2.2 α,β-不饱和羰基化合物的拆开 …… 141
9.2.3 1,3-二羰基化合物的拆开 …… 145
9.3 1,5-二羰基化合物的拆开 …… 151
9.3.1 1,5-二羰基化合物的合成——迈克尔加成 …… 151
9.3.2 1,5-二碳基化合物的拆开 …… 152
9.3.3 迈克尔反应及其应用 …… 154
9.4 1,2-二氧化的化合物的拆开 …… 155
9.4.1 邻位二醇的拆开 …… 155

9.4.2 α-羟基腈，α-羟基酸，α-羟基炔的拆开 …………… 155
9.4.3 α-羰基酸的合成与拆开 …………………………… 157
9.4.4 α-羟基酮的拆开 ……………………………………… 159
9.5 1,4-二羰基化合物和1,6-二羰基化合物的拆开 ……… 160
9.5.1 1,4-二羰基化合物的拆开 ……………………………… 160
9.5.2 1,6-二羰基化合物的拆开 ……………………………… 163
9.6 分子拆开法的总结 ………………………………………… 165
9.6.1 应具备的基础知识 ………………………………………… 165
9.6.2 设计合成路线的例行程序 ………………………………… 165
9.7 用于合成路线设计的重要参考附表 ……………………… 166
9.8 合成工艺实例 ……………………………………………… 171
9.8.1 基于龙脑的新型手性离子液体的合成工艺 ……… 171
9.8.2 离子液体介质中多取代芳醚的合成工艺 ………… 174
9.8.3 离子液体中抗肿瘤药物吉非替尼的合成工艺 …… 176
9.8.4 2-(3-羟基-1-金刚烷)-2-氧代乙酸的合成工艺 …… 177
9.8.5 王浆酸的合成工艺 ………………………………………… 177
思考题…………………………………………………………… 179
习题……………………………………………………………… 179
参考文献………………………………………………………… 180

第1章　有机合成的历史

1.1　基本概念

有机合成可以说是有机反应机理及其应用的组合，多步有机反应的组合完成某一有机物的合成。早期的有机试剂、药物和染料，近代的维生素、激素、色素、避孕药物、抗生素、高分子单体和石油制品等，都是有机合成的成果。有机化学在有机合成中壮大和充实，反之有机反应机理和电子效应理论为有机合成的设计奠定基础。有机合成充分体现了有机反应机理的巨大作用。

在有机化学的发展过程中，有机合成处于主导地位。从学科的发展来看，有机合成的发展补充了有机化学的方法、反应和结构理论。

研究有机合成的目的包括以下几点内容。

① 对有机物的验证，特别是天然产物结构的验证。

② 微量来源的天然产物和相关化合物的人工合成和生产。

③ 理论研究及仿真合成。

④ 有机反应的改进。

⑤ 新型有机反应的发现，特别是金属有机化学是当前有机合成研究的重点。

1.2　历史沿革

1.2.1　有机合成的起源

推动有机合成的两件大事：一件是尿素的合成（Wohler，1828），它否定了生命力学说，肯定了有机物是可以人工合成的；另一件是有机物结构理论的建立，包括碳的四价和成键（Kekule 和 CouPer，1858）、苯的结构（Kekule，1865）和碳价键的正四面体构型（Vaurfloff 和 LeBel，1874）三个中心内容。从 Wohler 的工作到第一次世界大战末期，出现了围绕着以煤焦油为原料的染料和药物的有机合成工业。与此同时，对天然产物的研究从分离鉴定进入对结构和合成的研究。此时有机反应还完全处于经验阶段，该阶段完成了有机合成的奠基工作。

1.2.2 天然产物的人工合成

天然产物的来源多数是微量，甚至是极微量的，例如作为动物营养所必需的维生素。维生素的缺乏导致营养不良症。例如，缺乏维生素 A 发生夜盲症；缺乏维生素 B_1产生脚气病；缺乏维生素 C 引起坏血病等。有机合成的发展使得它们的人工合成和工业生产得以实现，满足了营养和医疗的需要，并在禽畜饲养业中得到广泛的应用。

有机合成是研究天然产物结构的重要手段。如甾醇和甾族化合物的主要成员分别是胆固醇和胆酸（图 1-1）。对其结构的研究历时 30 多年，几乎完全依赖经典的化学降解方法——有机合成的逆过程。

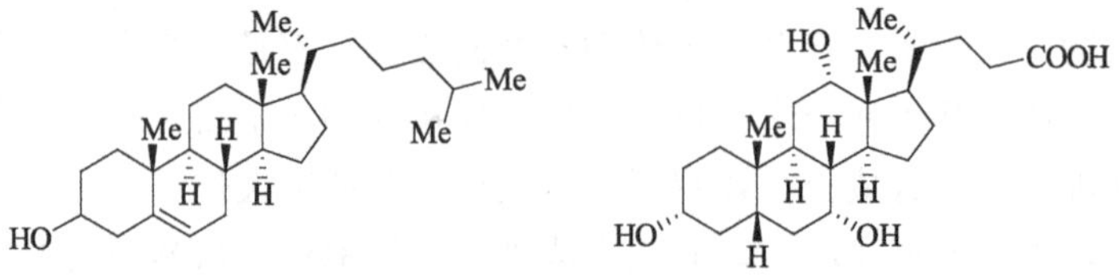

胆固醇　　胆酸

图 1-1　胆固醇和胆酸的结构（Me 代表甲基）

利用有机合成手段研究天然产物的成果包括：天然色素如胡萝卜素、花色素、黄酮和血红素的分离鉴定和合成；单糖的吡喃和呋喃型环系结构的证实以及维生素 C 的合成等。同时，研究过程中发现的新型反应也扩展了有机合成的能力，其中最突出的是 Diels-Alder 反应（1928）和自由基反应（M. S. Kharasch，1933；D. H. Hey 和 W. A. Waters，1934）。总的来看，利用有机合成手段研究天然产物的成果是丰富多彩的，反映了有机合成的巨大应用价值。

1.2.3 结构理论的发展

有机化学的系统化是从结构的电子理论，发展为有机机理的推断。结构理论是有机合成的理论依据，结构理论的发展推动着有机合成研究者不断发现新的合成方法和合成路线。

结构理论中，构象分析是继碳价键正四面体构型理论之后立体化学的另一里程碑。构型规定了有机物中原子和基团的相对位置，而构象则指出了基团在有机分子中的取向。构象分析作为一个完整的理论体系是 D. H. R. Barton 在 1950 年根据甾族化合物的结构及其反应提出的。构象分析是一项跨领域的成果，在诸多科学家的努力下得到了不断验证和发展。K. S. Pitzer 从热力学角度研究证实在分子内旋转中存在着非键联相互作用的能垒；O. Hassel 利用电子和 X 射线衍射方法确立了环己烷体系的椅式构象、取代原子和基因的直立和平伏取向以及椅式构象的转换。

量子化学对有机物结构理论的作用也是显著的。最著名的芳香性 $4n+2$ 规则解释了环戊四烯的不饱和性和非平面性以及环丁二烯的不稳定性。科学家利用该规则合成了一系列非苯芳香化合物，其中包括 $n=0$ 的环丙烯基正离子盐、$n=1$ 的环庚三烯正离子盐及 $n=4$ 的环十八碳九烯等，它们均表现了不同程度的芳香性。

轨道对称守恒原理是量子化学和有机化学结合的另一跨领域成果。它由 Woodward 及量子化学家 R. Hoffman 共同提出，为几个系列的反应揭示了一个统一的反应机制。它包括的反应有：Claisen 重排（1912）、Cope 重排（1940）、[4+2] Diels-Alder 反应和 [2+2] 环加成反应。

（1）Claisen 重排

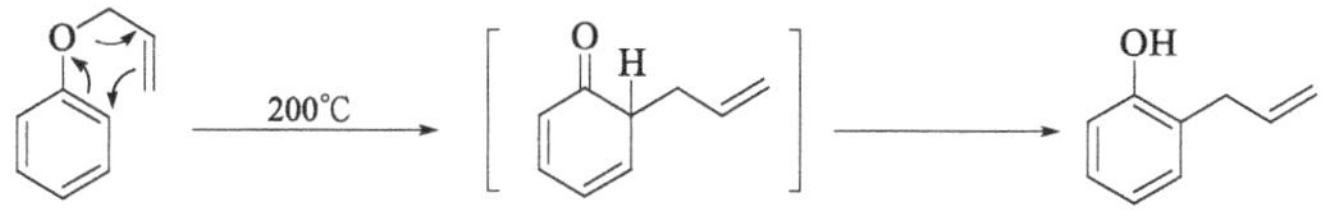

200℃

苯基烯丙基醚　　邻烯丙基苯酚

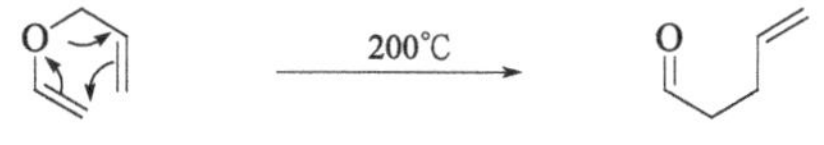

200℃

烯丙基乙烯基醚　　戊-4-烯醛

（2）Cope 重排

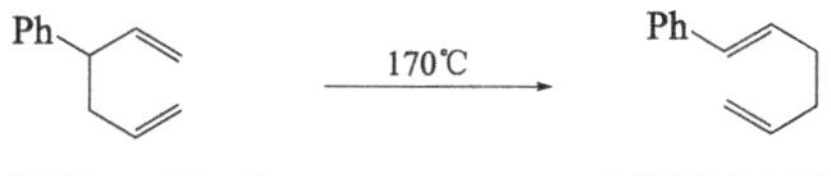

Ph　170℃　Ph

3-取代-1,5-己二烯　　1-取代-1,5-己二烯

（3）[4+2] Diels-Alder 反应

+ $COOCH_3$　150℃　$COOCH_3$

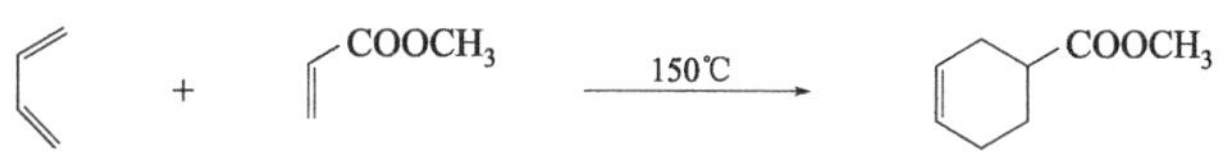

1,3-丁二烯　　丙烯酸甲酯　　4-环己烯甲酸甲酯

（4）[2+2] 环加成反应

Ph O + 　$h\nu$　Ph O

苯甲醛　　三甲基乙烯　　取代氧杂环丁烷

以上均为轨道对称守恒原理的实验实例。

结构理论的另一重大进展是过渡金属有机化学的发展。1827 年就报道了第一个过渡金属烯化物盐 $K(C_2H_4PtCl_3)$，但突破性进展是从二茂铁合成开始。烯丙基负离子、共轭双烯、环戊二烯基负离子、芳环、环庚三烯基正离子等均被证

实可与过渡金属形成络合物。乙烯在氯化钯-氯化铜催化下经空气氧化制备乙醛（Wacker 法）是过渡金属有机化合物研究的成果之一。

参考文献

[1] 吴毓林，麻生明，戴立信．现代有机合成化学进展 [M]. 北京：化学工业出版社，2005.
[2] 杨光富．有机合成 [M]. 上海：华东理工大学出版社，2010.
[3] 顾登平，贾振斌．有机电合成进展 [M]. 北京：中国石化出版社，2001.
[4] 李丕高．现代有机合成化学 [M]. 西安：陕西科学技术出版社，2006.
[5] 张招贵．精细有机合成与设计 [M]. 北京：化学工业出版社，2003.
[6] 巨勇，席婵娟，赵国辉．有机合成化学与路线设计 [M]. 北京：清华大学出版社，2007.
[7] 赵地顺．精细有机合成原理及应用 [M]. 北京：化学工业出版社，2009.
[8] 郝素娥，强亮生．精细有机合成单元反应与合成设计 [M]. 哈尔滨：哈尔滨工业大学出版社，2001.

第2章 有机合成基础知识

本章学习要点

1. 电子效应的基本概念和表述方式。
2. 诱导效应和共轭效应在分子结构中的作用和特点。
3. 亲电加成机理的中间体活性与加成反应方向的关系。
4. 亲电取代机理中定位效应和定位基与苯环电子效应的关系。
5. 亲核取代与消除反应竞争中的主要影响因素和反应结果。
6. S_N1 和 S_N2 反应机理与立体化学的关系。
7. 亲核试剂的强弱判断方法和种类。
8. 亲核加成反应的两种催化机理和影响亲核加成活性的因素。

2.1 电子效应

有机合成反应的趋向和可能发生的位置，依据主要来自电子效应，因此，人们也将电子效应称为有机化学的灵魂。有机化合物结构表明分子中原子通过共价键连接，两种不同原子相连，电负性的差异使形成共价键的电子产生偏移，产生极性共价键，电子云偏向的原子，带有部分负电荷，反之带部分正电荷；同时由于分子中的 π 键和杂原子的孤对电子使分子结构中的电子产生离域现象；分子结构中电子分布的解说构成了有机化学的电子效应。电子效应的表述主要有两种形式，即诱导效应和共轭效应，电负性差异产生的效应为诱导效应，电子离域产生的效应为共轭效应。

2.1.1 诱导效应

诱导效应是指有机物分子中，非氢原子（或原子团）与有机物的碳骨架连接时，该原子或原子团对相连碳原子的电子云产生影响，并且沿着单键（或重键）

传导，使分子中其他部分的电子云受其影响而产生电子“转移”的效应。该效应的强弱与转移方向取决于该原子或原子团的电负性；该效应的强弱与连接的基团距离有关，随碳链延长影响减弱。电负性大于氢的一般为负诱导，电负性小于氢的一般为正诱导。

2.1.2 共轭效应

共轭效应是指有机物分子中存在π键、孤对电子等形式，造成分子中电子产生离域现象，使内能变得更小，分子更稳定，键长平均化的效应。

共轭效应的特点，键长平均化（电子云密度分布改变）；折射率高（大π键易极化）；能量低（电子云处于离域状态）；影响整个共轭链，强弱不受碳链长短的影响。形成共轭效应的条件是单键、双键交替连接；π电子离域。

2.1.3 化学键的断裂方式

化学键断裂方式有两种：即均裂和异裂。均裂是自由基断裂方式，异裂为离子型断裂方式。在有机化学反应中除了自由基反应、协同反应为均裂外，其余的大部分反应均为异裂。在异裂反应中，电子偏移对反应的位置和活性起到重要的作用。分子中电子效应的主要影响是共轭效应，当共轭效应和诱导效应共存时，反应选择性以共轭效应为主。

例如苯环上的硝化反应，是一类亲电取代反应，溴苯反应活性小于苯说明溴原子的电负性大于氢，活性结果是由负诱导效应影响产生的；但反应定位规则仍是邻、对位定位，因为分子中还存在p-π共轭效应，它由溴的孤对电子与苯环产生，该共轭效应结果决定反应定位方向为邻、对位，两种效应对分子都有影响，反应以共轭效应为主。

Br 混酸 → Br NO_2 + Br NO_2

2.2 亲电加成

亲电加成是指烯烃、炔烃、二烯烃等与缺电子体系相遇时发生的加成反应。含有重键的烯烃、炔烃、二烯烃化合物，重键π电子表现出富电子特性和π电子的易变形和极化性，使连接π电子的碳产生电子云分布不均，反应时缺电子体系带正电荷部分加到重键带部分负电荷上的碳上，然后形成带正电荷的中间体，该中间体与亲电试剂的残基结合，这类反应称亲电加成。缺电子体系称为亲电试剂，主要指：强酸（硝酸、硫酸、盐酸、氢溴酸、氢碘酸)、卤素、氢卤酸、次卤酸。

2.2.1 不对称试剂的亲电加成机理与实例

不对称亲电试剂与烯烃的亲电加成机理如下。

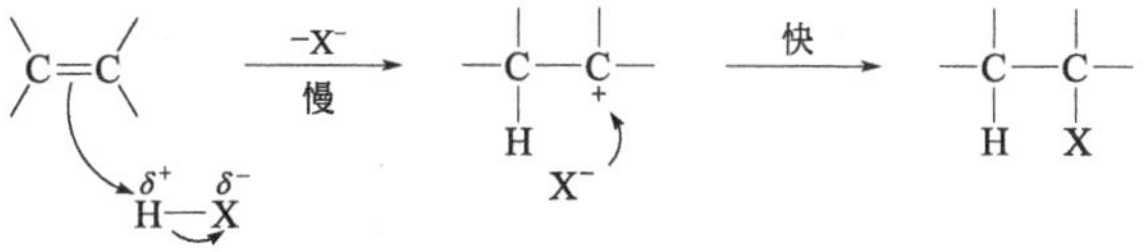

快
慢

强酸试剂可作为不对称试剂与烯、炔发生亲电加成反应。强酸试剂与烯烃的亲电加成过程中，氢质子作为亲电试剂加成至烯烃电子云密度大的碳原子上，形成碳正离子，强酸试剂的其余带负电荷部分加成至双键的另一碳原子上。亲电试剂与双键中哪个碳反应取决于中间体碳正离子的稳定性，以生成更稳定的碳正离子为反应的区域选择。含多个双键时以电子云密度大小决定烯的活性大小，也可以通过比较中间体的稳定性判断双键的活性。

HBr 与丙烯的亲电加成反应如下。

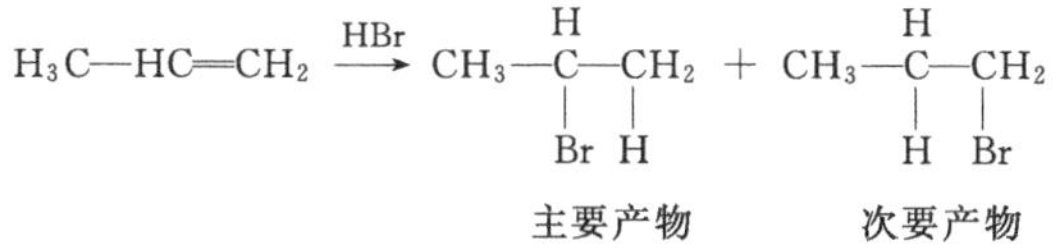

主要产物 次要产物

HBr 与丙烯的亲电加成可生成两种加成产物。由于异丙基碳正离子的稳定性大于正丙基碳正离子，故主要产物为 2-溴丙烷。

问题：根据亲电加成的机理，比较下述含多个碳-碳双键或碳-碳双键和碳-碳叁键同时存在的化合物中 a 与 b 两个不饱和键发生亲电加成反应的活性大小关系?

2.2.2 对称试剂的亲电加成机理与实例

对称试剂卤素与烯烃亲电加成机理如下。

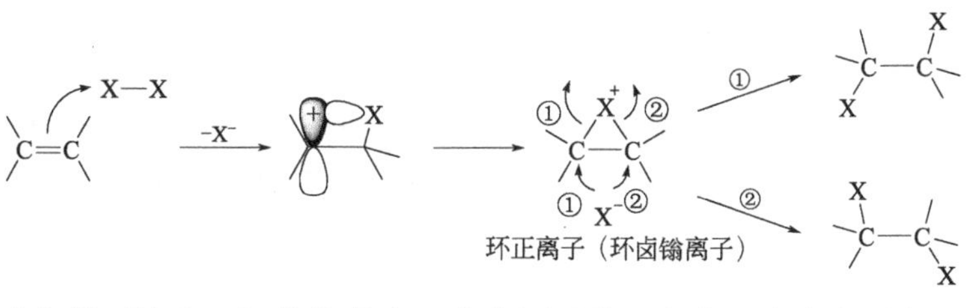

环正离子（环卤鎓离子）

卤素在极性环境中，极化使其中一个卤原子带正电荷，成为卤正离子，它与烯烃双键形成三元环的卤鎓离子，然后卤素负离子从反面进攻，形成反式加成产物。

从对称试剂卤素与烯烃亲电加成机理表达中得知，溴正离子与两个碳形成了三元环，溴负离子从背面进攻得到反式加成产物。当烯烃的双键碳原子上分别均连有两个不同种类的基团时，发生亲电加成会产生旋光异构体。如 2-丁烯的两种构型，分别为顺式烯烃和反式烯烃，它们与溴反应可以生成不同的立体构型产物，用 Fischer 投影式表示反应产物，分别为赤式和苏式构型。

如 Br_2与环己烯的亲电加成反应：

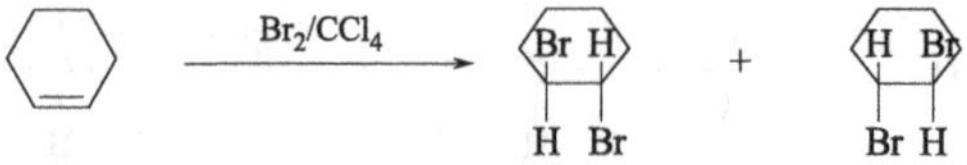

Br_2/CCl_4

Br H + H Br

H Br Br H

问题：写出 Br_2与反式 2-丁烯亲电加成反应的方程式（投影式）。

2.2.3 碳正离子的稳定性和亲电加成活性

碳正离子的稳定性与 σ-p 超共轭因素有关。σ-p 超共轭效应越大碳正离子稳定性越大，反之则越小。烯烃形成的碳正离子的稳定性越好，越容易形成碳正离子中间体，其亲电加成活性越大。

问题：写出下列共轭二烯亲电加成反应的机理。

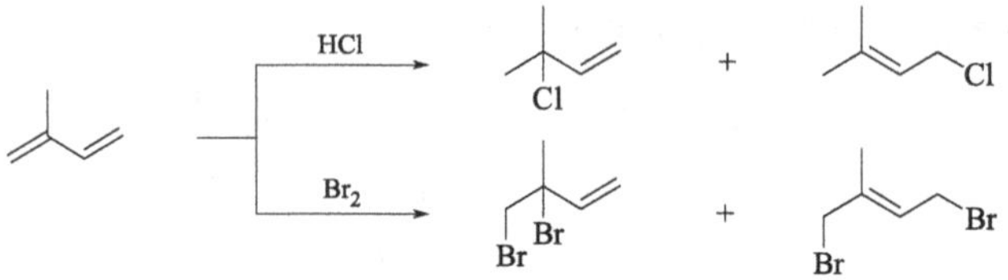

HCl Cl + Cl

Br_2 Br Br + Br Br

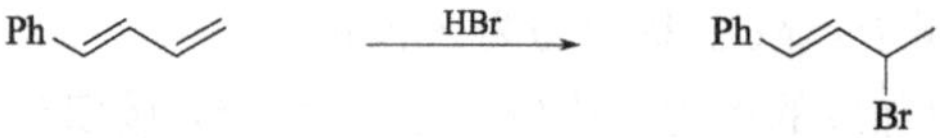

Ph HBr Ph Br

双键连有取代基的烯烃的亲电加成反应的活性主要取决于其所连接的基团的种类。由于烃基为推电子基，因此烃基可使双键的电子云密度增大，亲电加成活性增强。烃基的推电子能力的大小取决于烃基的超共轭效应的大小。超共轭效应的大小与碳上的氢的数量有关。如甲基、乙基和异丙基的超共轭效应的大小顺序为 $CH_3 > CH_3CH_2 > (CH_3)_2CH$。烯烃的活性大小也与生成的中间体碳正离子的稳定性有关。碳正离子的稳定性越大，相应烯的反应活性越大。

碳正离子稳定性顺序：

苄基正离子、烯丙基正离子≫3°碳正离子＞2°碳正离子＞1°碳正离子

碳正离子稳定性的不同使碳正离子易发生重排，以形成更稳定的碳正离子。不对称试剂与烯烃的加成反应可形成两种产物，以更稳定的碳正离子中间体对应的产物为主。

重排的实例如下。

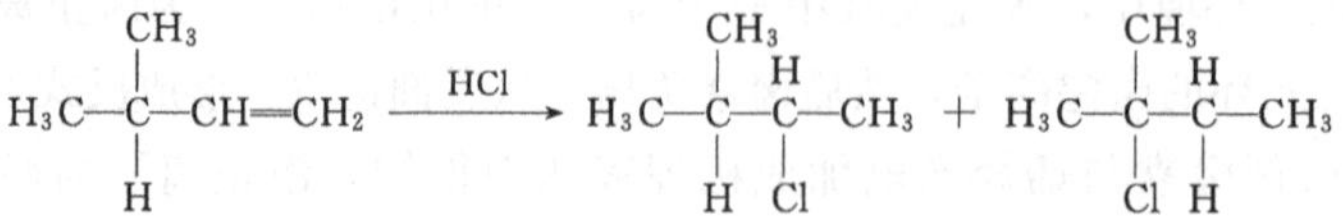

$$H_3C-\underset{H}{\overset{CH_3}{C}}-CH=CH_2 \xrightarrow{HCl} H_3C-\underset{H}{\overset{CH_3}{C}}-\underset{Cl}{\overset{H}{C}}-CH_3 + H_3C-\underset{Cl}{\overset{CH_3}{C}}-\underset{H}{\overset{H}{C}}-CH_3$$

重排产物

重排的机理：

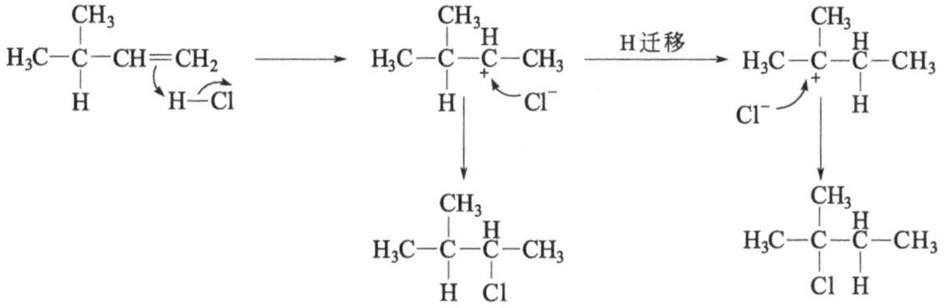

烯烃发生亲电加成反应的活性大于炔烃。这是因为烯烃碳为 sp^2 杂化，而炔烃为 sp 杂化。电负性大小关系为 sp＞ sp^2。另外，与烯烃相比，炔烃的 π 键更难打开。但是，当烯炔共存，且烯和炔可形成共轭体系时，亲电加成反应首先发生在炔烃上。

烯烃与卤素发生亲电加成反应的活性与卤素的种类有关。卤素与烯烃发生亲电加成反应的活性大小顺序为 F_2＞ Cl_2＞ Br_2＞ I_2。

问题：叔丁基乙烯与溴化氢加成可产生几种产物，哪种产物为主？

2.3 亲电取代

亲电取代反应指含闭合的大 π 键的芳香烃为受体与亲电试剂发生取代的反应。闭合的大 π 键使芳烃的不饱和键难以打开并加成，而大 π 键使芳环仍属于富电子体系，使它在一定的条件下，芳环碳上的氢原子被亲电试剂所代替，得到取代芳烃。

亲电取代机理分为以下四类。

（1）卤代反应

$$X_2 + Fe \longrightarrow FeX_3$$

$$X_2 + FeX_3 \longrightarrow \overset{\delta+}{X}-\overset{+}{X}-\overset{-}{Fe}X_3$$

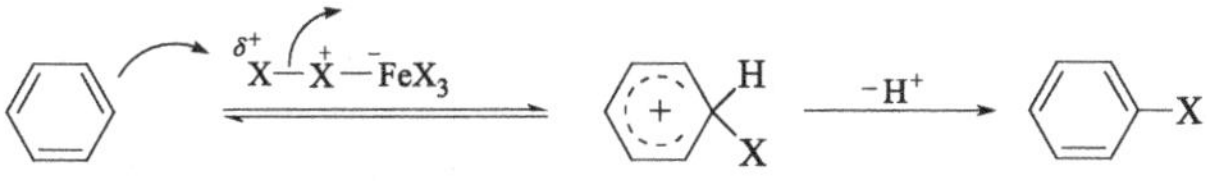

（2）硝化反应

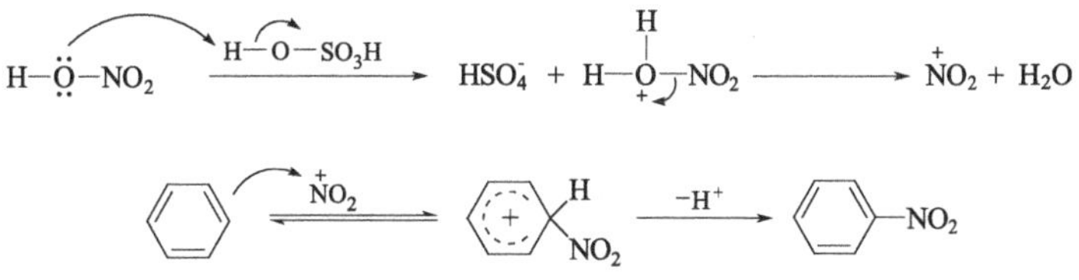

$$H-\ddot{O}-NO_2 + H-O-SO_3H \longrightarrow HSO_4^- + H-\overset{+}{O}(H)-NO_2 \longrightarrow \overset{+}{N}O_2 + H_2O$$

（3）磺化反应

$$2H_2SO_4 \rightleftharpoons H_3\overset{+}{O} + HSO_4^- + SO_3$$

$$C_6H_6 \underset{-SO_3}{\rightleftharpoons} [C_6H_6SO_3^-]^{+} \underset{+H^+}{\overset{-H^+}{\rightleftharpoons}} C_6H_5SO_3^- \underset{H_2O}{\overset{H_2SO_4}{\rightleftharpoons}} C_6H_5SO_3H$$

（4）F-C 烷基化和酰基化反应

$$R{-}X + AlCl_3 \longrightarrow R^+ + X{-}\overset{-}{Al}Cl_3$$

$$C_6H_6 \overset{R^+}{\rightleftharpoons} [C_6H_6R]^+ \xrightarrow{-H^+} C_6H_5{-}R$$

酰基正离子

$$RCOCl + AlCl_3 \xrightarrow{-AlCl_4^-} R{-}\overset{+}{C}{=}O \longleftrightarrow R{-}C{\equiv}\overset{+}{O}\ \text{（贡献大）}$$

$$C_6H_6 \overset{R-C\equiv O^+}{\rightleftharpoons} [C_6H_6COR]^+ \xrightarrow{-H^+} C_6H_5COR \xrightarrow{AlCl_3} C_6H_5C(R){=}\overset{+}{O}{-}\overset{-}{Al}Cl_3 \xrightarrow{H_2O} C_6H_5COR$$

由上述亲电取代的机理可以看出，催化剂的主要作用为使亲电试剂产生自由度更高的正离子。

2.3.1 亲电取代反应定位规则

亲电取代反应定位规则是指苯环上已有取代基对亲电取代反应新进入的苯环的位置有选择性，并且是有规则的选择位置。取代基可分为三类：第一类定位基是推电子基，使苯环在亲电取代反应中活性提高，为邻、对位定位基，结构特征是与苯环直接相连的原子没有重键或带负电荷基团；第二类定位基是吸电子基，使苯环在亲电取代反应中活性下降，为间位定位基，结构特征是与苯环直接相连的原子有重键或带正电荷基团；第三类定位基是卤素，使苯环在亲电取代反应中活性下降，为邻、对位定位基。

甲基是第一类定位基，其亲电取代反应结果如下。

$$C_6H_5CH_3 + X_2 \xrightarrow[\text{亲电取代}]{Fe\text{或}FeX_3} o\text{-}XC_6H_4CH_3 + p\text{-}XC_6H_4CH_3$$

$$C_6H_5CH_3 + X_2 \xrightarrow[\text{自由基取代}]{h\nu} C_6H_5CH_2X$$

$$Ar{-}H \xrightarrow[\text{浓}H_2SO_4]{\text{浓}HNO_3} Ar{-}NO_2 \xrightarrow[\text{（还原）}]{Fe\text{或}Sn/HCl} Ar{-}NH_2$$

苯环上有取代基后进行亲电取代反应时受到苯环上原有取代基的影响。如下图所示。

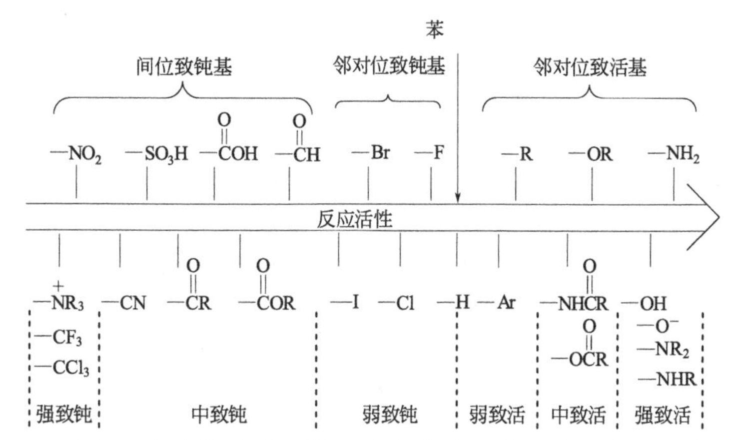

当苯环上只有一个取代基时，第二个取代基以第一个取代基的定位效应进行定位，即根据上图确定第二个取代基进入到苯环上一个取代基的邻位、对位或间位。当苯环上有多个间位或邻、对位定位基时，第二个取代基服从定位效应强的基团进行定位；当苯环上既有间位定位基，又有邻、对位定位基时，第二个取代基服从邻、对位定位基进行定位。

2.3.2 亲电取代反应活性影响因素

亲电取代反应活性的大小与苯环上电子云密度大小有关。苯环上的电子云密度与取代基的种类有关。推电子基团可使苯环电子云密度增大，吸电子基团可使电子云密度下降。另外，当苯环上取代基的数目相同时，如取代基定位方向一致则使苯环活性增强，反之，使苯环活性减弱。另一方面，亲电试剂的强弱与带正电荷有关，亲电试剂的正电荷越多或亲电试剂越稳定，亲电性越大。

2.4 亲核取代

亲核取代反应是指烃基连接带电负性较大的基团时产生极性键，遇到带负电荷或带孤对电子的中性分子，极性键被打开，极性基团被新的带负电基团代替的反应。带负电荷或带孤对电子的中性分子称为亲核试剂；而连接带电负性基团的烃称为受体；亲核试剂代替烃上的吸电子基的过程称为亲核取代。亲核取代反应的机理有两类，分别为单分子亲核取代（S_N1）反应和双分子亲核取代（S_N2）反应。

S_N1 反应的机理，分为二步：第一步受试剂影响获得碳正离子；第二步亲核试剂与碳正离子结合。反应机理如下。

$$-\overset{|}{\underset{|}{C}}-X \longrightarrow -\overset{|}{\underset{|}{C^+}} + X^-$$

$$-\overset{|}{\underset{|}{C^+}} + Nu^- \longrightarrow -\overset{|}{\underset{|}{C}}-Nu$$

S_N1 反应决定反应的速度的是第一步，第一步反应仅仅与受体有关，动力学表明该反应为单分子反应。卤代烃和磺酸酯的 S_N1 反应活性顺序与碳正离子的稳定性顺序相同，即 $CH_3 < 1° <$ 烯丙基≈苄基≈$2° < 3°$，S_N1 反应活性也与离去基团活性有关。S_N1 反应产生的中间体结构为平面结构，碳正连接的三个基团均不同，与亲核试剂连接后产生外消旋体。

S_N2 反应的机理反应只有一步，动力学表现为二级反应。由于亲核试剂从背面进攻，因此双分子反应易发生构型的翻转。

$$Nu^- + -\overset{|}{\underset{|}{C}}-X \longrightarrow -\overset{|}{\underset{|}{C}}-Nu + X^-$$

$$OH^- + \;\; C-Br \longrightarrow \left[HO\cdots C \cdots Br \right]^{\ddagger} \longrightarrow HO-C \;\; + Br^-$$

过渡态

S_N2 反应的活性与 β-碳的空间位阻有关，空间位阻越大反应活性越差。S_N2 反应的活性与卤代烃的空间位阻有关，烃基结构的影响顺序为：烯丙基≈苄基≈$CH_3 > 1° > 2° > 3°$。

$$R-Br + Cl^- \xrightarrow{S_N2} R-Cl + Br^-$$

R—Br 的反应活性见表 2-1。

表 2-1 R—Br 的反应活性

R—Br	卤代烃类别	相对速率
CH_3-Br	甲基	1200
CH_3CH_2-Br	1°	40
$CH_3CH_2CH_2-Br$	1°	16
$CH_3CH(CH_3)-Br$	2°	1
$CH_3C(CH_3)_2-Br$	3°	≈0

S_N2 反应的活性与离去基团有关。离去基团越易离去，S_N2 反应的活性越大。

$$OH^- + RCH_2X \longrightarrow RCH_2OH + X^-$$

X	F	Cl	Br	I
相对速率	1	200	10000	30000

S_N2 反应的活性也与亲核试剂的强弱有关。亲核试剂亲核性越强，S_N2 反应的活性越大。

$$Nu^- + CH_3Br \longrightarrow Nu—CH_3 + Br^-$$

Nu^-	H_2O	$CH_3CO_2^-$	NH_3	Cl^-	OH^-	CH_3O^-	I^-	CN^-
反应活性	1	500	700	1000	16000	25000	100000	125000

S_N2 反应的活性还与溶剂极性有关，质子性溶剂中亲核试剂的溶剂化效应使反应活性下降；反之在非质子溶剂中活性提高。在含有—OH 或—NH 的质子性溶剂中不利于发生 S_N2 反应。主要原因为质子性溶剂使亲核试剂发生阴离子溶剂化，即发生离子-偶极相互作用，导致亲核试剂的亲核性降低，且试剂碱性越强，亲核性降低越大。水和亲核试剂之间的离子偶极作用如下图所示。

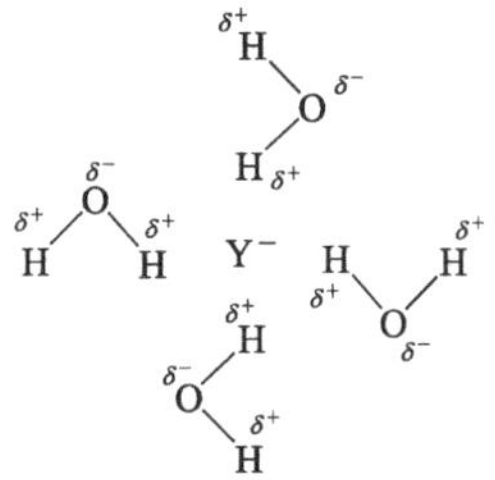

在一些不含有—OH 或—NH 的极性较强的非质子极性溶剂中，如 CH_3CN、DMF、$[(CH_3)_2N]_3PO$、HMPA 均有利于 S_N2 反应的进行。主要原因是非质子极性溶剂只能使阳离子溶剂化，而使亲核试剂负离子“裸露”，增强其亲核性。DMSO 对阳离子的溶剂化作用如下图所示。

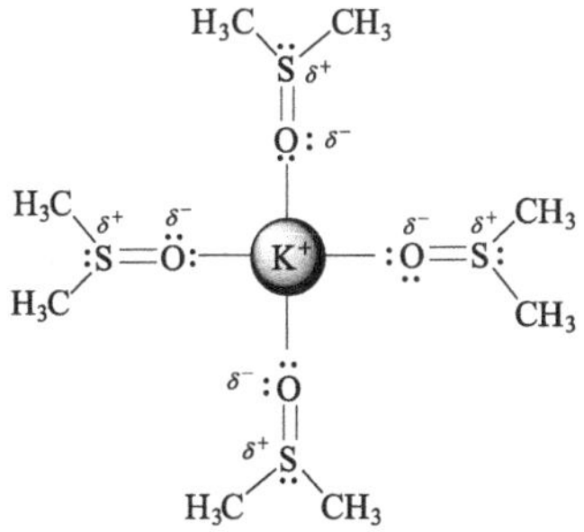

不同溶剂对 S_N2 反应的影响如下。

$$N_3^- + CH_3CH_2CH_2CH_2Br \longrightarrow N_3CH_2CH_2CH_2CH_3 + Br^-$$

溶剂	CH_3OH	H_2O	DMSO	DMF	CH_3CN	HMPA
反应活性	1	7	1300	2800	5000	200000

2.4.1 氧亲核试剂的亲核取代反应实例

氧亲核试剂主要指氧负离子或醇。合成醚的反应即为氧亲核试剂参与的反应。3°卤代烃在碱的存在下易发生消除反应，因此合成醚时选择1°、2°卤代烃与醇钠反应。

$$(CH_3)_3C-ONa + BrCH_2CH_3 \longrightarrow (CH_3)_3C-OCH_2CH_3$$

$$(CH_3)_3C-Br + NaOCH_2CH_3 \not\longrightarrow (CH_3)_3C-OCH_2CH_3$$

$$CH_3CH_2CH_2OH \xrightarrow{MsCl,\ Et_3N,\ CH_2Cl_2} CH_3CH_2CH_2OMs;\quad CH_3CH_2CH_2OH \xrightarrow{Na} CH_3CH_2CH_2O^-Na^+ \longrightarrow CH_3CH_2CH_2OCH_2CH_2CH_3 + MsONa$$

邻位参与使S_N2反应中产生构型保持，发生了两步S_N2反应。

2.4.2 氮亲核试剂的亲核取代反应实例

氮亲核试剂主要指胺及其衍生物，如：伯胺、仲胺、邻苯二甲酰亚胺等。使用伯胺、仲胺与卤代烃反应称*N*-烷基化反应，该取代反应由于产物的亲核性大于原料，反应难以控制而得到混合胺，合成上意义不大。

$$NH_3 + RX \xrightarrow{S_N2} H_3\overset{+}{N}RX^- \overset{NH_3}{\rightleftharpoons} RNH_2 + H_4\overset{+}{N}X^- \xrightarrow{RX} R_2\overset{+}{N}H_2X^- \overset{NH_3}{\rightleftharpoons} R_2NH + H_4\overset{+}{N}X^- \cdots\cdots$$

制备伯胺通常可以使用邻苯二甲酰亚胺，然后水解得到伯胺。

$$H-C(CH_3)(CH_2CH_3)-OH \xrightarrow{TsCl} H-C(CH_3)(CH_2CH_3)-OTs \xrightarrow{\text{邻苯二甲酰亚胺钾}} \text{邻苯二甲酰亚胺}-N-C(CH_3)(H)(CH_2CH_3) \xrightarrow{NH_2NH_2} H_2N-C(CH_3)(H)(CH_2CH_3)$$

2.4.3　碳亲核试剂的亲核取代反应实例

碳亲核试剂主要有两种。一种为 sp 杂化碳试剂。包括 RC≡C— ，—CN。RC≡C— 一般由酸碱反应获得。炔基负离子与卤代烃或磺酸酯反应是合成炔烃的良好方法。

$$\underset{pK_a=25}{R{-}C{\equiv}C{-}H} \xrightarrow{NaNH_2} R{-}C{\equiv}\overset{-\ +}{CNa} \xrightarrow{R'X} R{-}C{\equiv}C{-}R'$$

—CN 作亲核试剂用于可用于制备腈和羧酸。一级卤代烷与氰化钠反应生成腈，再水解，可制得增长一个碳的羧酸；三级卤代烷易发生消去反应，不能用于制备腈和羧酸；二级卤代烷的氰基化反应产率也不高。控制腈水解的条件可制得酰胺。

$$RX\ 或\ ROSO_2R' \xrightarrow[S_N2]{CN^-} R{-}CN \xrightarrow[控制水解]{H_2O} RCONH_2 \xrightarrow[完成水解]{H_2O} RCOOH$$

$$R{-}CN \xrightarrow[Cat]{H_2} RCH_2NH_2$$

另一种为碳亲核试剂。主要为有机金属化合物，如 RLi（金属锂试剂）、RMgX（格氏试剂）、R_2CuLi（二烷基铜锂试剂）等。

$$C_6H_5Cl + 2Li \xrightarrow{THF} \underset{苯基锂}{C_6H_5Li} + LiCl$$

$$CH_3CH_2CH_2CH_2Br + Mg \xrightarrow{Et_2O} \underset{丁基溴化镁}{CH_3CH_2CH_2CH_2MgBr}$$

$$CH_3CH_2CH_2Li + 环氧乙烷 \xrightarrow{乙醚} CH_3(CH_2)_4\overset{-\ +}{OLi} \xrightarrow{H_2O} CH_3(CH_2)_4OH$$

$$C_6H_5MgBr + 环氧乙烷 \xrightarrow{乙醚} C_6H_5CH_2CH_2\overset{-\ +}{OMgBr} \xrightarrow{H_2O} C_6H_5CH_2CH_2OH$$

$$2\,CH_3CH_2CH_2CH_2Li + CuI \longrightarrow \underset{二丁基铜}{(CH_3CH_2CH_2CH_2)_2Cu} + LiI \longrightarrow \underset{二丁基铜锂}{(CH_3CH_2CH_2CH_2)_2\overset{-}{Cu}\ Li^+}$$

$$(CH_3)_2CHBr \xrightarrow{LiCu(C_6H_{11})_2} (CH_3)_2CH{-}C_6H_{11}$$

$$C_6H_5CH_2OMs \xrightarrow{R_2CuLi} C_6H_5CH_2R$$

Br $\xrightarrow{R_2CuLi}$ R

Br $\xrightarrow{R_2CuLi}$ R

2.5 亲核加成

亲核加成一般指亲核试剂与极性双键的反应，极性双键往往指羰基的碳氧双键，它的结构特征是氧原子的吸电子使碳氧双键产生永久性的极性，亲核试剂与羰基发生亲核加成反应分别有下列几种。

$$\overset{\delta+}{C}=\overset{\delta-}{O} \xrightarrow{\overset{-}{Nu}-\overset{+}{E}} C(Nu)-OE$$

$$C=O \xrightarrow{H_2NY} C=N-Y$$

$$C=O \xrightarrow{Ph_3\overset{+}{P}-\overset{-}{C}R_1R_2} C=CR_1R_2$$

2.5.1 醛、酮亲核加成的机理

碱性条件下醛、酮亲核加成的机理如下。

O $\xrightarrow[慢]{Nu^-}$ O⁻, Nu $\xrightarrow[快]{E-Nu}$ OE, Nu

酸性条件下醛、酮亲核加成的机理如下。

O $\underset{快}{\overset{H^+}{\rightleftharpoons}}$ [$\overset{+}{O}H$ ⟷ OH, +] $\underset{慢}{\overset{Nu-H}{\rightleftharpoons}}$ OH, $\overset{+}{Nu}-H$ $\underset{快}{\overset{-H^+}{\rightleftharpoons}}$ OH, Nu

羰基通过亲核加成反应可以生成手性碳。如果与羰基相邻的碳原子为有手性碳，则亲核加成过程中相邻的手性碳对加成方向具有专一性，得到单一手性化合物。手性条件下，有立体选择性。羰基的亲核加成反应符合 Cram 法则，即羰基上的 R 基团与大的基团（L）呈重叠式构象，羰基氧则处于中等基团（M）与较小基团（S）中间，亲核试剂主要从小的基团的一侧进攻。

M, O, S, R, L $\xrightarrow{Nu^-}$ $\xrightarrow{E^+}$ OE, M, S, R, Nu, L + OE, M, S, Nu, R, L

主要产物　　次要产物

2.5.2 氮亲核试剂的亲核加成反应实例

含氮亲核试剂 YNH_2 与羰基化合物发生亲核加成反应时经历亲核加成和脱水两步。相当于羰基氧被氮所取代，形成亚胺（imine）。该反应是可逆反应，经酸水解可得到醛和酮。

$$>C=O + H_2N-Y \rightleftharpoons >C=N-Y + H_2O$$

YNH_2 的亲核加成反应见表 2-2。

表 2-2 YNH_2 的亲核加成反应

亲核试剂	基团 Y	生成物	结构式
伯胺	R	席夫碱	$>C=N-R$
羟胺	OH	肟	$>C=N-OH$
肼	NH_2	腙	$>C=N-NH_2$
苯肼	NHC_6H_5	苯腙	$>C=N-NHC_6H_5$
氨基脲	$NHCONH_2$	缩氨脲	$>C=N-NHCONH_2$

含氮亲核试剂 R_2NH 与羰基化合物发生亲核加成反应时也经历亲核加成和脱水两步。脱水发生在羰基的 α-C 上，而非 N 上，形成烯胺（enamine）。其反应机理为：

$$>C=O + \ddot{N}HR_2 \rightleftharpoons >C(O^-)(\overset{+}{N}HR_2) \underset{-H^+}{\overset{H^+}{\rightleftharpoons}} >C(OH)(\overset{+}{N}HR_2) \underset{H^+}{\overset{-H^+}{\rightleftharpoons}} >C(OH)(NR_2)$$

$$\overset{H^+}{\rightleftharpoons} >C(\overset{+}{O}H_2)(\ddot{N}R_2) \overset{-H_2O}{\rightleftharpoons} >C(H)-C=\overset{+}{N}R_2 \overset{-H^+}{\rightleftharpoons} >C=C-NR_2 \text{（烯胺）}$$

2.5.3 氧、硫亲核试剂的亲核加成反应实例

含氧和含硫的亲核试剂一般为醇或硫醇。它们的反应一般用于保护羰基。如乙醛与甲醇的反应。

$$H_3C-CHO + CH_3OH \overset{H^+}{\rightleftharpoons} H_3C-CH(OH)(OCH_3) \underset{H^+}{\overset{CH_3OH}{\rightleftharpoons}} H_3C-CH(OCH_3)_2 + H_2O$$

也可以使用多元醇，形成环状缩酮。

$$\text{2-(甲氧羰基)环己酮} + HOCH_2CH_2OH \xrightarrow{H^+} \text{缩酮}-COCH_3 \xrightarrow{LiAlH_4} \text{缩酮}-CH_2O^- \xrightarrow{H_3^+O} \text{2-(羟甲基)环己酮} + HOCH_2CH_2OH$$

$$CH_3\overset{O}{\overset{\|}{C}}CH_2CH_2\overset{O}{\overset{\|}{C}}H \xrightarrow[HOCH_2CH_2CH_2OH]{H^+} CH_3\overset{O}{\overset{\|}{C}}CH_2CH_2-\text{(1,3-二氧六环-2-基)} \xrightarrow[(2)\ H_3^+O]{(1)\ CH_3MgBr} CH_3\overset{OH}{\underset{CH_3}{C}}CH_2CH_2\overset{O}{\overset{\|}{C}}H + HOCH_2CH_2CH_2OH$$

含硫化合物也可发生类似的反应。

$$CH_3CH_2\overset{O}{\overset{\|}{C}}CH_2CH_3 + 2CH_3SH \overset{H^+}{\rightleftharpoons} CH_3CH_2\overset{SCH_3}{\underset{SCH_3}{C}}CH_2CH_3 + H_2O$$

$$\text{环己酮} + HSCH_2CH_2CH_2SH \overset{H^+}{\rightleftharpoons} \text{螺环二硫缩酮} + H_2O$$

亚硫酸氢钠是一种弱亲核试剂，可以用于区分酮的活性大小。一般甲基酮、醛均可以与其发生反应，芳香酮和其他酮则很难与其发生反应。

$$RC(=O)H(R') + NaHSO_3 \rightleftharpoons R\overset{ONa}{C}(SO_3H)H(R') \longrightarrow R\overset{OH}{C}(SO_3Na)H(R')$$

$$R\overset{OH}{C}(SO_3Na)H(R') \rightleftharpoons RC(=O)H(R') + NaHSO_3 \begin{cases} \xrightarrow{HCl} NaCl + SO_2\uparrow + H_2O \\ \xrightarrow{Na_2CO_3} Na_2SO_3 + CO_2\uparrow + H_2O \end{cases}$$

2.5.4 碳负离子亲核试剂的亲核加成反应实例

碳负离子亲核试剂包括氰根负离子、炔负离子、金属有机物（如格氏试剂）以及活性亚甲基在碱作用下生成的碳负离子。碳负离子亲核试剂可与羰基发生亲核加成反应，生成含羟基的化合物，脱水后可生成烯烃。

$$>C=O + CN^- \rightleftharpoons >C(O^-)(CN) \overset{H-CN}{\rightleftharpoons} >C(OH)(CN) + CN^-$$

α-羟基腈

$$>C(OH)(CN) \begin{cases} \xrightarrow[\triangle]{H^+,\ H_2O} >C(OH)(COOH) & \alpha\text{-羟基酸} \\ \xrightarrow[Pt]{H_2} >C(OH)(CH_2NH_2) & \beta\text{-氨基醇} \end{cases}$$

α-羟基腈

末端炔烃在碱的作用下可以产生碳负离子，与羰基加成可以增长碳链，同时炔烃被还原成烯烃。采用不同的催化剂可分别得到顺式和反式烯烃。如采用Lindiar催化剂可得到顺式烯烃，采用活泼金属与质子溶剂为催化剂可得到反式烯烃。

$$\gt C{=}O + HC{\equiv}CR \xrightarrow{KOH} \xrightarrow{H_2O} \gt C(OH){-}C{\equiv}CR$$

$$CH_3COCH_3 + KC{\equiv}CH \xrightarrow[\text{一缩二乙二醇二甲醚}]{KOH} (H_3C)_2C(OH){-}C{\equiv}CH \xrightarrow[\text{林德拉催化剂}]{H_2}$$

$$(H_3C)_2C(OH){-}CH{=}CH_2 \xrightarrow{Al_2O_3} H_2C{=}C(CH_3){-}CH{=}CH_2$$

格氏试剂与羰基化合物进行亲核加成反应可分别获得不同的醇，同时也增长了碳链。

$$(CH_3)_2C{=}O \xrightarrow{R{-}MgBr} (CH_3)_2C(OMgBr)R \xrightarrow{H_2O} (CH_3)_2C(OH)R$$

$$CH_3C(O)Y \xrightarrow{R{-}MgBr} \left[CH_3C(OMgBr)(Y)R\right] \xrightarrow{-YMgBr} CH_3C(O)R \xrightarrow{R{-}MgBr} \xrightarrow{H_2O} CH_3C(OH)R_2$$

其中：Y=X，OR。

$$CH_3CH_2C(O)CH_2CH_3 \xrightarrow[(2)\ H_3^+O]{(1)\ CH_3MgBr} H_3CH_2C{-}C(OH)(CH_3){-}CH_2CH_3$$

$$CH_3CH_2CH_2C(O)H \xrightarrow[(2)\ H_3^+O]{(1)\ C_6H_5MgBr} H_3CH_2CH_2C{-}CH(OH){-}C_6H_5$$

$$CH_3CH_2CH_2C(O)Cl \xrightarrow[(2)\ H_3^+O]{(1)\ 2CH_3CH_2MgBr} H_3CH_2CH_2C{-}C(OH)(CH_2CH_3){-}CH_2CH_3$$

$$O{=}C{=}O + CH_3CH_2CH_2{-}MgBr \longrightarrow CH_3CH_2CH_2C(O)O^-\,{}^+MgBr \xrightarrow{H_3^+O} CH_3CH_2CH_2C(O)OH$$

三苯基膦与卤代烃在碱的作用下可得到Ylide试剂。Ylide试剂与羰基化合物反应可以生成立体选择性的烯烃。

$$(C_6H_5)_3P: \quad CH_3CH_2{-}Br \xrightarrow{S_N2} (C_6H_5)_3\overset{+}{P}{-}CH_2CH_3\ Br^- \xrightarrow{CH_3CH_2CH_2\bar{C}H_2\overset{+}{Li}}$$

$$(C_6H_5)_3\overset{+}{P}{-}\bar{C}HCH_3$$

Ylide试剂

$$\mathrm{H_3C{-}CO{-}CH_3} + \underset{\text{Ylide试剂}}{\mathrm{(C_6H_5)_3P{=}CHCH_3}} \longrightarrow \mathrm{(H_3C)(CH_3)C{=}CHCH_3} + \mathrm{(C_6H_5)_3P{=}O}$$

$$\text{环己酮} + \mathrm{(C_6H_5)_3P{=}C(CH_3)_2} \longrightarrow \text{亚异丙基环己烷} + \mathrm{(C_6H_5)_3P{=}O}$$

$$\mathrm{CH_3CH_2CH_2CHO} + \mathrm{(C_6H_5)_3P{=}CH_2} \longrightarrow \mathrm{CH_3CH_2CH_2CH{=}CH_2} + \mathrm{(C_6H_5)_3P{=}O}$$

$$\mathrm{CH_3CH_2CH_2CHO} + \mathrm{(C_6H_5)_3P{=}CHCH_3} \longrightarrow \mathrm{CH_3CH_2CH_2CH{=}CHCH_3}$$

$$\mathrm{CH_3CH_2CH_2CH(Br)CH_2CH_3} \xrightarrow{OH^-} \mathrm{CH_3CH_2CH_2CH{=}CHCH_3} + \mathrm{CH_3CH_2CH{=}CHCH_2CH_3}$$

$$\mathrm{Ph_3P{=}CH{-}C_6H_4{-}NO_2} + \mathrm{H_3CO{-}C_6H_4{-}CHO} \xrightarrow[\text{苯}]{25℃} \mathrm{O_2N{-}C_6H_4{-}CH{=}CH{-}C_6H_4{-}OCH_3}$$

唯一产物 89%

2.5.5 羰基亲核加成反应活性的比较

醛和酮亲核加成反应活性大小与羰基碳上的正电性有关。正电性越大，活性越高。羰基碳的正电性与羰基所连接基团有关。如以氢相对值为标准，则推电子基团使羰基碳的正电性下降，吸电子基团使羰基碳的正电性上升。连有芳环的羰基可与苯环形成共轭，导致羰基碳的正电性下降，下降幅度比连有脂肪烃的羰基碳更多。

羧酸及其衍生物是另一类重要的羰基化合物，主要包括如下化合物。

$$\mathrm{RCOOH} \quad \mathrm{RCOOR'} \quad \mathrm{RCOCl} \quad \mathrm{RCOBr}$$

$$\mathrm{RCOOCOR'} \quad \mathrm{RCONH_2} \quad \mathrm{RCONHR'} \quad \mathrm{RCONR'_2}$$

与醛和酮的亲核加成反应不同，羧酸及其衍生物主要发生亲核取代反应。

思考题

1. 烯与溴的亲电加成中不同构型烯烃会产生不同立体构型的加成物，为什么？

2. S_N1 反应和 S_N2 反应的主要影响因素有哪些？

3. 苯环上含不同取代基时可以影响亲电取代反应活性和反应区域选择性？定位基分别有几种类型，叙述它们的结构特点。

4. 如何比较亲核试剂的强弱？

5. 分别写出酸催化条件下和碱催化条件下的亲核加成反应的机理，并说明两种催化过程中所活化的基团分别是什么？

6. 影响亲核加成反应活性的因素有哪些？

习 题

写出下列反应的机理。

(1) $H_2C{=}CHC(CH_3)_3 + HCl \longrightarrow (CH_3)_2C(Cl)CH(CH_3)_2$

(2) $C_6H_5CH_2CH_2COCl \xrightarrow{AlCl_3}$

(3) $CH_3CH_2CH_2CH(OH)CH_3 \xrightarrow{HBr} CH_3CH_2CH_2CH(Br)CH_3$ (86%) $+ CH_3CH_2CH(Br)CH_2CH_3$ (14%)

(4) $C_6H_5CHO + CH_3MgBr \longrightarrow C_6H_5CH(OH)CH_3$

(5) 2,4,6-三苯基苯甲酸甲酯（CO_2CH_3，Ph，Ph，Ph）$\xrightarrow{H_2SO_4(浓)}$ 1,3-二苯基芴酮（Ph，Ph，C=O）

(6) 2-甲基-2-甲氧羰基环戊酮（CH_3，$COOCH_3$）$\xrightarrow[CH_3OH]{NaOCH_3} \xrightarrow{H_3O^+}$ CH_3—环戊酮—$COOCH_3$

(7) $H_3C{-}C(CH_3)_2{-}Br \xrightarrow{NaOH/C_2H_5OH} (H_3C)_2C{=}CH_2$

(8) $C_6H_5CHO + CH_3CHO \xrightarrow{OH^-} C_6H_5CH(OH)CH_2CHO$

(9)
$$\text{CH}_2{=}\text{C(CH}_3)\text{CH}{=}\text{CH}_2 \xrightarrow{HCl} (CH_3)_2CCl\text{CH}{=}\text{CH}_2 + (CH_3)_2C{=}CHCH_2Cl$$
$$\text{CH}_2{=}\text{C(CH}_3)\text{CH}{=}\text{CH}_2 \xrightarrow{Br_2} BrCH_2C(CH_3)Br\text{CH}{=}\text{CH}_2 + BrCH_2C(CH_3){=}CHCH_2Br$$

(10)
$$\text{Ph}\text{CH}{=}\text{CH}\text{CH}{=}\text{CH}_2 \xrightarrow{HBr} \text{Ph}\text{CH}{=}\text{CH}\text{CHBr}\text{CH}_3$$

参考文献

[1] 吴阿富．新概念基础有机化学 [M]．杭州：浙江大学出版社，2010.

[2] 夏永亮．虫草素生物合成机理研究 [D]．中国科学院大学，2014.

[3] 苗保喜．芘基醛和酮的合成 [D]．中国矿业大学，2014.

[4] 谢玲．新型咪唑衍生物的合成研究 [D]．湖南科技大学，2012.

[5] 郭保国，赵文献．有机合成重要单元反应 [M]．郑州：黄河水利出版社，2009.

[6] 徐家业．高等有机合成 [M]．北京：化学工业出版社，2005.

[7] 覃兆海．基础有机化学 [M]．北京：科学技术文献出版社，2004.

[8] 张普庆．医学有机化学 [M]．北京：科学出版社，2006.02.

[9] 荣国斌．高等有机化学基础 [M]．上海：华东理工大学出版社，2001.

[10] 李艳梅，赵圣印，王兰英．有机化学 [M]．北京：科学出版社，2011.

[11] 黄培强，靳立人，陈安齐．有机合成 [M]．北京：高等教育出版社，2004.

[12] 郝娥，强亮生．精细有机合成单元反应与合成设计 [M]．哈尔滨：哈尔滨工业大学出版社，2004.

[13] 魏荣宝．高等有机合成 [M]．北京：北京大学出版社，2011.

[14] 赵德明．有机合成工艺 [M]．杭州：浙江大学出版社，2012.

[15] 王利民，田禾．精细有机合成新方法 [M]．北京：化学工业出版社，2004.

[16] 蒋登高．精细有机合成反应及工艺 [M]．北京：化学工业出版社，2001.

[17] 马祥志．有机化学 [M]．北京：中国医药科技出版社，2004.

[18] 杨红．有机化学 [M]．北京：中国农业出版社，2002.

[19] 王礼琛．有机化学 [M]．南京：东南大学出版社，2004.

第3章　碳-碳单键的形成

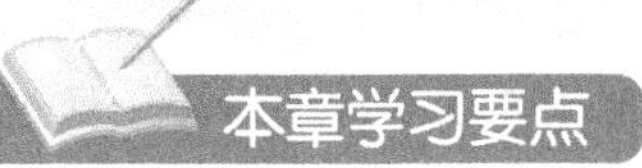

1. 由亲核取代反应形成碳-碳单键的反应。
2. 活性亚甲基与卤代烃反应生成碳-碳单键的反应。
3. 含一个吸电子基形成碳负离子与卤代烃反应生成碳-碳单键的反应。
4. 碳氢键的活性用酸性表达时，讨论 pK_a 的大小与碳的亲核性大小的关系。
5. 利用共轭酸碱理论等方法比较碳负离子与氧负离子的亲核性的大小。
6. 碳负离子与 α,β-不饱和羰基化合物的加成生成碳-碳单键的反应。
7. 烯胺和位阻碱反应的区域选择性。
8. 极性转换及其在有机合成中的应用。

碳-碳单键的形成是指有机化学单元反应中让某一分子通过碳原子为主要活性基与另一分子的碳官能团反应，生成新的碳-碳单键。碳-碳单键形成主要有两种方式，一种方式为有机金属化合物、活泼亚甲基、含一个吸电子基的甲基或亚甲基等生成的碳负离子与羰基、共轭羰基化合物的亲核加成或与卤代烃的亲核取代形成碳-碳单键；另一种则通过碳正离子和环加成过程形成碳-碳单键。

3.1　碳负离子的形成

饱和碳原子上连接较强的吸电子基团时，该碳上的氢原子具有酸性，因此该类化合物经碱处理后，可形成碳负离子，在反应中常常被作为亲核试剂。该类化合物中的 C—H 键的酸性与所连吸电子基团的吸电子能力以及脱去质子后生成的碳负离子的共轭稳定效应有关。吸电子基团的吸电子能力的顺序为 $NO_2 > COR > SO_3R > CO_2R > CN > Ph$。酮和酯分子中与羰基相连的碳上的氢原子即具有酸性，这些化合物在碱的催化作用下可生成相应的烯醇负离子，可作为亲核试剂与其他化合物发生亲核反应。如醇醛缩合反应和活性亚甲基的烷基化即属于该类反应。

$$\mathrm{RCH_2COR'} \xrightleftharpoons{\text{碱(慢)}} \mathrm{R\overset{-}{C}HCOR'} + \mathrm{RCH{=}C(O^-)R'}$$

$$\mathrm{-C(O^-){=}CH-} + \mathrm{>C{=}O} \rightleftharpoons \mathrm{-C(=O)-CH-C-O^-}$$

$$\mathrm{-C(O^-){=}CH-} + \mathrm{-C-X} \longrightarrow \mathrm{-C(=O)-CH-C-} + \mathrm{X^-}$$

含两个吸电子基的亚甲基称为活性亚甲基，在碱的作用下可形成稳定的碳负离子。这主要是由于该类碳负离子可以形成稳定的烯醇式结构。如丙二酸二乙酯和乙酰乙酸乙酯分子上的亚甲基上的氢原子可以与相邻羰基上的氧原子通过氢键形成稳定的六元环烯醇式结构。与丙二酸二乙酯和乙酰乙酸乙酯类似，β-二羰基化合物也可形成稳定的烯醇式结构。这些化合物形成碳负离子的比例如下。

$$\mathrm{H_3C-CO-CH_2-CO-CH_3}\ (\beta\text{-二酮}) \rightleftharpoons \mathrm{H_3C-C(OH){=}CH-CO-CH_3}\ (76\%)$$

$$\mathrm{H_3C-CO-CH_2-CO-OC_2H_5}\ (\beta\text{-羰基酯}) \rightleftharpoons \mathrm{H_3C-C(OH){=}CH-CO-OC_2H_5}\ (7.5\%)$$

$$\mathrm{C_2H_5O-CO-CH_2-CO-OC_2H_5}\ (\beta\text{-二酯}) \rightleftharpoons \mathrm{C_2H_5O-C(OH){=}CH-CO-OC_2H_5}\ (\text{很少})$$

活性亚甲基化合物的活性大小与该亚甲基上氢的酸性有关，即与形成的烯醇式结构的稳定性有关。一些典型的含亚甲基的化合物的酸性大小，即 $\mathrm{p}K_a$ 值的对比见表 3-1。

表 3-1 一些典型的含亚甲基的化合物的 $\mathrm{p}K_a$ 值

化合物	$\mathrm{p}K_a$ 值	化合物	$\mathrm{p}K_a$ 值
$\mathrm{H-CH_2CH_3}$	~50	$\mathrm{H-CH_2-C(=O)-CH_3}$	20
$\mathrm{H-CH_2CH{=}CH_2}$	35	$\mathrm{H-CH_2-C(=O)-C_6H_5}$	16
$\mathrm{H-CH_2-C_6H_5}$	34	$\mathrm{H-CH_2-NO_2}$	10.2
$\mathrm{H-CH_2C{\equiv}N}$	~25	$\mathrm{C_2H_5O-C(=O)-CH(H)-C(=O)-OC_2H_5}$	12.7
$\mathrm{H-CH_2-S(=O)_2-CH_3}$	29	$\mathrm{H_3C-C(=O)-CH(H)-C(=O)-OC_2H_5}$	10.7
$\mathrm{H-CH_2-C(=O)OC_2H_5}$	~24	$\mathrm{H_3C-C(=O)-CH(H)-C(=O)-CH_3}$	9

烯醇负离子在反应体系中必须具有足够的浓度才能使反应的顺利进行，选择合适的碱和溶剂可以达到目的，这类反应必须在无水条件下进行，水能让碳负离子质子化而失去活性；选择溶剂的酸性一般弱于碱的共轭酸。通常使活泼亚甲基化合物转化为相应的烯醇负离子的碱-溶剂混合物有甲醇钠、乙醇钠和叔丁醇钠或钾等相应的醇溶液，或是乙醚、苯和乙二醇二甲醚的悬浮液。叔丁醇钾的亲核性小，不同溶剂的碱性强度不同，在无水二甲基亚砜中碱性最强。

3.2 活性亚甲基化合物的烷基化反应

硝基或两个羰基、酯基或氰基所活化的亚甲基称为活泼亚甲基化合物。这类化合物的酸性较强，可以用比较弱的碱（如乙醇钠-乙醇溶液）处理转化成相应的碳负离子。这类化合物还可以用粉状的钠、钾或氢化钠在苯或乙醚中制备烯醇盐。β-二酮通常在碱金属氢氧化物或碳酸盐的乙醇或丙酮中能转化成相应的烯醇盐，这类烯醇盐是具有亲核性的碳负离子。

烯醇负离子在 N,N-二甲基甲酰胺、二甲亚砜、乙二醇二甲醚或六甲基磷酰胺等非质子性溶剂中进行烷基化反应，非质子极性溶剂不会影响烯醇负离子的亲核活性，同时非质子极性溶剂能使阳离子溶剂化，产生游离的烯醇负离子，其亲核性增强。一些典型的酸性较大的亚甲基化合物的反应如下。

（1）丙二酸二乙酯合成长链取代羧酸

EtO-CO-CH₂-CO-OEt —NaOEt / RX→ EtO-CO-CH(R)-CO-OEt —(1) OH⁻ / (2) H⁺, △→ R-CH₂-COOH

EtO-CO-CH(R)-CO-OEt —RX / NaOEt→ EtO-CO-C(R)(R)-CO-OEt —(1) OH⁻ / (2) H⁺, △→ R-CH(R)-COOH

（2）丙二酸二乙酯合成环状取代羧酸

EtO-CO-CH₂-CO-OEt —NaOEt / X-(CH₂)ₙ-X→ —(1) OH⁻ / (2) H⁺, △→ HO-CO-环(CH₂)ₙ

（3）丙二酸二乙酯合成对称二元羧酸

2 EtO-CO-CH₂-CO-OEt —NaOEt / X-(CH₂)ₙ-X(或 I₂)→ —(1) OH⁻ / (2) H⁺, △→ HOOC-CH₂-(CH₂)ₙ-CH₂-COOH

丙二酸二乙酯：二卤代物 = 2：1

二元羧酸

（4）丙二酸二乙酯合成不对称二元羧酸

$$EtOOC-CH_2-COOEt \xrightarrow[RX]{NaOEt} EtOOC-CH(R)-COOEt \xrightarrow[BrCH_2COOEt]{NaOEt} (EtOOC)_2C(R)CH_2COOEt \xrightarrow[(2)\ H^+,\ \triangle]{(1)\ OH^-} EtOOC-CH(R)-CH_2-COOEt$$

（5）乙酰乙酸乙酯合成长链甲基酮

$$H_3C-CO-CH_2-COOEt \xrightarrow[RX]{NaOEt} H_3C-CO-CH(R)-COOEt \xrightarrow[(2)\ H^+,\ \triangle]{(1)\ 稀\ OH^-} H_3C-CO-CH_2-R$$

（6）乙酰乙酸乙酯合成多取代丙酮

$$H_3C-CO-CH_2-COOEt \xrightarrow[RX]{NaOEt} H_3C-CO-CH(R)-COOEt \xrightarrow[(2)\ H^+,\ \triangle]{(1)\ 稀\ OH^-} H_3C-CO-CH_2-R$$

$$H_3C-CO-CH(R)-COOEt \xrightarrow{R'X,\ NaOEt} H_3C-CO-C(R)(R')-COOEt \xrightarrow[(2)\ H^+,\ \triangle]{(1)\ 稀\ OH^-} H_3C-CO-CH(R)-R'$$

（7）乙酰乙酸乙酯合成环状取代丙酮

$$H_3C-CO-CH_2-COOEt \xrightarrow[X-(CH_2)_n-X]{NaOEt} \xrightarrow[(2)\ H^+,\ \triangle]{(1)\ 稀\ OH^-} H_3C-CO-\text{环}(CH_2)_n$$

$n=2\sim5$

（8）乙酰乙酸乙酯合成长链二酮

$$H_3C-CO-CH_2-COOEt \xrightarrow[X-(CH_2)_n-X(或\ I_2)]{NaOEt} \xrightarrow[(2)\ H^+,\ \triangle]{(1)\ 稀\ OH^-} H_3C-CO-CH_2-(CH_2)_n-CH_2-CO-CH_3$$

（9）乙酰乙酸乙酯合成取代的β-二酮

$$H_3C-CO-CH_2-COOEt \xrightarrow{NaH} \xrightarrow{RCOCl} H_3C-CO-CH(COR)-COOEt \xrightarrow[(2)\ H^+,\ \triangle]{(1)\ 稀\ OH^-} H_3C-CO-CH_2-CO-R$$

$$\xrightarrow[R'X]{NaH} H_3C-CO-CH(R')-CO-R$$

烯醇负离子与卤代烷容易发生亲核取代烷基化反应，如卤代伯烷、卤代仲烷、卤代烯丙基或苄基等都能进行该类反应。但叔卤代烷烷基化产物的收率很低，因为它在碱性条件下与脱去卤化氢生成烯烃是竞争反应，叔卤代烷主要产生消除反应。对甲苯磺酸酯、硫酸酯、环氧化物都可以作烷基化试剂。芳基和乙烯基卤代烷不与烯醇负离子反应，但是邻、对位连有强吸电子基的芳基卤化物能够与烯醇负离子发生反应。在含有过量氨基钠的液氨溶液中，溴苯与丙二酸二乙酯也能发生反应，生成苯基丙二酸二乙酯，产率为 50%，该反应并不是直接进行的亲核取代反应，而是通过消除-加成历程进行的，其中间体为苯炔。

p-$CH_3C_6H_4SO_2O$–（甾体）$\xrightarrow[C_2H_5ONa/C_2H_5OH]{CH_2(COOC_2H_5)_2}$ $CH(COOC_2H_5)_2$–（甾体）

$C_6H_5Br \xrightarrow[NH_3\,(l)]{NaNH_2}$ 苯炔 $\xrightarrow{\bar{C}H(COOC_2H_5)_2}$ $C_6H_5^-$–$CH(COOC_2H_5)_2$

（H_3COOC，Br，N–$COCH_3$ 吲哚啉衍生物）$\xrightarrow[NH_3\,(l)]{NaNH_2}$ 芳炔中间体 $\longrightarrow$ 三环产物（H_3COOC，N–$COCH_3$）

二卤代烷也能与活性亚甲基化合物反应生成环状化合物，与两种不同卤代烃反应可以生成二烷基化合物。

$$CH_2(COOC_2H_5)_2 \xrightarrow[C_2H_5ONa/C_2H_5OH]{Br(CH_2)_3Br} \text{环丁烷-1,1-}(COOC_2H_5)_2 + CH_2(CH_2CH(COOC_2H_5)_2)_2$$

活性亚甲基化合物的烷基化的主要副产物是二烷基化，选择合适的溶剂可有效地避免副产物的生成。酸性大的溶剂可使相应亲核试剂的浓度下降，二取代副产物的量也下降，采用惰性溶剂代替乙醇则有利于二烷基化反应。

【案例 3-1】 设计采用丙二酸二乙酯制备 3-甲基-2-烯环戊酮的合成路线。

分析：

3-甲基-2-环戊烯酮 $\Longrightarrow$ $CH_3CO(CH_2)_2COCH_3$

合成路线：

$$2\,H_3C\text{-}CO\text{-}CH_2\text{-}CO\text{-}OEt \xrightarrow[I_2]{NaOEt} (EtOOC)(CH_3CO)CH\text{-}CH(COCH_3)(COOEt) \xrightarrow[(2)\,H^+,\,\triangle]{(1)\,\text{稀}\,OH^-} CH_3CO(CH_2)_2COCH_3 \xrightarrow{OH^-} \text{3-甲基-2-环戊烯酮}$$

【案例 3-2】 设计采用环己烯制备 2-环戊酮甲酸乙酯的合成路线。

合成路线：

$$\text{环己烯} \xrightarrow[H^+]{KMnO_4} HOOC(CH_2)_4COOH \xrightarrow[H^+]{CH_3CH_2OH} EtOOC(CH_2)_4COOEt \xrightarrow[EtOH]{NaOEt} \text{2-环戊酮}\text{-}COOC_2H_5$$

【案例 3-3】 设计采用己二酸制备双环［4,3,0］-1-烯-3-辛酮-6-甲酸乙酯的合成路线。

合成路线：

COOH, COOH $\xrightarrow[H^+]{C_2H_5OH}$ COOEt, COOEt $\xrightarrow[EtOH]{EtONa}$ COOEt, O $\xrightarrow{CH_2=CH-\overset{O}{\overset{\|}{C}}-CH_3}$

COOEt, $CH_2CH_2\overset{O}{\overset{\|}{C}}CH_3$, O $\xrightarrow[\triangle]{稀 OH^-}$ C_2H_5OOC, O

1,3-二羰基化合物或β-酮酸酯中不活泼的甲基或亚甲基在更强的碱作用下，可以产生相应的双负离子，如二酮和适当强度的碱（如二异丙基氨基钠或锂）反应可得到双负离子。双负离子可与卤代烃发生γ-烷基化反应。如 2,4-戊二酮在二异丙基氨基钠催化下可与正溴丁烷发生γ-烷基化反应。反应中 2,4-戊二酮首先与二异丙基氨基钠反应生成双负离子，由于与α-碳负离子相比，γ-碳负离子的碱性更强，与正溴丁烷反应的活性大，得到 2,4-壬二酮，产率为 82%。

H_3C O O CH_3 $\xrightarrow[NH_3\ (l)]{2KNH_2}$ H_3C O O $\bar{C}H_2$ $\rightleftharpoons$ H_3C O^- O^- CH_2

$\xrightarrow[(2)\ H_3^+O]{(1)\ C_4H_9Br}$ H_3C O O $CH_2C_4H_9$ 82%

β-二酮的α-取代形式和γ-取代形式如下。

O O γ α H H $\xrightarrow[碱]{RX}$ O O γ α H R

$\xrightarrow[碱]{RX}$ O O γ α R H

β-二酮合成γ-取代的方法如下。

O O γ α H H $\xrightarrow{2倍强碱}$ [O^- O^- γ α] $\xrightarrow{RX}$ $\xrightarrow{H_3^+O}$ O O γ R H

β-二酮的γ-烷基化和γ-酰基化反应如下。

H_3C O O γ α CH_3 $\xrightarrow{2NaNH_2}$ H_2C ONa ONa CH_3 $\xrightarrow{RX}$ $\xrightarrow{NH_4Cl}$ R $\underset{H_2}{C}$ O O CH_3

$\xrightarrow{R\overset{O}{\overset{\|}{C}}X}$ $\xrightarrow{NH_4Cl}$ R O $\underset{H_2}{C}$ O O CH_3

β-二酮的γ-烷基化反应如下。

$$H_3C\text{-}CO\text{-}CH_2\text{-}CHO \xrightarrow{2KNH_2} H_2C{=}C(OK)\text{-}CH{=}CH(OK) \xrightarrow[(2)\ H_3^+O]{(1)\ PhCH_2Cl} PhH_2C\text{-}CH_2\text{-}CO\text{-}CH_2\text{-}CHO$$

$$H_3C\text{-}CO\text{-}CH_2\text{-}COOCH_3 \xrightarrow{NaH} H_3C\text{-}CO\text{-}CH{=}C(ONa)OCH_3 \xrightarrow{BuLi} H_2C{=}C(OLi)\text{-}CH{=}C(ONa)OCH_3$$

$$\xrightarrow[(2)\ H_3^+O]{(1)\ CH_3CH_2Cl} H_3CH_2C\text{-}CH_2\text{-}CO\text{-}CH_2\text{-}COOCH_3$$

取代环己酮通过烷基化反应可合成多取代或少取代环己酮，反应如下。

$$\text{2-R-环己酮} \xrightarrow[(2)\ HCOOC_2H_5]{(1)\ NaH} \text{2-R-6-CHO-环己酮} \xrightarrow{2\ NaNH_2} \text{双负离子}\ (O^-, O^-, H)$$

$$\xrightarrow[(2)\ H_3^+O]{(1)\ R'X} \text{2-R-2-R'-6-CHO-环己酮} \xrightarrow[\text{去 -CHO}]{KOH} \text{2-R-2-R'-环己酮}$$

$$\text{2-R-环己酮} \xrightarrow[(2)\ HCOOC_2H_5]{(1)\ NaH} \text{2-R-6-CHO-环己酮} \xrightarrow{NaH} \text{负离子}\ (O^-, H)$$

$$\xrightarrow[(2)\ H_3^+O]{(1)\ R'X} \text{2-R-6-R'-6-CHO-环己酮} \xrightarrow[\text{去 -CHO}]{KOH} \text{2-R-6-R'-环己酮}$$

双负离子在合成中的应用已不再局限于β-二羰基化合物的γ-烷基化反应。如由β-羰基亚砜生成的双负离子可与卤代烷进行γ-烷基化反应，且可通过热解或还原的方法很容易地除去亚砜基，从而制得α,β-不饱和酮或α-烷基酮。

$$PhS(O)\text{-}CH(CH_3)\text{-}CO\text{-}CH_3 \xrightarrow[THF]{2NaH} PhS(O)\text{-}C^-(CH_3)\text{-}CO\text{-}CH_2^- \xrightarrow[(2)\ H_3^+O]{(1)\ C_4H_9Br}$$

$$PhS(O)\text{-}CH(CH_3)\text{-}CO\text{-}C_5H_{11} \begin{cases} \xrightarrow[\text{煮沸}]{CCl_4} CH_2{=}CH\text{-}CO\text{-}C_5H_{11}\quad 78\% \\ \xrightarrow[CH_3COOH]{Zn} CH_3CH_2\text{-}CO\text{-}C_5H_{11} \end{cases}$$

由硝基烷烃制得的双负离子衍生物在合成上也很有用。例如，β-硝基丙酸乙酯与丁基锂反应，生成的双负离子很容易与伯或仲卤代烷在α位和酯基的中间烷基化。

$$C_2H_5OOC\text{-}CH_2CH_2\text{-}NO_2 \xrightarrow{2C_4H_9Li} C_2H_5O\text{-}C(O^-){=}CH\text{-}CH{=}NO_2^-\ \ 2Li^+ \xrightarrow[(3)\ C_6H_5CH_2Br]{(1)\ CH_3I\ \ (2)\ LiN(iso\text{-}C_3H_7)_2} C_2H_5OOC\text{-}C(CH_3)(CH_2C_6H_5)\text{-}CH_2NO_2\quad 78\%$$

3.3 弱酸性的亚甲基化合物的烷基化反应

甲基或亚甲基上只有一个羰基、酯基或氰基的化合物称为弱酸性亚甲基化合物。该类化合物的烷基化比1,3-二碳基化合物的烷基化困难，需要采用比乙醇钠或甲醇钠更强的碱处理才可以进行烷基化，较为典型的是氨基钠、氨基钾、氢化钠、三苯甲基钠或钾，通常以苯、醚、乙二醇、二甲醚或二甲基甲酰胺等作溶剂，二烷基氨基锂［如二异丙基氮基锂，2,2,6,6-四甲基哌啶锂或二(三甲硅基）胺的盐］也可以被用于弱酸性亚甲基化合物形成烯醇负离子。酯和酮在碱催化下烷基化试剂一般从位阻较小的一侧，沿与烯醇离子平面垂直的方向接近。

(1) NaH, C_6H_6, 回流 (2) CH_2Br 88%

$COOCH_3$ $LiN(iso\text{-}C_3H_7)_2$ THF, −78℃ (1) Br (2) C_2H_5Br $COOCH_3$ 90%

酮的烷基化反应常见的副反应是生成二烷基化或多烷基化产物。如果把烯醇盐的乙二醇二甲醚溶液加入到过量的烷基化试剂中，可以在一定程度上避免上述副反应。

R R′ O⁻ CH_3I H CH_3 R R′ O R R′ O⁻ R R′ O + R R′ O⁻ CH_3I H_3C CH_3 R R′ O

不对称酮的烷基化反应中，为提高选择性，减少多烷基化产物的量，一种常用的方法是在一个α位上先引入一个活化基团以稳定相应的烯醇负离子，待烷基化后再除去活化基团。常用的活化基团有乙氧羰基、乙氧羰基甲酰基和甲酰基。如由环己酮制备2-甲基环己酮过程如下。

O $COOC_2H_5$ $COOC_2H_5$ $NaOC_2H_5/C_2H_5OH$ O O $COOC_2H_5$ 硼砂 △ O $COOC_2H_5$

CH_3I $NaOC_2H_5/C_2H_5OH$ O $COOC_2H_5$ CH_3 (1) OH^- (2) H^+,△ O CH_3

取代基占据某个α位，形成烯胺、烯醚，能防止该位置相应的烯醇盐的形成。如从反-十氢萘酮-1制备9-甲基十氢萘酮-1即采用了该方法。

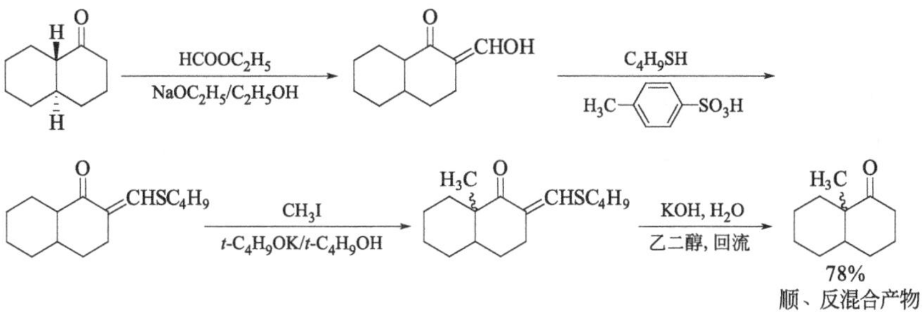

反-十氢萘酮-1 直接烷基化时，则主要生成 2-烷基衍生物。

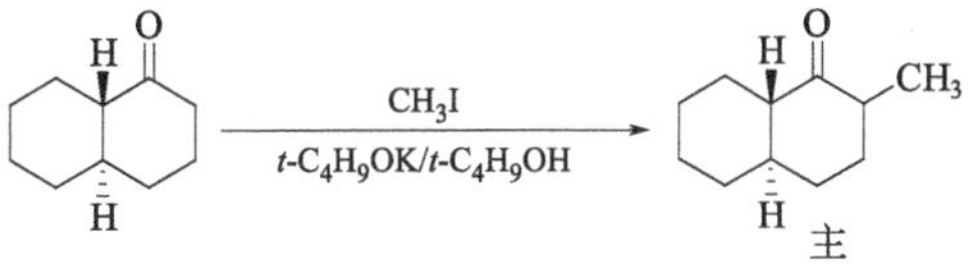

α,β-不饱和酮的烷基化反应可制备 α′-烷基衍生物。在非质子溶剂中采用强碱（如二异丙基氨基锂）对 α,β-不饱和酮进行处理，生成烯醇负离子以控制构型。如果这种构型的负离子发生烷基化反应的速度比烯醇负离子形成的速度快，则可以较高的产率，得到对应的 α′-烷基衍生物。如 5,5-二甲基-2-环己烯酮甲基化反应，生成 83% α′-甲基衍生物。

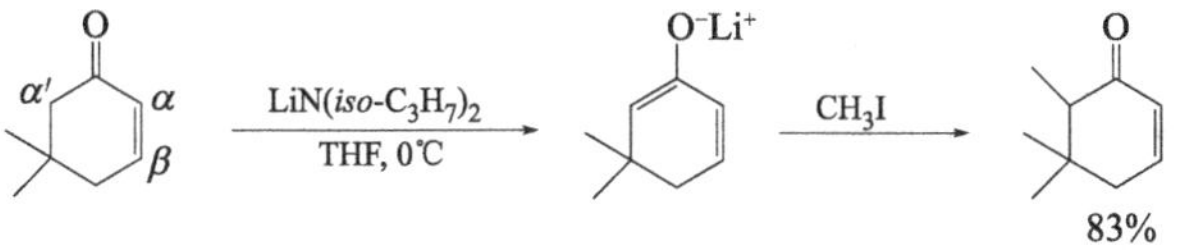

烯醇硅醚与烷基或芳基铜试剂反应也可以得到高产率的 α′-烷基环己烯酮衍生物。如 6-叔丁基-2-环己烯酮的合成可用下列过程进行。

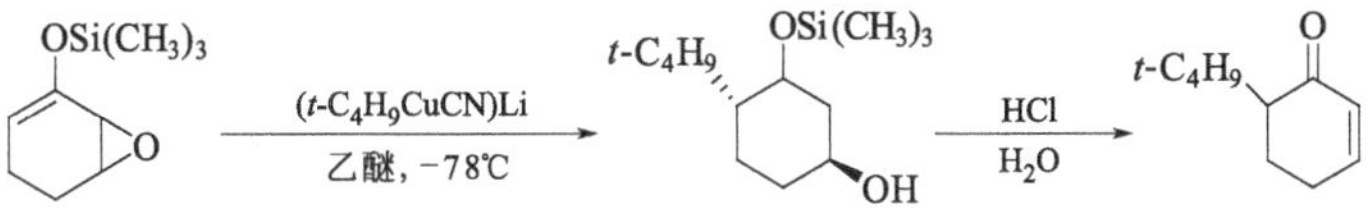

3.4 烯胺及其相关反应

烯胺反应主要用于醛、酮的选择性烷基化和酰基化，烯胺是由醛或酮与仲胺在脱水试剂无水碳酸钾存在下反应得到。

$$RCH_2COR^1 + HNR^2R^3 \rightleftharpoons RH_2C-C(R^1)(OH)-NR^2R^3 \rightleftharpoons RH_2C-C(R^1)=\overset{+}{N}R^2R^3 \rightleftharpoons RHC=C(R^1)-NR^2R^3$$

烯胺的 β-C 上带有部分负电荷，因此，可作为亲核性试剂与卤代烷、酰卤或亲电性的烯烃进行反应。

$$>C=C-N< \longrightarrow >\overset{-}{C}-C=\overset{+}{N}<$$

烯胺可与卤代烷反应不可逆地生成*C*-烷基化产物和*N*-烷基化产物。*C*-烷基化的铵盐充分水解，可生成烷基化的酮，而*N*-烷基化产物常常溶于水而不发生水解。

$$R-\underset{H}{C}=\overset{R^1}{C}-NR^2R^3 \longleftrightarrow R-\overset{H}{\underset{-}{C}}-\overset{R^1}{C}=\overset{+}{N}R^2R^3 \xrightarrow[\text{回流}]{CH_3I,C_6H_6} \begin{cases} R-\underset{H}{C}=\overset{R^1}{C}-\overset{CH_3}{\underset{+}{N}}R^2R^3\ I^- \\ R-\overset{CH_3}{\underset{H}{C}}-\overset{R^1}{C}=\overset{+}{N}R^2R^3\ I^- \\ \quad\downarrow \text{水解} \\ R-\overset{CH_3}{\underset{H}{C}}-\overset{R^1}{C}=O \end{cases}$$

烯胺反应的主要产物为取代基较少的α-C上反应的产物。如2-甲基环己酮的吡咯烯胺与碘甲烷反应，几乎全部生成2,6-二甲基环己酮。

$$\text{2-甲基环己酮} + \text{吡咯烷} \xrightarrow{p\text{-}CH_3C_6H_4SO_3H} \text{烯胺(85\%)} + \text{烯胺(15\%)}$$

醛和酮的烯胺也能够与亲电性的烯烃发生烷基化反应，烯胺可以与α,β-不饱和酮、酯和腈反应生成高产率的烷基化羰基化合物，该反应可与碱催化的Michael加成反应形成互补。通常可得到较高产率的*C*-烷基化产物，且反应是在取代基较少的α-C上进行的。

$$\text{烯胺} + H_2C=CHCN \xrightarrow[\text{回流}]{C_2H_5OH} [\text{亚胺盐}-CH_2CH_2CN] \longrightarrow \text{烯胺}-CH_2CH_2CN \xrightarrow{\text{水解}} \text{2-甲基-6-}(CH_2CH_2CN)\text{环己酮 } 65\%$$

烯胺也易与酰氯或酸酐反应，生成的产物水解后生成β-二酮或β-酮酸酯。

$$R-\overset{H}{C}=\overset{R^1}{C}-N< + R^2CO-Cl \longrightarrow R-\underset{R^2CO}{\overset{H}{C}}-\overset{R^1}{C}=\overset{+}{N}<\ Cl^- \xrightarrow{N(C_2H_5)_3} R-\underset{R^2CO}{C}=\overset{R^1}{C}-N< \xrightarrow{\text{水解}} \underset{R^2CO}{RCHCOR^1}$$

利用肟可实现不对称酮的区域选择性烷基化反应。肟的锂衍生物优先在 α-C 上形成，且与氧原子呈顺式构型，这是由于肟与锂衍生物形成了螯合物，只在与锂原子相连的一侧与卤代烷发生反应，获得选择性的 α-烷基衍生物。

R　NOH　$\xrightarrow{2C_4H_9Li}$　R　Li　$N—O^-Li^+$　$\xrightarrow{R'X}$　R　R′　NOH

手性 α-氨基酸能够立体选择性进行 α-烷基化，脯氨酸可生成光学纯的 α-甲基脯氨酸。

H　N H　COOH　$\xrightarrow[H^+]{t\text{-}C_4H_9CHO}$　H　N　O　H　O　$t\text{-}C_4H_9$　$\xrightarrow[THF]{LiN(iso\text{-}C_3H_7)_2}$　N　OLi　H　O　$t\text{-}C_4H_9$

$\xrightarrow{CH_3I}$　CH_3　N　O　H　O　$t\text{-}C_4H_9$　$\xrightarrow{H_3^+O}$　N H　CH_3　COOH

3.5 极性转换在碳-碳单键合成中的应用

在有机合成中采用一些方法使分子中的原子或基团具有特殊反应性，如使正常羰基上亲电性的碳转换成亲核性的碳等这类反应称为官能团的极性转换。常见的安息香缩合反应是苯甲酰基负离子与苯甲醛的羰基进行加成反应的结果，其中间体相当于酰基负离子。

CHO　$\xrightarrow{CN^-}$　O^-　CN　$\longrightarrow$　OH　CN　$\xrightarrow{\text{CHO}}$　O　H　O^-　CN

$\longrightarrow$　O　OH

醛氰醇采用乙基乙烯基醚以缩醛的形式或其三甲硅醚的形式保护起来，再采用二异丙基氨基锂处理，很容易转化成相应的负离子，该类负离子与卤代烷反应生成保护了酮基的腈醇，水解得到酮。

$OSi(CH_3)_3$　H_3C　CN　$\xrightarrow[(2)\ \text{cyclopentyl-Br}]{(1)\ LiN(iso\text{-}C_3H_7)_2}$　$OSi(CH_3)_3$　H_3C　CN　$\xrightarrow{H_3^+O}$　OH　H_3C　CN　$\xrightarrow{NaOH}$　O　H_3C　85%

含硫试剂使羰基发生极性转换，醛转换成酰基负离子时常用的方法是将醛羰基转化为 1,3-二噻烷。伯卤代烷和仲卤代烷（碘代烷最好）很容易与 1,3-二噻烷锂化物发生反应，生成2-烷基-1,3-二噻烷，进而水解生成醛或酮。

$HCl, CHCl_3$ C_4H_9Li THF CH_2Br H_3^+O, Hg^{++}

二噻烷相当于甲酰基负离子（HC=O⁻），利用该方法通过两步连续反应，不需分离中间体就能引入两个烷基。

(1) C_4H_9Li (2) Br H_3^+O, Hg^{++} OHC

二噻烷不能对Michael受体发生1,4-加成反应，与α,β-不饱和醛和酮反应时，只在羰基上加成。

C_2H_5S $LiN(iso\text{-}C_3H_7)_2$ THF Li^+ C_2H_5I $LiN(iso\text{-}C_3H_7)_2$

(1) (2) 水解 (1) C_3H_7Br (2) H_3^+O, Hg^{++} 90%

金属取代的烯醇醚也可作为酰基负离子等当体，该试剂可在低温下由叔丁基锂与烯醇醚在四氢呋喃中反应制得。

OCH_3 $t\text{-}C_4H_9Li$ Li

$t\text{-}C_4H_9Li$ THF, −65℃ Br (1) CHO (2) H_3^+O 稀HCl, 25℃ OH 63% 74%

亚烷基二噻烷或硫代缩烯酮也是一类常用的极性转换试剂，用市售的1,3-二噻烷可转化成三甲硅基衍生物，然后与醛或酮反应，用丁基锂或二异丙基氨基锂处理生成对应的烯丙基负离子。这些负离子可与各种亲电试剂反应，反应主要在与硫相连的碳原子上进行，生成的产物经水解后得到α,β-不饱和酮。

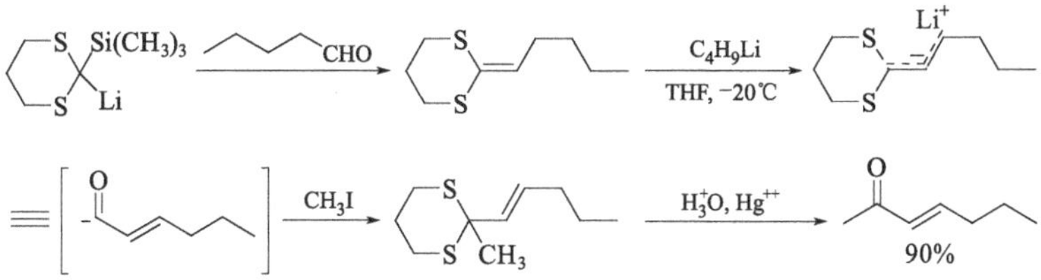

3.6 醇醛缩合反应

醇醛缩合反应可形成碳-碳单键，但不同醛或醛和酮之间反应得到的常常为混合物，缩合反应的立体化学性难以调控。如醛和乙基酮反应生成的 α-烷基-β-羟基羰基化合物通常是顺（赤）和反（苏）异构体的混合物。

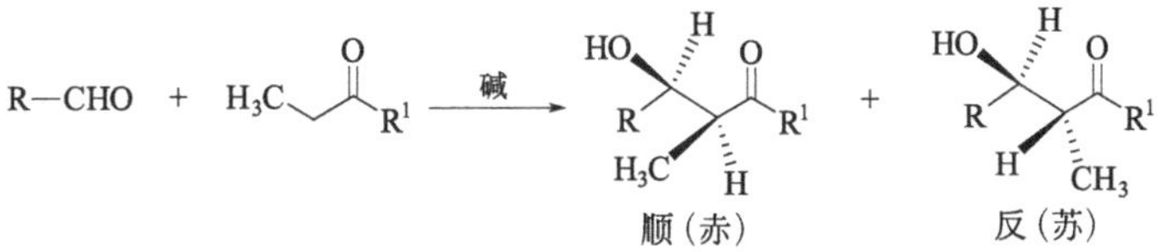

顺(赤)　反(苏)

两种不同的羰基化合物醇醛缩合反应，产生定向缩合产物，其中最好的方法是使一种反应物首先转化成烯醇化物或烯醇醚，并使其形成金属螯合物，以避免副反应的发生。

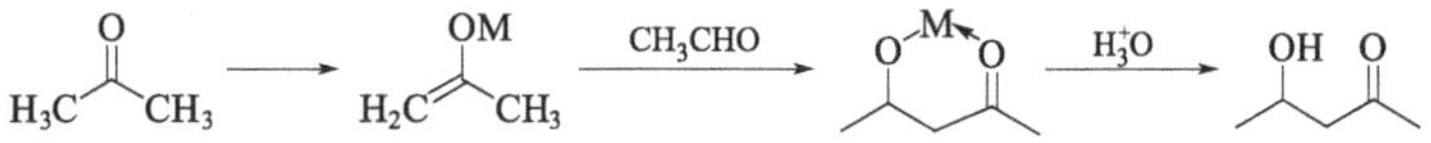

使用金属抗衡离子如烯醇锂和硼盐等，在非质子溶剂（如乙醚和四氢呋喃）中，锂通过形成螯合物可有效的捕获醇醛。如二异丙基氨基锂使 2-戊酮脱质子化，得到烯醇化物，再与乙醛反应，可以 90％的产率生成混合醇醛缩合产物。

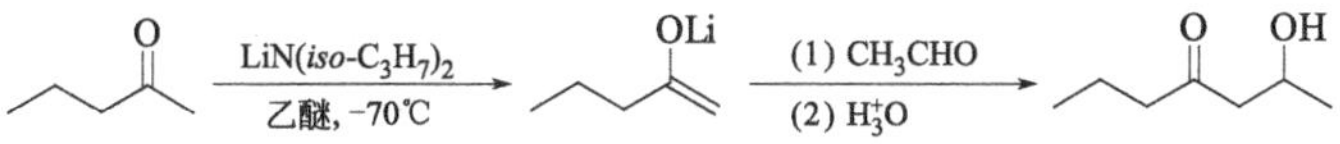

乙烯基氧化硼作为烯醇化物，乙烯基氧化硼很容易由酮在三元碱存在下与二烷基硼三氟甲基磺酸酯反应得到。

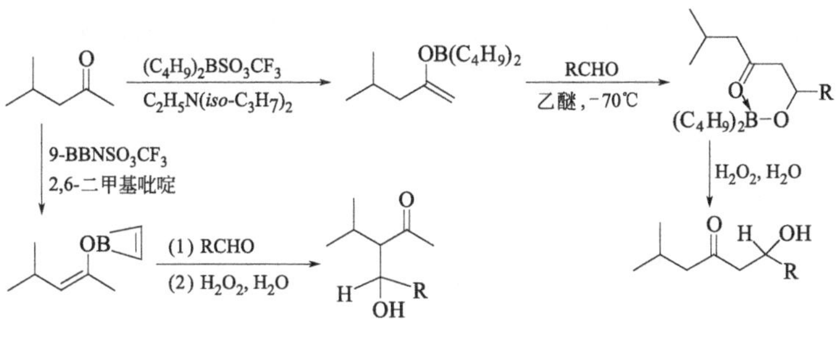

酸催化直接进行的醇醛缩合的反应，可采用生成醛、酮的烯醇硅醚，与另一分子醛、酮缩合，一般认为上述反应的机理如下。

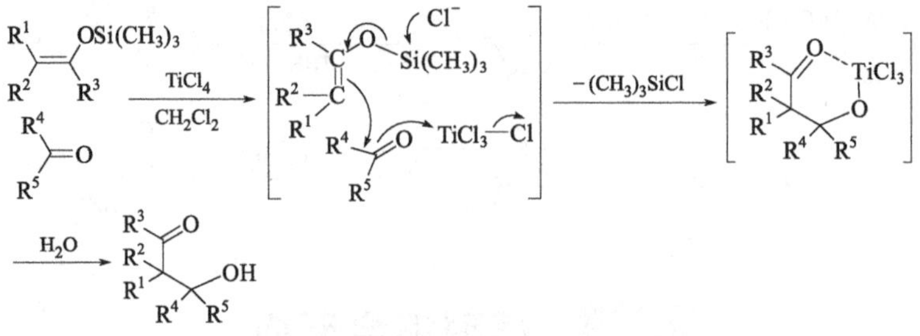

醇醛缩合反应的产物的具有立体化学，必须考虑立体选择性。β-羟基羰基化合物，α 位有取代基，就可能有四种立体异构体，其中有两种顺（赤）式和两种反（苏）式。

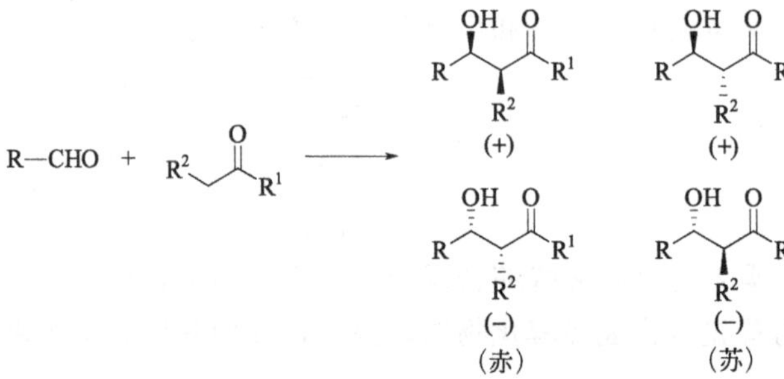

立体化学过程取决于反应是在热力学条件下进行还是在动力学条件下进行，以及烯醇盐的几何构型。一般来说，Z-烯醇盐主要生成 2,3-顺式羟醛；而 E-烯醇盐主要生成 2,3-反式羟醛。

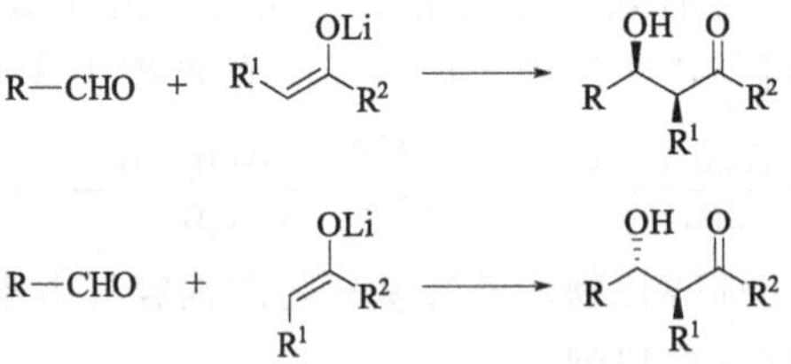

烯醇锂盐反应还应考虑取代基 R^1 和 R^2 的体积。R^2 的体积越大，选择性越高。2,2-二甲基-3-戊酮形成的 Z-烯醇化物与苯甲醛在 $-70℃$ 的乙醚中反应几乎全部生成顺式醇醛缩合产物。

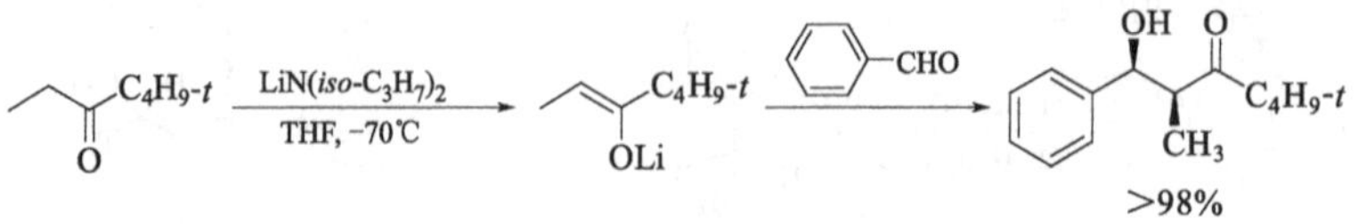

反应在平衡条件下进行时，不管烯醇盐的几何构型如何，均主要生成 2,3-反式羟醇醛。

烯丙基金属化合物对醛的加成反应在操作上与醇醛缩合反应相同，且具有高选择性。

最常用的烯丙基金属化合物是硼和铬衍生物。如 2-丁烯基硼化物可以与各种醛反应，生成高立体选择性的烯丙基醇，且非对映选择性高于 95%。

(1) RCHO
(2) $N(CH_2CH_2OH)_3$

(1) RCHO
(2) $N(CH_2CH_2OH)_3$

思考题

1. 写出三种不同的碳负离子形成碳-碳单键的反应。

2. 为什么烯醇负离子也称为碳负离子？在实际反应中“C”与“O”的亲核性哪个更大？

3. 在生成烯醇负离子过程中，如果溶剂的酸性大于该活性亚甲基，会产生什么现象？

4. 为什么叔卤代烃不能与活泼亚甲基进行烷基化反应？

5. 为什么乙烯型和卤代苯型的化合物难以进行烷基化？

6. 如何通过活泼亚甲基的烷基化反应合成环状化合物？

7. 1,3-二羰基化合物在什么条件下可以发生 γ-烷基化反应？

8. 为什么双负离子中烷基化反应主要发生在 γ-碳负离子上？

9. 酮存在两种 α-碳，如需得到少取代烷基化反应产物，应使用什么试剂？

10. 烯胺是指羰基与胺生成的缩合产物，烯胺反应在不对称酮的烷基化反应中，起到什么作用？

11. 为什么烯胺与卤代烷烷基化反应的产率一般都很低？而采用苄基卤或烯丙基卤等活泼的卤代烷可以获得高产率的烷基化产物。

习 题

1. 完成下列化合物的合成。

(1) 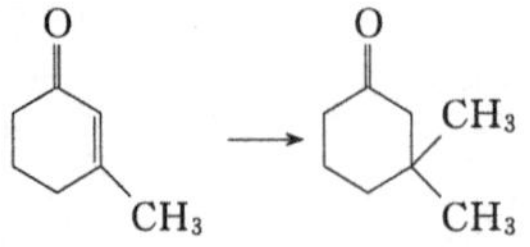 O, CH_3 → O, CH_3, CH_3

(2) O → O, CH_3, CH_2

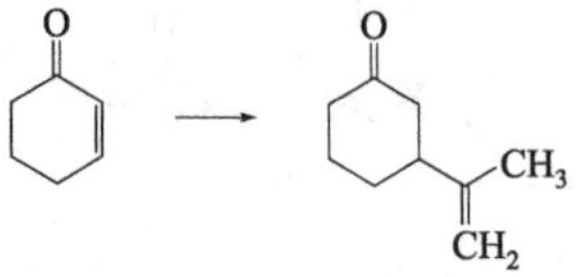

2. 以丙二酸二乙酯为原料合成下列化合物。

(1) 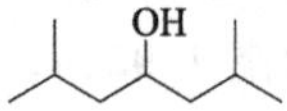 OH

(2) 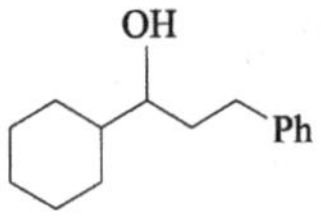 OH, Ph

(3) 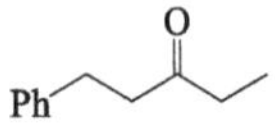 O, Ph

(4) 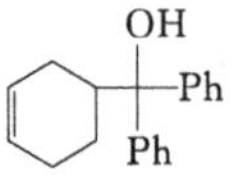 OH, Ph, Ph

(5) 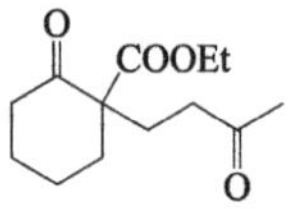 O, COOEt, O

(6) 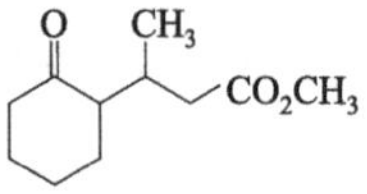 O, CH_3, CO_2CH_3

(7) 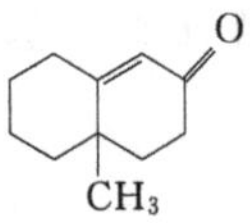 O, CH_3

(8) 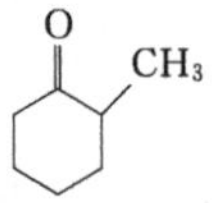 O, CH_3

(9) 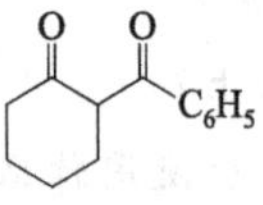 O, O, C_6H_5

(10) 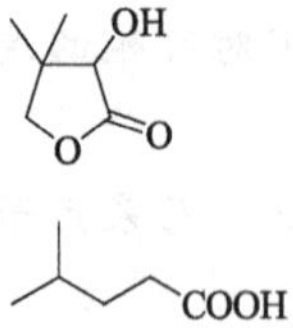 OH, O, O

COOH

参考文献

[1] 孔祥文. 基础有机合成反应 [M]. 北京: 化学工业出版社, 2014.
[2] 郝素娥, 强亮生. 精细有机合成单元反应与合成设计 [M]. 哈尔滨: 哈尔滨工业大学出版社, 2001.
[3] 李丕高. 现代有机合成化学 [M]. 西安: 陕西科学技术出版社, 2006.
[4] 谢如刚. 现代有机合成化学 [M]. 上海: 华东理工大学出版社, 2007.
[5] 潘春跃. 合成化学 [M]. 北京: 化学工业出版社, 2005.
[6] 魏荣宝. 高等有机合成 [M]. 北京: 北京大学出版社, 2011.
[7] 陈金龙. 精细有机合成原理与工艺 [M]. 北京: 中国轻工业出版社, 1992.
[8] 杨光富. 有机合成 [M]. 上海: 华东理工大学出版社, 2010.
[9] 薛永强. 现代有机合成方法与技术 [M]. 北京: 化学工业出版社, 2003.

第4章 碳-碳双键的形成

本章学习要点

1. 消除反应的三种机理和消除立体化学。
2. 卤代烃、醇的消除机理和 E_1 消除产生碳正离子重排的模式。
3. 季铵碱的消除机理 E_{1cb} 和形成碳-碳双键的关系。
4. 热消除对烯烃立体化学结构的影响。
5. 胺氧化物、亚砜、硒氧化物的热解反应。
6. 通过亲核加成-消除形成碳-碳双键的反应。
7. 魏悌息（Wittig）反应及其相关反应。
8. 羧酸氧化脱羧和 β-内酯的脱羧形成烯烃的反应。

4.1 β-消除反应

消除反应是制备烯烃的重要反应，β-消除反应也是形成碳-碳双键最常用的方法之一。

$$-\underset{H}{\overset{|}{\underset{|}{C}}}-\underset{X}{\overset{|}{\underset{|}{C}}}- \longrightarrow -\overset{|}{C}=\overset{|}{C}- + HX$$

$$X=OH, OCOR, 卤素, OSO_2Ar, \overset{+}{N}R_3, \overset{+}{S}R_2$$

β-消除反应包括醇的酸催化脱水反应、卤代烷和硫酸酯的溶剂化消除反应、碱诱导消除反应以及季铵盐的霍夫曼消除反应。如：

$$\xrightarrow{PCl_5}$$

$$\xrightarrow[C_2H_5OH]{C_2H_5ONa} \quad 81\% \quad + \quad 19\%$$

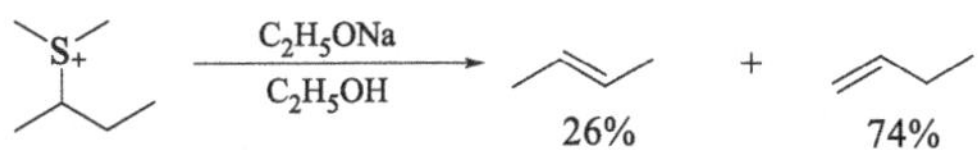

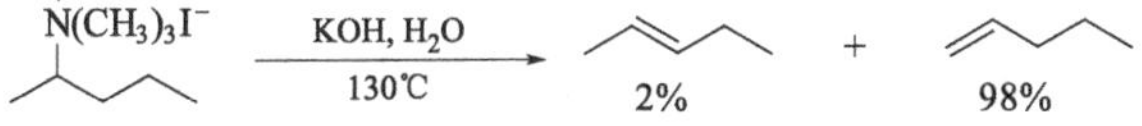

C_2H_5ONa / C_2H_5OH 26% 74%

KOH, H_2O / 130℃ 2% 98%

醇在酸催化脱水反应和其他的 E_1 消去反应，卤代烷和芳基硫酸酯的碱催化消除反应一般主要生成多取代烯烃（Saytzeff 规则），而季铵盐和锍盐的碱诱导消去反应则主要生成取代基较少的烯烃（Hofmann 规则）。如 2-氯-2,4,4-三甲基戊烷脱氯化氢时主要生成末端烯烃。

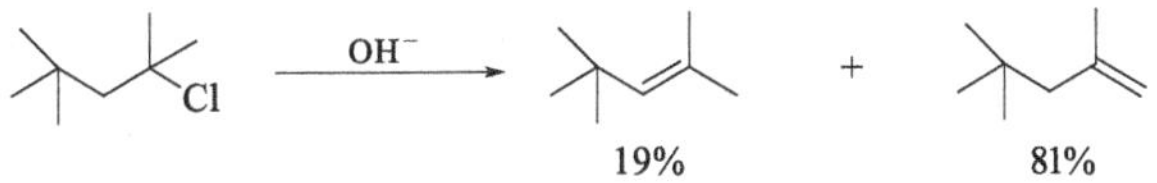

OH^- 19% 81%

如果在 β-C 上连有共轭的取代基，则无论采用上述哪种消除方法，均生成共轭烯烃。

醇的酸催化脱水反应和其他的 E_1 消去反应的中间体为碳正离子，因此反应中易发生碳骨架的重排。如莰尼醇转化成檀烯的反应即存在碳骨架的重排。

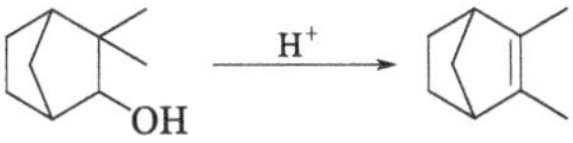

H^+

季铵盐的霍夫曼消除反应及卤代烷和锍盐的碱诱导消去反应一般均为反式消除。苏式-1,2-二苯基丙胺和赤式-1,2-二苯基丙胺得到的季铵盐在乙醇溶液中采用乙醇钠处理时，发生立体定向消除。

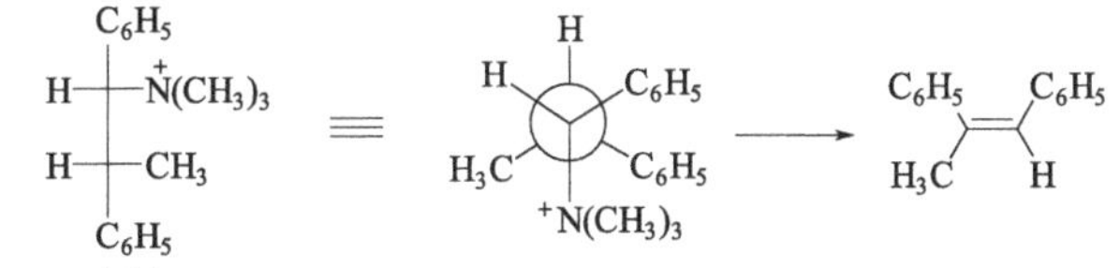

（赤）

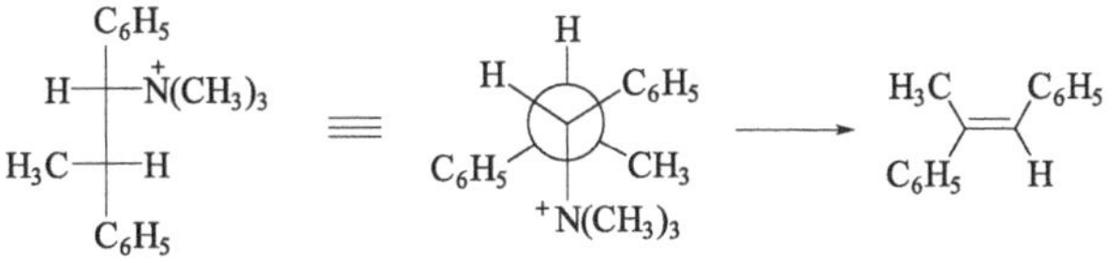

（苏）

当氢原子和离去基团处于重叠位置（2）时，发生顺式消除反应；而当氢原子和离去基团处于环平面的反位（1）时，由于空间电子效应的影响，容易发生反式消除反应。

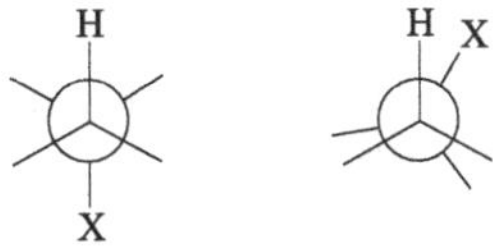

(1) (2)

在环状体系中受环刚性的影响，发生消除反应的方向取决于离去基团氯原子处于直立键的构型，反式消除结果除去氯原子邻位在直立键上的氢。

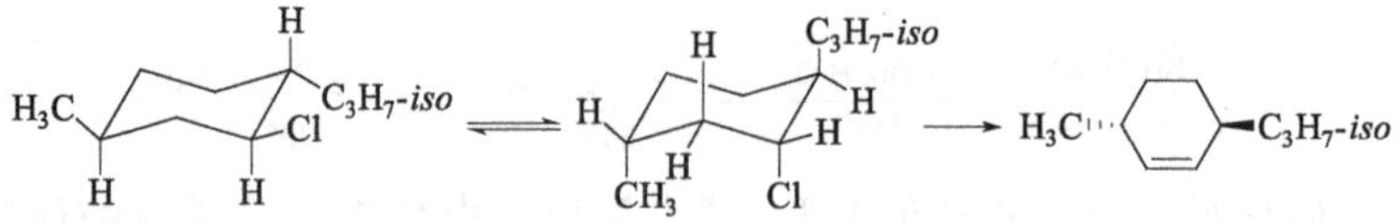

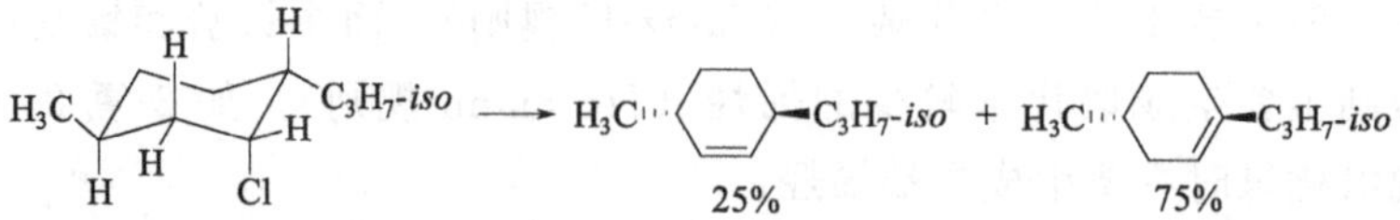

碱诱导消除反应中所采用的碱为碱金属的氢氧化物和烷氧化物，以及吡啶和三乙胺等有机碱。如氯代酸酯在吡啶和喹啉的作用下，不能脱去氯化氢，而用碱在 90℃下即可得到烯炔，且产率高达 85%。

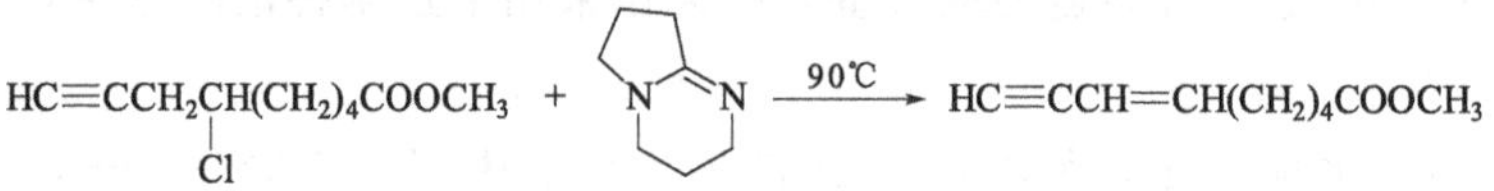

$$HC\equiv CCH_2CH(Cl)(CH_2)_4COOCH_3 \xrightarrow{90℃} HC\equiv CCH{=}CH(CH_2)_4COOCH_3$$

热消除反应包括羧酸酯、磺原酸酯以及胺氧化物的热解反应，它们通过环状过渡态以协同的方式进行，与其他消除反应相反，该类反应均为顺式消除，即氢原子和离去基因由新生双键的同一侧离去。

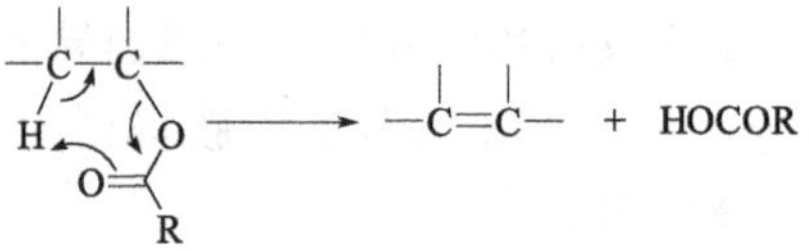

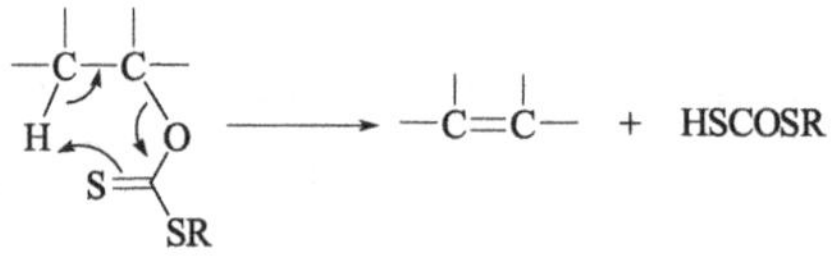

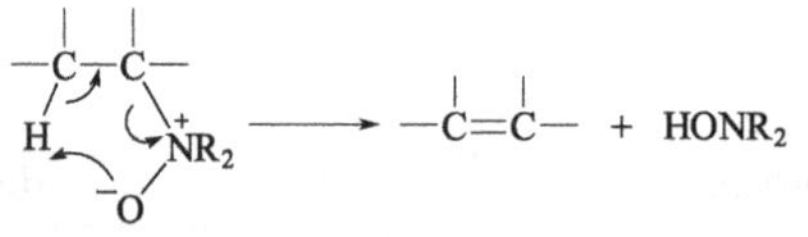

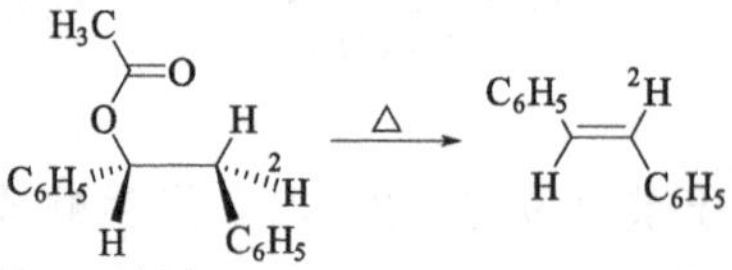

(赤)

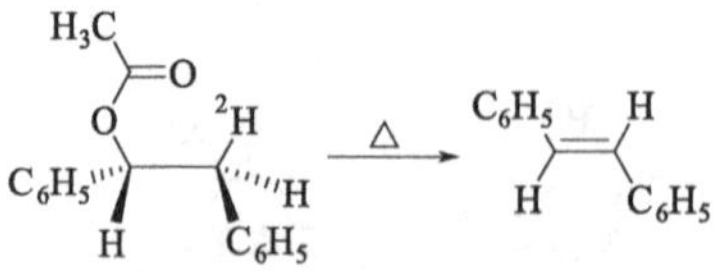

(苏)

酯的热解反应通常在 300～500℃下进行，可生成烯烃和羧酸。

$$CH_3CH_2CH_2CH_2OCOCH_3 \xrightarrow[N_2]{500℃} CH_3CH_2CH{=}CH_2 \quad 100\%$$

采用乙酸酯或其他的羧酸酯可制备纯度较高的末端烯烃。4,5-二乙酰氧甲基环己烯制备 4,5-二亚甲基环己烯的反应中没有因重排生成邻二甲苯。

$$\text{4,5-二}(CH_2OCOCH_3)\text{环己烯} \xrightarrow[N_2]{500℃} \text{4,5-二亚甲基环己烯}(=CH_2,\ =CH_2) \quad 47\%$$

酯在消除反应发生之前也可能发生重排反应，从而得到混合产物。如烯丙基酯即易于发生重排反应。

$$CH_3CH(OCOCH_3)CH{=}CH(CH_3)_2CH_3 \rightleftharpoons CH_3CH{=}CHCH(OCOCH_3)(CH_3)_2CH_3$$

$$\xrightarrow{\triangle} CH_2{=}CHCH{=}CH(CH_3)_2CH_3 + CH_3CH{=}CHCH{=}CHCH_2CH_3$$

胺氧化物的热解反应和黄原酸甲酯的热解反应要求的温度较低（100～200℃），因而可避免不稳定烯烃的进一步分解。

$$CH_3CO(CH_2)_7CH_2COOCH_3 \xrightarrow[(2)\ LiN(iso\text{-}C_3H_7)_2]{(1)\ H^+,\ HOCH_2CH_2OH} \text{缩酮}\text{-}(CH_2)_7CH{=}C(O^-)OCH_3$$

$$\xrightarrow{CH_3SSCH_3} \text{缩酮}\text{-}(CH_2)_7CH(SCH_3)COOCH_3 \xrightarrow{NaIO_4} \xrightarrow{120℃} \xrightarrow{H_3^+O} CH_3CO(CH_2)_6CH{=}CHCOOCH_3$$

硒氧化物也可制备烯烃，带有 β-H 的烷基苯基硒氧化物，在室温或更低的温度下即能通过顺式消除反应生成烯烃。该反应的条件比采用亚砜制备烯烃的条件更温和。硒氧化物可由硒醚通过过氧化氢或其他试剂氧化得到。

$$C_6H_5CH_2Br \xrightarrow[C_2H_5OH]{C_6H_5SeNa} C_6H_5CH_2SeC_6H_5 \xrightarrow[(2)\ C_2H_5Br]{(1)\ LiN(iso\text{-}C_3H_7)_2,\ THF,\ -78℃} C_6H_5CH(SeC_6H_5)C_2H_5$$

$$\xrightarrow{H_2O_2,\ THF} C_6H_5CH{=}CHCH_3\ (\text{反式})$$

$$\text{环戊烯酮} \xrightarrow{(C_6H_5)_2CuLi} \text{3-}C_6H_5\text{-环戊烯醇盐}(OM) \xrightarrow{C_6H_5SeNa} \text{2-}SeC_6H_5\text{-3-}C_6H_5\text{-环戊酮} \xrightarrow{H_2O_2} \text{3-}C_6H_5\text{-环戊烯酮}$$

$$\text{底物}(CH_2OCH_3,\ SeC_6H_5,\ \text{缩酮}) \xrightarrow[(3)\ H_2O_2]{(1)\ LiN(iso\text{-}C_3H_7)_2;\ (2)\ (CH_3)_2C{=}CHCH_2Br} \text{产物} \quad 65\%$$

$$\text{(diene ester)}CO_2CH_3 \xrightarrow[\text{(2) } C_6H_5SeSeC_6H_5]{\text{(1) LiN}(iso\text{-}C_3H_7)_2,\ \text{THF},\ -78^{\circ}C} \text{(diene ester)}CH(SeC_6H_5)CO_2CH_3$$

$$\xrightarrow[H_2O_2,\ CH_3OH,\ 25^{\circ}C]{NaIO_4} \text{(triene ester)}CO_2CH_3$$

4.2 魏悌息反应及其相关反应

膦叶立德试剂（也称 Wittig 试剂）与醛或酮反应生成氧化膦和烯烃的反应称为魏悌息（Wittig）反应，该反应条件温和，且可形成双键位置固定的烯烃。其通式为：

$$R_3P{=}CR^1R^2 + R^3R^4C{=}O \longrightarrow R_3P{=}O + R^1R^2C{=}CR^3R^4$$

例如：

(1) $(C_6H_5)_3P{=}CHCH_3 + CH_3COCO_2C_2H_5 \xrightarrow{\text{乙醚}} H_3CHC{=}C(CH_3)CO_2C_2H_5$

(2) $(C_6H_5)_3P{=}CHCH_3 + CH_3COCO_2C_2H_5 \xrightarrow{\text{乙醚}} H_3CHC{=}C(CH_3)CO_2C_2H_5$

Wittig 试剂具有稳定的共振结构，Wittig 试剂与羰基化合物反应的过程为首先通过 Wittig 试剂的碳负离子进攻羰基碳，形成内膦盐，该内盐再通过四元环化合物的裂解生成产物。

$$R^1R^2C{=}PR_3 \longrightarrow R^1R^2\overset{-}{C}{-}\overset{+}{P}R_3$$

$$R^1R^2\overset{-}{C}{-}\overset{+}{P}R_3 + O{=}CR^3R^4 \rightleftharpoons R_3\overset{+}{P}{-}CR^1R^2{-}CR^3R^4{-}O^- \longrightarrow \text{(four-membered ring } R_3P{-}CR^1R^2{-}CR^3R^4{-}O) \longrightarrow$$

$$R_3P{=}O + R^1R^2C{=}CR^3R^4$$

Wittig 试剂的反应活性取决于 R、R^1 和 R^2 的性质，其中的 R 通常为苯基。在 Wittig 试剂的亚烷基部分，如果 R^1 和 R^2 是吸电子基，Wittig 试剂中的负电荷在 R^1、R^2 中是离域的，则 Wittig 试剂的亲核性，即对羰基的反应活性降低。

Wittig 试剂通常采用碱和三烷基膦盐反应制得。其中的三烷基膦盐一般由卤代烷和三苯基膦反应制得。

$$(C_6H_5)_3P + R^1R^2CHX \longrightarrow (C_6H_5)_3\overset{+}{P}{-}CHR_1R_2X^- \xrightleftharpoons{\text{碱}} (C_6H_5)_3P{=}CR^1R^2$$

Wittig 反应速率很慢，而采用磷酸酯则可克服上述缺点。磷酸酯是由卤代烷和磷酸三乙酯反应后，经重排制得。磷酸酯与适当的碱反应，生成相应的负离子，其亲核性比 Wittig 试剂强，它们很容易与醛和酮的羰基发生反应，生成烯烃和水溶性的磷酸酯。

$$(C_2H_5O)_3P + BrCH_2CO_2C_2H_5 \longrightarrow \left[(C_2H_5O)_2\overset{+}{P}(OC_2H_5)-CH_2CO_2C_2H_5 \quad Br^- \right] \longrightarrow$$

$$(C_2H_5O)_2\overset{O}{\overset{\|}{P}}CH_2CO_2C_2H_5 \xrightarrow[\text{乙二醇二甲醚}]{NaH} (C_2H_5O)_2\overset{O}{\overset{\|}{P}}\overset{-}{C}HCO_2C_2H_5\ Na^+ \xrightarrow{\text{环己酮}}$$

$$\text{环己叉基}=CHCO_2C_2H_5\ (70\%) + (C_2H_5O)_2\overset{O}{\overset{\|}{P}}-ONa$$

α,β-不饱和酮可以从 β-酮基磷酸酯和羰基化合物反应制得。β-酮基磷酸酯则是由甲基磷酸二甲酯的锂盐与酯反应制得的。

$$\text{THPO}\ldots CO_2C_2H_5 \xrightarrow[\text{THF, }-78^\circ C]{LiCH_2\overset{O}{\overset{\|}{P}}(OCH_3)_2} \text{THPO}\ldots \overset{O}{\overset{\|}{C}}CH_2\overset{O}{\overset{\|}{P}}(OCH_3)_2$$

$$\xrightarrow[\text{(3) } H_3^+O]{\text{(1) NaH; (2) } (CH_3)_2CHCHO} \text{HO}\ldots\text{(78\%)} + (CH_3O)_2\overset{O}{\overset{\|}{P}}-ONa$$

(THP＝四氢吡喃基)

磷酸酯负离子和共振稳定性的 Wittig 试剂与醛的反应中，主要产物通常为反式烯烃；而采用不稳定的 Wittig 试剂时，则主要生成顺式烯烃。另外，可采用膦氧化物或 N,N-二烷基磷酰胺代替 Wittig 试剂，提高反应的立体选择性，以合成顺式或反式烯烃。

$$(C_6H_5)_2\overset{O}{\overset{\|}{P}}CH_2R \qquad RCH_2\overset{O}{\overset{\|}{P}}[N(CH_3)_2]_2$$

利用 Wittig 反应制备环外双键化合物，如将环酮转化成环外烯烃，而采用格氏方法生成的几乎均为环内烯烃异构体。

$$\xrightarrow{(C_6H_5)_3P=CHCH=CH_2}$$

Wittig 试剂可与醛或酮反应生成烯醚，该烯醚经酸水解，可制得多一个碳的醛，如环己酮制备甲酰基环己烷。

$$\text{环己酮} \xrightarrow{(C_6H_5)_3P=CHOCH_3} \text{环己叉基}=CHOCH_3 \xrightarrow{H_3^+O} \text{环己基-CHO}$$

Peterson 烯化反应，它是由三烷基硅烷的锂（或镁）衍生物与醛或酮加成生成β-羟基硅烷，再自发脱水，生成烯烃。该反应的立体选择性较好，可得到顺式或反式烯烃。烯烃的立体结构主要取决于消除反应是在碱性条件下还是酸性条件下进行的，采用碱一般以 E_1 机理顺式消去，而采用酸通常以 E_2 机理反式消去。

$(H_3C)_3Si$，H，C_3H_7，C_3H_7，OH，H

KH, THF 顺式消去 → $C_3H_7CH{=}CHC_3H_7$ 96%; 95% *E*-型

$BF_3(C_2H_5)_2O$，CH_2Cl_2 反式消去 → $C_3H_7CH{=}CHC_3H_7$ 99%; 94% *Z*-型

Peterson 反应也可用于制备α,β-不饱和酯，该方法是 Wittig 反应的磷酸酯改进法的一种有效补充。这是由于硅试剂一般比磷酸酯负离子活泼，所以甚至是易烯醇化的酮也能够很容易与硅试剂反应，而在 Wittig 反应中产率则通常很低。

$$(CH_3)_3SiCH_2CO_2C_2H_5 \xrightarrow[THF,-78℃]{(C_6H_{13})_2NLi} (CH_3)_3SiCHLiCO_2C_2H_5 \xrightarrow[THF,-78℃]{环己酮} 环己亚基{=}CHCO_2C_2H_5\ \ 95\%$$

4.3 脱羧反应制备烯烃

β-内酯可通过脱羧反应形成碳-碳双键，在适中的温度下裂解成烯烃和二氧化碳。如β-羟基酸与过苯磺酰氯反应生成的β-内酯在 140～160℃下定量地分解成烯烃。

$$CH_3CH_2COOH \xrightarrow[THF]{2LiN(iso\text{-}C_3H_7)_2} CH_3CH{=}C(OLi)O^-Li^+ \xrightarrow{C_6H_5CH_2COC_6H_5} H_3C{-}CH(COOH){-}C(OH)(C_6H_5)CH_2C_6H_5$$

$$H_3C{-}CH(COOH){-}C(OH)(C_6H_5)CH_2C_6H_5 \xrightarrow[吡啶]{C_6H_5SO_2Cl} \beta\text{-内酯} \xrightarrow{140℃} (H_3C)HC{=}C(C_6H_5)CH_2C_6H_5\ \ >99\%\ E\text{-型}$$

β-内酯能立体专一性地保留前体β-羟基羧酸构型，得到的是立体专一性的烯烃。如邻二羧酸通过氧化脱羧反应可制备烯烃。

COOH COOH → + $2CO_2$

COOH COOH $\xrightarrow[\text{吡啶，67℃}]{Pb(OCOCH_3)_4\text{，}O_2}$ 76%

COOH COOH $\xrightarrow[\text{吡啶}]{\text{电解}}$ 35%

$CO_2OC_4H_9\text{-}t$ $CO_2OC_4H_9\text{-}t$ $\xrightarrow[C_6H_6\text{，}25℃]{h\nu}$ 34%

单羧酸经四乙酸铅氧化脱羧可制备烯烃，但收率较低；在催化剂乙酸铜（Ⅱ）的存在下，伯烷基羧酸或仲烷基羧酸经热解或光解得到烯烃，收率较高。如壬酸可定量制备 1-辛烯，环丁烷羧酸制备环丁烯，收率为 77%。

$$CH_3(CH_2)_7COOH \xrightarrow[C_6H_6\text{，}h\nu\text{，}30℃]{Pb(OCOCH_3)_4,\ Cu(OCOCH_3)_2} CH_3(CH_2)_5CH{=}CH_2 \text{（定量）}$$

COOH $\xrightarrow[C_6H_6\text{，回流}]{Pb(OCOCH_3)_4,\ Cu(OCOCH_3)_2}$ 77%

芳香族羧酸的脱羧-烷基化反应，如烷基化试剂为烯丙基可以得到烯烃，如以 3-甲基-2-呋喃甲酸制备玫瑰呋喃。

CH_3 O COOH $\xrightarrow[(2)\ \text{Br}]{(1)\ Li\text{，}NH_3}$ CH_3 O COOH $\xrightarrow[C_6H_6\text{，}35℃]{Pb(OCOCH_3)_4,\ Cu(OCOCH_3)_2}$ CH_3 O 70%

4.4 缩合反应合成碳-碳双键

醇醛缩合反应可形成碳-碳双键，醇醛缩合反应后的碳数大于 6 时能自动失水生成碳-碳双键。分子内成环缩合反应如下。

COOEt O $CH_2CH_2\overset{\|}{C}CH_3$ O $\xrightarrow[\triangle]{\text{稀 }OH^-}$ C_2H_5OOC O

丙酮之间的缩合，使分子内碳数大于 6 会自动失水得到 α,β-不饱和羰基化合物。

2 O $\xrightarrow[-H_2O]{HCl}$ O $\xrightarrow[-H_2O]{CH_3COCH_3\text{，}HCl}$ O

二元酮或醛在酸或碱的催化下发生缩合反应，生成 α,β-不饱和的环酮或醛。

热运动

稀 OH^- △

芳醛与酮缩合得到 α,β-不饱和的环酮。

Ph—CHO + H_3C—CO—Ph —NaOH, H_2O/醇→ Ph—CH=CH—CO—Ph 85%

Ph—CHO + 环己酮 —KOH, H_2O 回流→ 2-亚苄基环己酮 75%

活泼亚甲基与羰基缩合得到取代的长链烯烃。

>C=O + CH_2(CN)COOR —吡啶, 少量哌啶 / 苯, HAc(或 EtOH)→ >C=C(CN)COOR + H_2O

思考题

1. 形成碳-碳双键主要有哪些反应？

2. 碳-碳双键的形成机理是什么？

3. 写出四种形成碳-碳双键的方法。

4. 消除反应有几种机理？分别写出三类不同的消除反应机理和方程式。

5. 为什么在 E_1、E_2 消除中均生成取代基较多的烯烃，而 E_{1cb} 机理的消除产生取代基少的烯烃？

6. 如何制备 Wittig 试剂？描述 Wittig 试剂与羰基形成碳-碳双键的机理。

习 题

写出下列化合物的合成过程。

(1) Ph—CH=CH—CH=CH—COOH

(2) Ph—CH=CH—CO—$C(CH_3)_3$

(3) H_3C—CH=CH—CH=CH—COOH

(4)

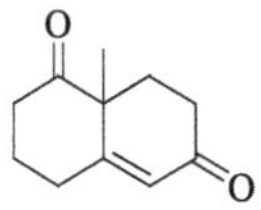

(5) $H_2C{=}CH{-}CHO \longrightarrow HC{\equiv}C{-}CHO$

(6)  COOH ⟶ OH

(7) 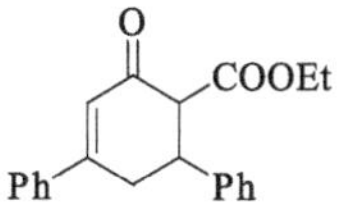 COOEt Ph Ph

参考文献

[1] 周德军．有机化学反应机理 [M]．北京：化学工业出版社，2011.

[2] 孔祥文．基础有机合成反应 [M]．北京：化学工业出版社，2014.

[3] 陆国元．有机反应与有机合成 [M]．北京：科学出版社，2009.

[4] 魏荣宝．高等有机合成 [M]．北京：北京大学出版社，2011.

[5] 杨光富．有机合成 [M]．上海：华东理工大学出版社，2010.

[6] 马军营，任运来，刘泽民．有机合成化学与路线设计策略 [M]．北京：科学出版社，2008.

[7] 巨勇，席婵娟，赵国辉．有机合成化学与路线设计 [M]．北京：清华大学出版社，2007.

[8] 魏荣宝．高等有机合成 [M]．北京：北京大学出版社，2011.

[9] 薛永强．现代有机合成方法与技术 [M]．北京：化学工业出版社，2003.

[10] 于世钧．有机化学 [M]．北京：化学工业出版社，2014.

[11] 周德军．有机化学反应机理 [M]．北京：化学工业出版社，2011.

[12] 孔祥文．基础有机合成反应 [M]．北京：化学工业出版社，2014.

第5章 氧化反应

本章学习要点

1. 芳烃侧链氧化，生成苄醇、醛等中间产物的弱氧化剂。
2. 苄亚甲基氧化为羰基的反应。
3. 羰基 α 位活性烷基的氧化反应。
4. 烯丙位烷基的氧化反应。
5. 醇和二元醇的氧化反应和相关氧化试剂。
6. 醛、酮的氧化反应和邻位二酮的制备。
7. 氧化制备邻位二醇和环氧化合物。
8. 芳环的开环氧化和保留环的氧化反应。

氧化反应是自然界普遍存在的一类重要反应。在有机合成中，氧化反应是指一类使有机化合物分子中氧原子增加或氢原子减少的反应。氧化反应按照氧化剂和氧化工艺的不同可分为催化氧化、化学氧化、电化学氧化和微生物氧化四种。通过氧化反应可以合成诸如醇、醛、酮、醌、羧酸等含氧化合物和芳烃等不饱和有机化合物，它是实现官能团转化的重要方法，在有机合成反应中占有重要地位。

5.1 烷烃的氧化反应

本节中烷烃氧化是指连接不同取代基的烷烃的氧化，烷基与苯环、羰基和烯等基团相连时，连接点的碳上的氢非常容易氧化，选择合适的氧化剂可以得到不同的氧化产物。氧化剂分为选择性氧化剂如高价金属盐，它们分别为硝酸铈铵 [$(NH_4)_2Ce(NO_3)_6$]（简称 CAN)、四乙酸铅 [$Pb(OAc)_4$]（简称 LTA)、四三氟乙酸铅 [$Pb(OCOCF_3)_4$]、SeO_2，或强氧化剂如高锰酸钾、重铬酸钾等。

5.1.1 芳甲烷的氧化反应

芳环稳定性好，很难氧化开环，芳甲烷的氧化主要是其侧链甲基的氧化。在不同的氧化条件下，芳甲烷可以被氧化成醇、醛、酯和酸等化合物。

芳甲烷氧化时，若使用氧化剂 CAN，可得到其对应的乙酸苄酯，经水解得到苄醇。

$$C_6H_5CH_3 \xrightarrow[100\%\ AcOH]{CAN} C_6H_5CH_2OCOCH_3$$

该反应的机理为自由基机理。其机理为：

$$C_6H_5CH_3 + Ce(NO_3)_4 \longrightarrow Ce(NO_3)_3 + HNO_3 + C_6H_5\dot{C}H_2$$

$$CH_3COOH + Ce(NO_3)_4 \longrightarrow Ce(NO_3)_3 + HNO_3 + CH_3CO\dot{O}$$

$$C_6H_5\dot{C}H_2 + CH_3CO\dot{O} \longrightarrow C_6H_5CH_2OCOCH_3$$

甲苯的对位引入供电子基团，则其反应活性增强，这是因为供电子基团有利于提高中间体自由基的稳定性。如芳甲烷用 CrO_3-Ac_2O 氧化可制得芳甲醛，其反应机理为：

$$Ar-CH_3 + CrO_3 \longrightarrow Ar-\dot{C}H_2 + HO-\dot{C}r(=O)-OH$$

$$Ac-O-Ac + CrO_3 \longrightarrow Ac-\dot{O} + HO-\dot{C}r(=O)-OH$$

$$Ar-\dot{C}H_2 + \cdot O-Ac \longrightarrow Ar-CH_2-O-Ac \longrightarrow Ar-CH(OAc)-O-Ac \longrightarrow Ar-CHO$$

CrO_2Cl_2（Etard 试剂）氧化甲苯制备苯甲醛的反应机理有两种，即自由基机理和离子型机理。其中自由基机理与此类似，即先形成双铬酸酯然后水解得醛，而其离子型机理为：

$$C_6H_5CH_3 + CrO_2Cl_2 \longrightarrow C_6H_5CH_2-O-Cr(OH)Cl_2 \longrightarrow C_6H_5CH(OCrCl_2OH)_2 \longrightarrow C_6H_5CHO$$

Cr(Ⅵ) 盐催化的过氧化物氧化的反应机理通常为自由基机理，如 *t*-

BuOOH 在 CrO_3 催化下氧化烷基苯制备苯基烷基酮。其反应过程为：

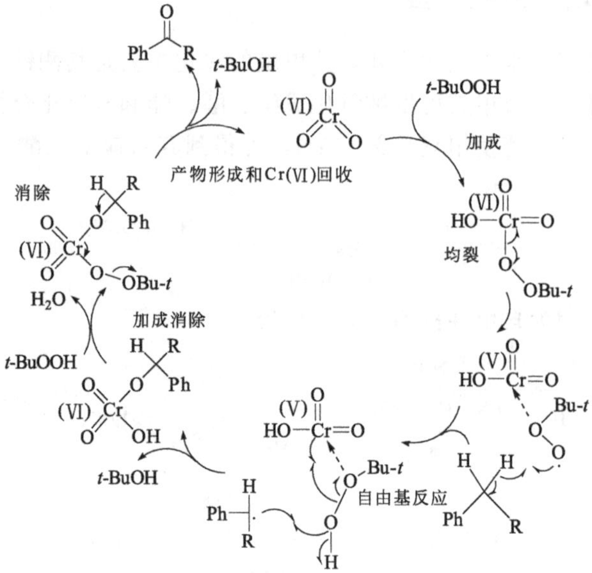

强氧化剂可以氧化甲苯衍生物为苯甲酸衍生物，常用的氧化剂有 $KMnO_4$、$Na_2Cr_2O_7$、Cr_2O_3 和稀硝酸等，其中 $KMnO_4$ 一般在碱性或中性介质中使用，而 $Na_2Cr_2O_7$ 则在酸性介质中使用。如在硫酸介质中，重铬酸钠氧化对硝基甲苯可制得对硝基苯甲酸。

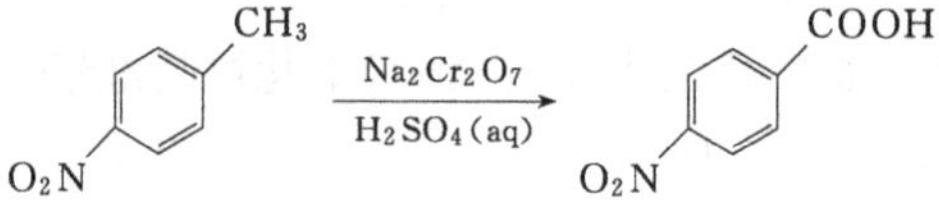

5.1.2 羰基 α 位活性烷基的氧化反应

氧化羰基 α 位活性烷基可得 α-羟基酮或 α-二酮。如使用氧化剂 LTA 或 $Hg(OAc)_2$ 可氧化羰基的 α 位活性烷基，使其先生成乙酸酯，再水解得到 α-羟基酮。

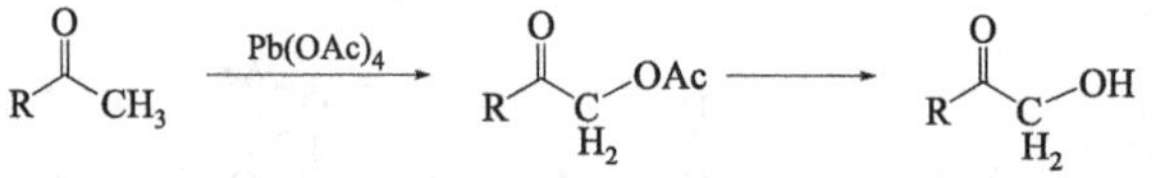

使用 LTA 氧化羰基 α 位活性烷基的反应过程中，羰基先形成烯醇式，烯醇式上的烷基再被氧化。其反应机理为：

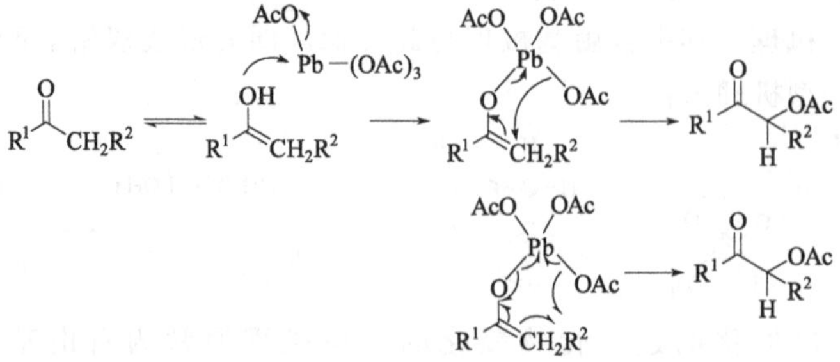

若在反应中加入 BF_3 催化，有利于烯醇式的形成，并可提高氧化甲基的选择性。

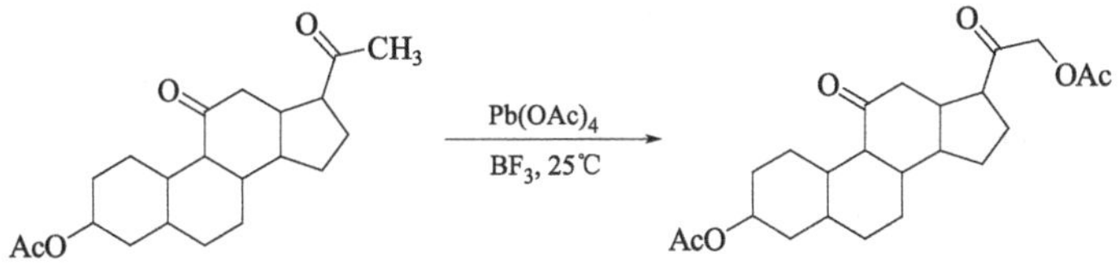

CH3
O
O
AcO
Pb(OAc)4
BF3, 25℃
O
OAc
O
AcO

使用 SeO_2（或 H_2SeO_3）氧化羰基 α 位活性烷基可制得 α-二酮。其反应机理为：

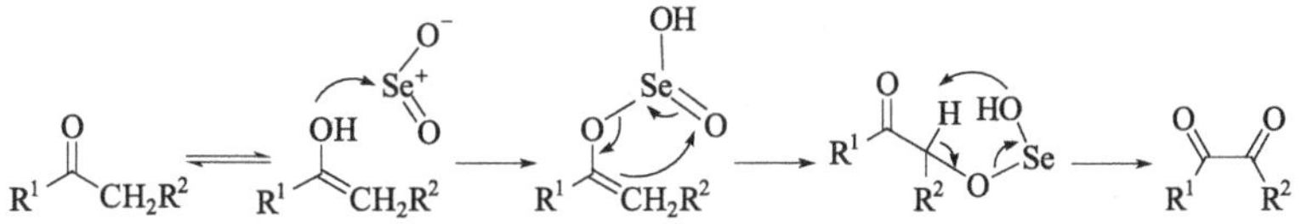

SeO_2 氧化选择性差，一般分子中只有一个可氧化位点或多个相似位点同时氧化时才有意义，而且 SeO_2 的毒性大，这也限制了它的应用。

低温下使用 $KMnO_4$ 可将羰基 α 位活性甲基氧化为 α-酮酸，剧烈条件会发生脱羧反应，如苯乙酮的氧化。

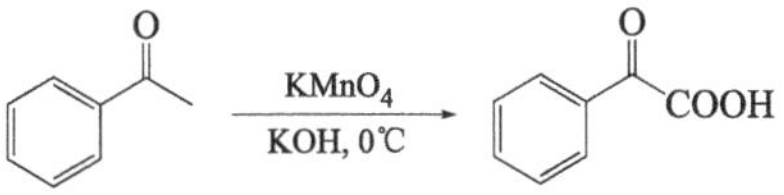

O
KMnO4
KOH, 0℃
O
COOH

5.1.3 烯丙位烷基的氧化反应

烯丙位烷基在合适的氧化剂下可在保留双键氧化为醇、酯、醛或酮等化合物，但反应多以自由基或碳正离子机理进行，常发生双键的重排反应。

氧化烯丙位烷基的常用氧化剂有 SeO_2、CrO_3-Py 络合物［科林斯（Collins 试剂）］和过氧酸酯等。SeO_2 可将烯丙位烷基氧化为醇，反应机理与其氧化羰基 α 位活性烷基的机理类似：

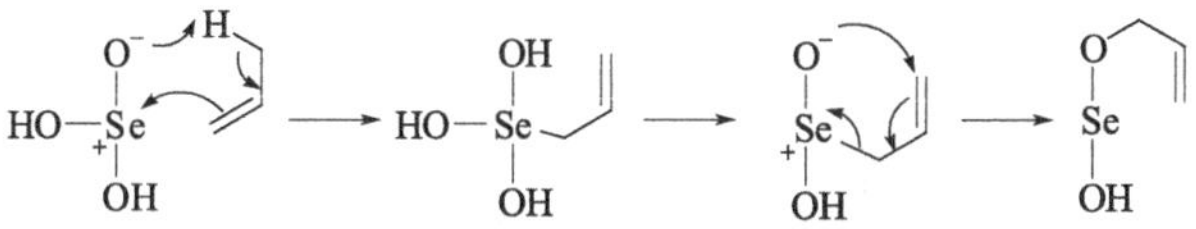

过量的 Collins 试剂和 PCC（吡啶铬酰氯）可将烯丙位烷基氧化为酮，反应按自由基机理进行，易发生双键的重排副反应。

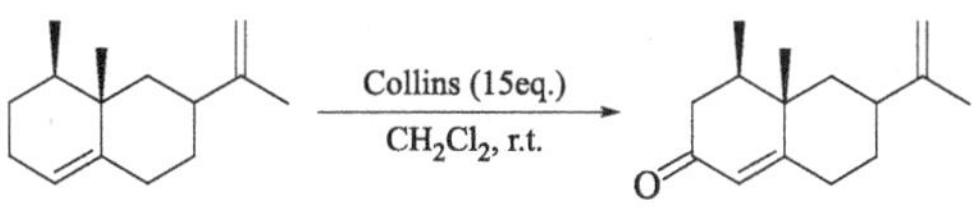

Collins (15eq.)
CH2Cl2, r.t.
O

5.2 醇的氧化反应

醇的氧化是制备醛（酮）和羧酸等化合物的一种重要方法，其氧化剂的选择范围非常广，使用六价铬化合物、锰化合物、碳酸银、二甲基亚砜（DMSO）衍生物以及烷氧基铝催化的酮（质子受体）等氧化剂可氧化伯醇、仲醇为醛和酮。

5.2.1 氧化伯醇、仲醇为醛和酮

（1）铬化合物作氧化剂

铬化合物氧化剂主要有 CrO_3、重铬酸盐、Collins 试剂、PCC 和 PDC（重铬酸吡啶盐）等，其特点及应用见表 5-1。

表 5-1 铬化合物氧化剂的特点及应用

氧化剂	被氧化物	应用特点
铬酸 (H_2CrO_4, H_2CrO_4/ H_2SO_4)	仲醇	氧化性强，氧化伯醇时，易发生深度氧化，生成酸
琼斯(Jones)试剂 (CrO_3/ H_2SO_4/ CH_3COCH_3)	仲醇	反应快，选择性好，氨基、双键及烯丙位等不受影响
科林斯(Collins)试剂 (CrO_3/ Py_2/ CH_2Cl_2)	伯醇 仲醇	吸潮，不稳定，需无水条件，需过量，配制时易着火
科里(Corey)试剂 (PCC 和 PDC)	伯醇 仲醇	性质稳定，氧化能力：PDC > PCC，PDC 用于中性介质，PCC 用于酸性介质

铬化合物氧化剂在酸性条件下可将醇氧化为相应的羰基化合物。

$$\xrightarrow[CH_2Cl_2/H_2O]{H_2CrO_4}$$

利用铬化合物氧化剂氧化醇的反应过程包括铬酸酯的形成和分子内 5 原子 6 电子环流消除［也可由外部亲核试剂（如水）去氢］两个主要步骤。如 PCC 氧化仲醇制备酮的反应过程为：

(PCC)

（2）锰化合物作氧化剂

锰化合物氧化剂主要有高锰酸钾和活性二氧化锰两种。其中高锰酸钾活性很高，可直接氧化伯醇到酸，只有氧化不含 α-H 的仲醇得到相应的酮，而氧化含 α-H 的仲醇常导致其降解。

$$\xrightarrow{KMnO_4}$$

活性二氧化锰具有反应条件温和、选择性高、不氧化叔胺和双键等特点，常用于生物碱、甾体等天然化合物的合成。利用活性二氧化锰氧化 α,β-不饱和醇

可制得α,β-不饱和醛、酮，且当烯丙醇与其他醇共存时，活性二氧化锰可选择性氧化烯丙醇。

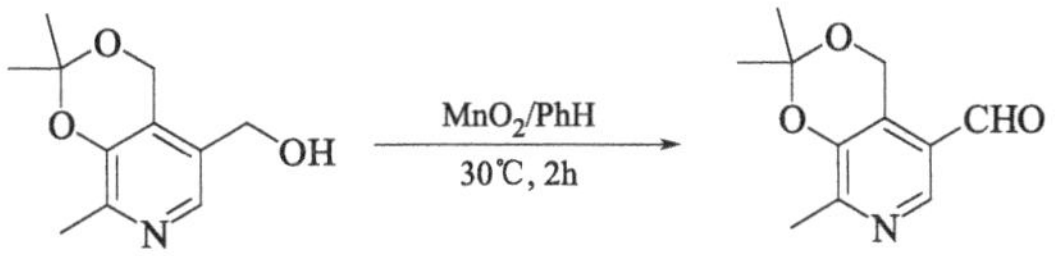

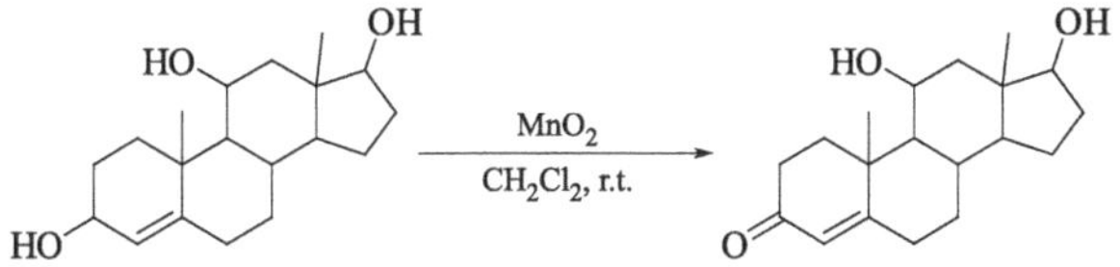

MnO_2/PhH, 30℃, 2h

MnO_2, CH_2Cl_2, r.t.

(3) 碳酸银作氧化剂

碳酸银（硝酸银/碳酸钠）氧化条件温和，可氧化伯醇和仲醇制得对应的醛酮，而氧化 1,4-二元伯醇、1,5-二元伯醇和 1,6-二元伯醇时得到内酯。其氧化特点为：优先氧化烯丙位羟基，其次是仲醇，而位阻大的醇不被氧化。如可待因的氧化。

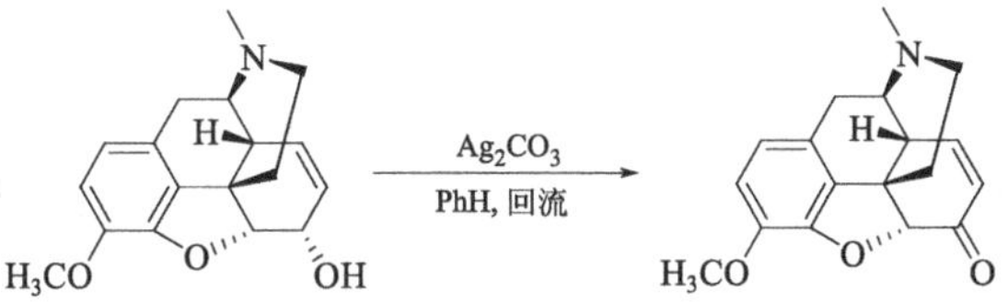

Ag_2CO_3, PhH, 回流

碳酸银氧化醇的反应机理一般认为是自由基机理，如其氧化仲醇制备酮的反应机理为：

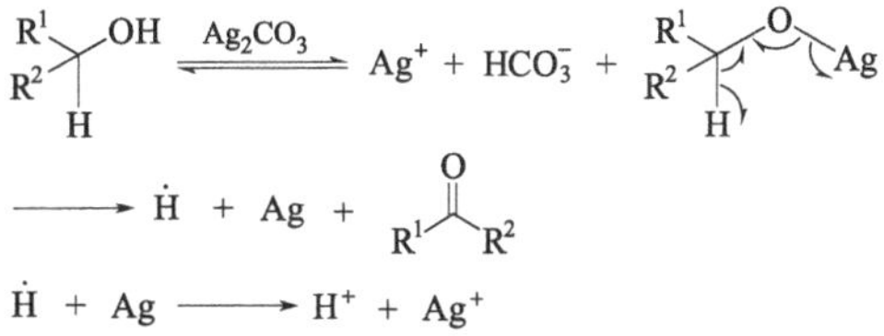

$$R^1R^2CH\text{-}OH \xrightleftharpoons{Ag_2CO_3} Ag^+ + HCO_3^- + R^1R^2CH\text{-}O\text{-}Ag$$

$$\longrightarrow \dot{H} + Ag + R^1COR^2$$

$$\dot{H} + Ag \longrightarrow H^+ + Ag^+$$

(4) 二甲基亚砜作氧化剂

二甲基亚砜作氧化剂氧化醇，需先将 DMSO 分子中的氧负离子衍生为更好的离去基团，再与醇发生亲核取代反应得到烷氧锍盐，经消除反应可制得醛(酮)。此法反应条件温和、收率较好、应用广泛。其反应过程为：

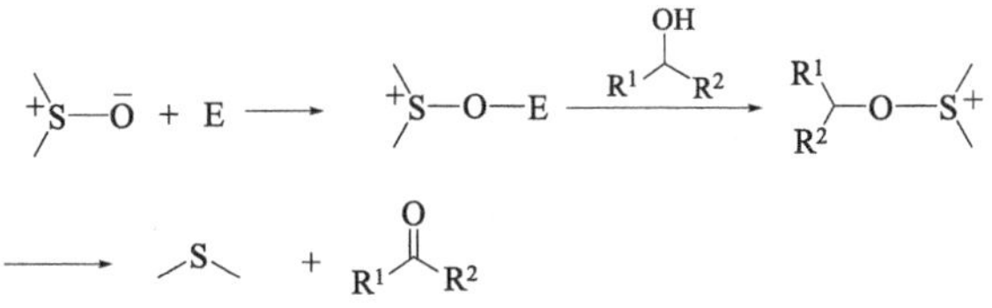

$$(CH_3)_2S^+\text{-}O^- + E \longrightarrow (CH_3)_2S^+\text{-}O\text{-}E \xrightarrow{R^1R^2CHOH} R^1R^2CH\text{-}O\text{-}S^+(CH_3)_2$$

$$\longrightarrow CH_3SCH_3 + R^1COR^2$$

DMSO 衍生化的试剂有 Ac_2O、$(CF_3CO)_2O$、$SOCl_2$、$(COCl)_2$和 DCC 等，其中以三氟乙酸酐和草酰氯为优。

Pfitznor-Moffat 法：DCC 溶于 DMSO 中，加入待氧化的醇和给质子体，在常温和中性体系中反应。如醇在室温下被 DCC-DMSO 氧化成醛，而分子中的酰胺键和碳-碳双键未被氧化。

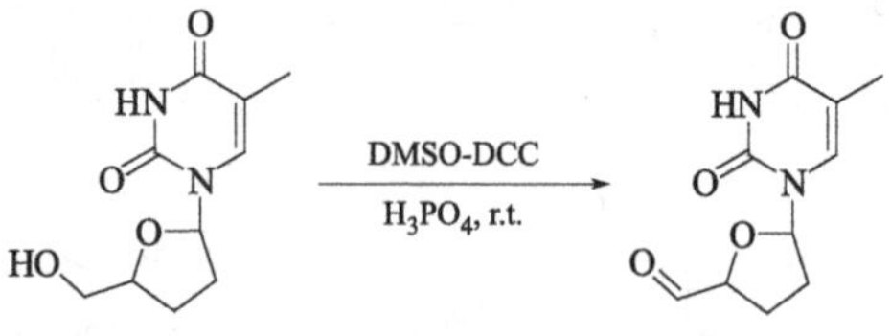

DMSO-DCC
H_3PO_4, r.t.

该反应机理为：

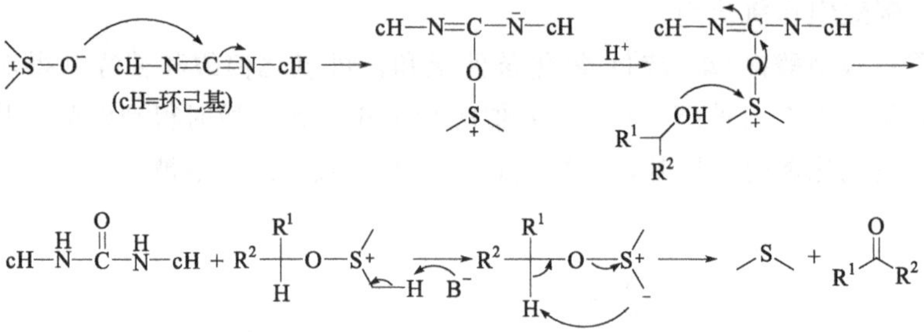

(cH=环己基)

用 Ac_2O 代替 DCC 的方法，称为 Albright-Goldman 法。其反应机理为：

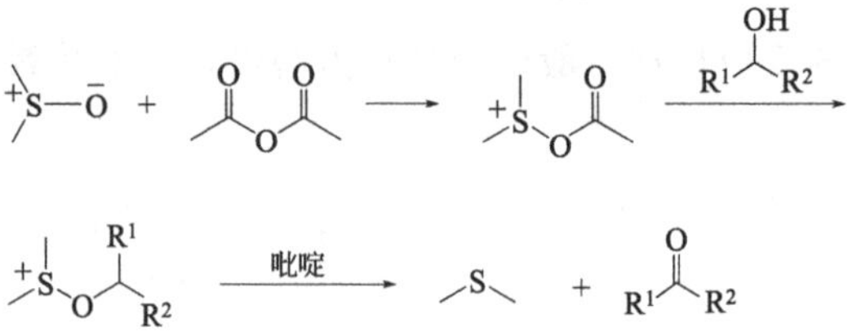

吡啶

Albright-Goldman 法可避免使用 DCC 后处理困难的缺点，也不需要加给质子体，但其缺点是对于位阻小的羟基，可发生乙酰化及生成甲硫甲醚（Pummerer 反应）的副反应。因此，该法适用于位阻大的醇的氧化。

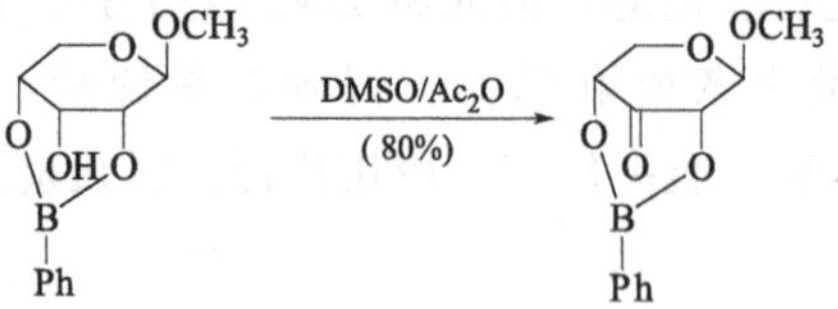

DMSO/Ac_2O
(80%)

副反应甲硫甲醚的生成机理为：

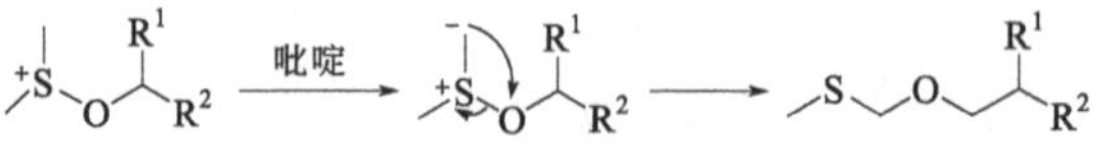

吡啶

DMSO 中加入 $(COCl)_2$ 的氧化方法，称为 Swern 氧化。该法可用于氧化伯醇和仲醇，反应速度快，可在低温下进行。其反应机理为：

O⁻–S⁺(CH₃)₂ + ClCO–COCl → Cl–C(=O)–C(O⁻)(Cl)–O–S⁺(CH₃)₂ → Cl–C(=O)–C(=O)–O–S⁺(CH₃)₂ + Cl⁻ →

CO_2 + CO + $(CH_3)_2S^+Cl$ + HO–CHR[1]R[2] → [$(CH_3)_2S^+$–O–CHR[1]R[2]] (NEt$_3$) → CH_3SCH_3 + R[1]COR[2]

另外，由二甲硫醚和 N-氯-丁二酰亚胺反应生成的氯代二甲硫醚，可把伯醇、仲醇分别氧化为醛和酮。其反应机理为：

$(CH_3)_2S$ + Cl–N(丁二酰亚胺) → $(CH_3)_2S^+Cl$；HO–CHR[1]R[2] ⟶ R[1]COR[2]

(5) 欧芬脑尔氧化 (Oppenauer 氧化)

欧芬脑尔氧化法是指在醇铝或醇钾催化下，在负氢受体（一般为丙酮或环己酮）存在下，氧化仲醇为酮的方法。该法常用于甾醇的氧化，其他基团不受影响。如 Finasteride 中间体的合成。

3β-HO-Δ5-甾体-17β-CONHC$(CH_3)_3$ $\xrightarrow[\text{环己酮, 甲苯}]{Al(i\text{-}PrO)_3}$ 3-O=Δ4-甾体-17β-CONHC$(CH_3)_3$

该法在氧化仲醇为酮的同时可完成双键在 5,4 位之间的转位，其反应机理为醇铝中介的负氢转移。

R[1]CH(OH)R[2] + Al$(i\text{-PrO})_3$ ⇌ $(CH_3)_2CHOH$ + R[1]CH(O–Al$(i\text{-PrO})_2$)R[2]

$(i\text{-PrO})_2$Al–O–CHR[1]R[2] + R[3]COR[4] ⇌ R[3]CH(O–Al$(i\text{-PrO})_2$)R[4] + R[1]COR[2]

5.2.2 氧化醇为羧酸

伯醇在强的氧化剂作用下，很难得到醛，而会进一步深度氧化制得羧酸。常用的氧化剂为铬酸和碱性条件下的高锰酸钾。如丙醇氧化为丙酸，异丁醇氧化为异丁酸。

$$\text{CH}_3\text{CH}_2\text{CH}_2\text{OH} \xrightarrow{\text{CrO}_3/\text{H}_2\text{SO}_4} \text{CH}_3\text{CH}_2\text{COOH}$$

$$(\text{CH}_3)_2\text{CHCH}_2\text{OH} \xrightarrow{\text{KMnO}_4/\text{NaOH}} (\text{CH}_3)_2\text{CHCOOH}$$

氧化仲醇可制得酮，一般不再进行深度氧化，但在剧烈氧化条件下，制得的酮可转化为烯醇式而进一步降解为羧酸。铬酸还能把苄醇酯直接氧化为羧酸。

5.2.3 二元醇的氧化反应

二元醇的氧化是指邻二醇、1,3-二醇、含一个伯羟基的1,*n*-二醇（$n>4$）等的氧化，这类氧化分别可以制备各种有价值的化合物，及对结构的分析起到重要作用的反应。氧化剂种类为前面提到的高价金属盐和高碘化合物。

（1）1,2-二醇的氧化

邻二醇可被氧化剂高碘酸钠或四乙酸铅氧化，其反应结果为连有两个羟基的碳-碳键断裂，生成两个羰基化合物。氧化叔邻二醇也可采用铬酸作催化剂，反应结果也是碳-碳键断裂，生成两个酮。

高碘酸钠是氧化邻二醇的温和的氧化剂，由于顺式邻二醇的反应速率大于其反式异构体（刚性环上的反式邻二醇不反应），所以一般认为该反应经过环内酯过程。其反应机理为：

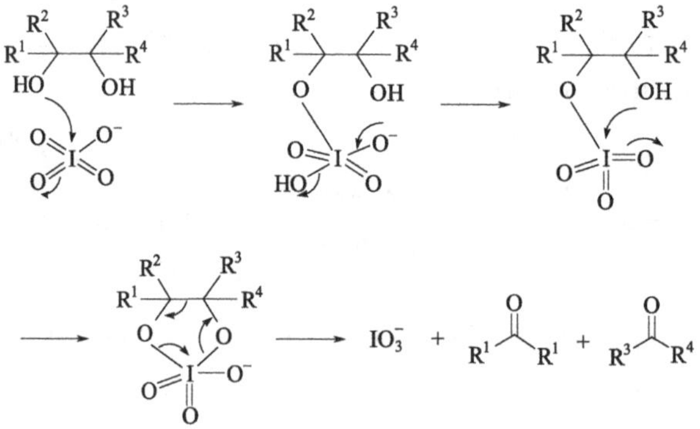

IO_3^- + R^1COR^1 + R^3COR^4

α-氨基醇和*α*-羟基酮类化合物也可发生类似反应。如Finasteride中间体的合成。

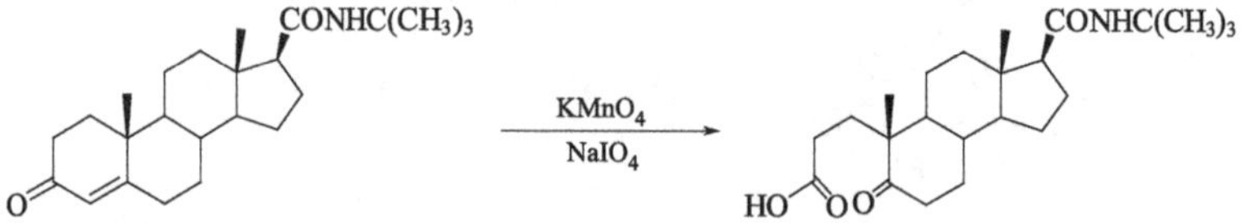

CONHC(CH₃)₃ —— $KMnO_4$ / $NaIO_4$ ——

利用四乙酸铅也可氧化邻二醇为羰基化合物，顺式的邻二醇反应速率大，但反式仍可反应，如反式-9,10-二羟基十氢萘的氧化。

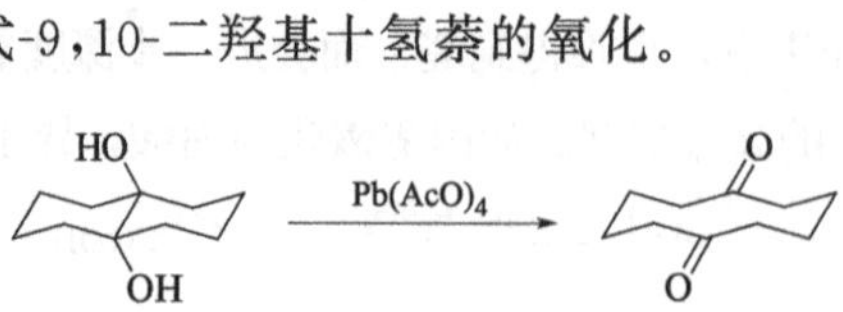

—— $Pb(AcO)_4$ ——

四乙酸铅氧化顺式邻二醇的机理经过环状中间体过程。

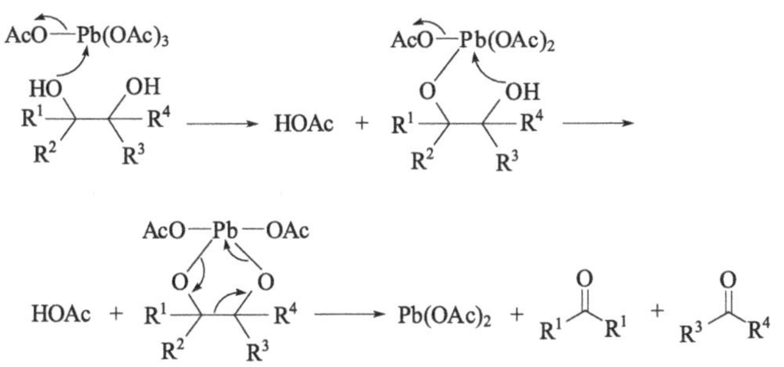

四乙酸铅氧化反式邻二醇的机理可能为消除过程。

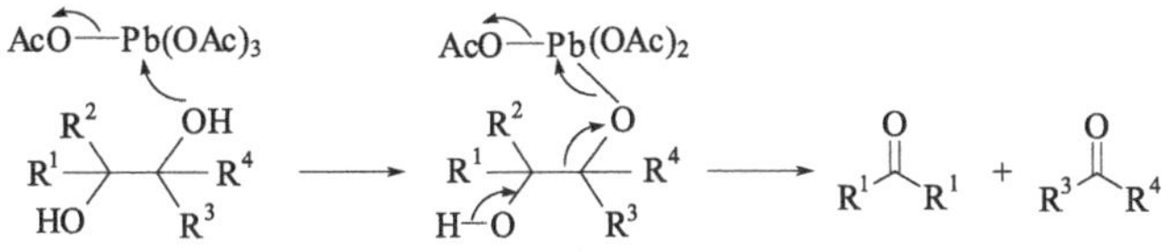

α-氨基醇、α-羟基酸、α-氨基酸、α-酮酸和乙二胺等也可发生类似反应。

邻二叔醇可以使用铬酸将其氧化为二酮。该反应过程也是通过环状中间体完成的（顺式异构体反应速率大）。

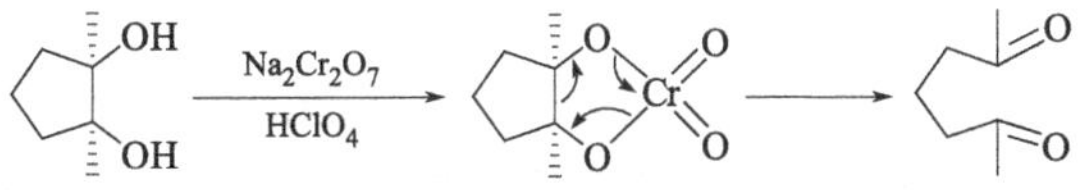

同样铬酸氧化伯邻二醇和仲邻二醇时，也可得到相应的邻二酮，而不发生碳-碳键断裂。

(2) 1,3-二醇的氧化

1,3-二醇可被碳酸银氧化为β-醇酮，即仅氧化仲羟基，这与自由基的稳定性有关（可参考碳酸银氧化醇的内容）。其氧化产物有时可进一步脱水生成α,β-不饱和酮。

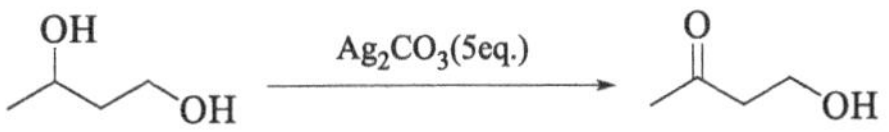

(3) 1,n-二醇的氧化（n≥4）

至少含一个伯羟基的1,n-二醇可被碳酸银或铬酸铜氧化为内酯。其过程为先氧化1,n-醇为醛（酮），再闭环形成半缩醛（酮），最后氧化为酯。

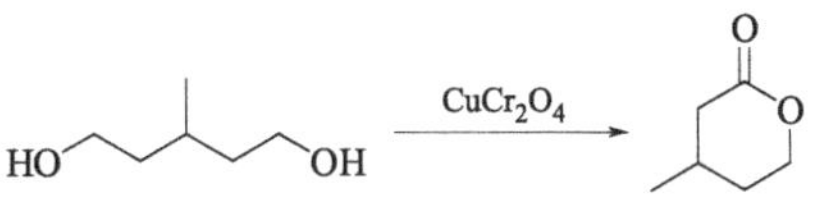

5.3 醛和酮的氧化反应

醛和酮是烷、醇化合物氧化过程的中间体，进一步氧化可以得到羧酸，酯、酮在过量的氧化剂作用下会继续氧化得到羧酸。

5.3.1 醛的氧化反应

醛易被氧化为酸，常见的氧化剂有铬酸、高锰酸钾、氧化银和过氧酸。如用重铬酸钾的稀硫酸溶液可氧化糠醛为糠酸。

$$\text{糠醛(CHO)} \xrightarrow{H_2CrO_4} \text{糠酸(COOH)}$$

高锰酸钾的酸性、中性和碱性溶液都可氧化脂肪醛和芳香醛为相应的酸。

$$\text{PhCH(OH)CH}_2\text{CH}_2\text{CH}_2\text{CHO} \xrightarrow{KMnO_4/NaOH} \text{PhCOCH}_2\text{CH}_2\text{CH}_2\text{COOH}$$

氧化银可氧化醛为酸。工业上一般用含氧化铜的氧化银作催化剂，用空气作氧化剂实现醛的大规模氧化过程。

$$\text{糠醛(CHO)} \xrightarrow{O_2/Ag_2O\text{-}CuO} \text{糠酸(COOH)}$$

过氧酸可氧化芳环上邻、对位吸电子基取代和间位供电子基取代或未取代的芳醛为相应的酸（Baeyer-Villiger 重排的氢迁移产物）。而氧化邻、对位供电子基取代的芳醛则得酚的甲酸酯（Dakin 反应产物，即 Baeyer-Villiger 重排的芳基迁移产物，邻、对位供电子基取代可提高芳环的迁移能力）。

$$\text{ArCHO} \xrightarrow{RCOOOH} \text{Ar–CH(OH)–O–O–C(O)R} \longrightarrow \text{ArCOOH} \;\text{或}\; \text{Ar–O–CHO}$$

5.3.2 酮的氧化反应

酮的氧化一般比较困难，且产物复杂，无实际应用价值，多涉及羰基 α 位的氧化，如过氧化、生成邻二酮等。合成上较有意义的是酮的过氧酸氧化，即 Baeyer-Villiger 重排反应，和甲基酮的卤仿反应。

α-羟基酮可被温和的氧化剂［如 Bi_2O_3、$Cu(OAc)_2$、$HgCl_2$、$O_2/CuSO_4$ 以及 $NaBrO_3$ 等］氧化为邻二酮，如苯偶酰（苯妥英中间体）的合成。

$$\text{PhCOCH(OH)Ph} \longrightarrow \text{PhCOCOPh}$$

条件	收率
$O_2/CuSO_4$/吡啶/H_2O/100℃,2h	86%
$Cu(OAc)_2/NH_4NO_3$/80%HOAc,回流,10h	90%
$Bi_2O_3/HOAc/C_2H_5OC_2H_4OH$, 104℃,1h	95%

5.4 碳-碳双键的氧化反应

氧化碳-碳双键（以下简称为“双键”）是一种在有机分子中引入氧的重要方法。不同的氧化剂氧化双键可得到环氧化物、邻二醇、醛、酮等多种化合物。

5.4.1 环氧化

双键可在一定条件下被氧化为环氧化物，其氧化方法以及产物的立体化学依底物结构和氧化剂的种类而异，环氧化的氧化剂一般常用过氧化物（过氧化氢、过氧有机酸、过氧化醇）等。

α,β-不饱和羰基化合物的环氧化，α,β-不饱和羰基上的双键受羰基的吸电子影响，电子云密度下降，属于缺电子状态，可在碱性条件下被过氧化氢或过氧化叔丁醇氧化为环氧化物。

H_2O_2/NaOH

其反应机理为 1,4-亲核加成，具体为：

R^1 R^2 R^3 R^4 O RO—O$^-$ → RO^- + OR

从上述机理可知，反应过程中双键变为单键，开链化合物的双键的环氧化可形成热力学更稳定的化合物，如 3-甲基戊-3-稀-2-酮的环氧化。

(*E*) H_2O_2/NaOH (*Z*) H_2O_2/NaOH

反应在碱性条件下进行，对于不饱和酯的环氧化，应控制适宜的酸度，以免因碱性过高而导致酯的水解，一般需控制反应体系的 pH≤9。

$COOC_2H_5$ $COOC_2H_5$ $\xrightarrow[\text{pH 8.5～9.0}]{H_2O_2/OH^-}$ $COOC_2H_5$ $COOC_2H_5$

α,β-不饱和羰基化合物环氧化时，氧环倾向于在位阻小的一面形成，或倾向于形成热力学稳定的产物，但选择性并不高。要达到高对映选择性的环氧化产物，须借助手性辅助试剂或手性催化剂。

手性季铵盐（辛可尼丁衍生物）用作 α,β-不饱和酮的环氧化时的相转移催化剂，可提高产物的对映体过量值（e. e. 值，%）。

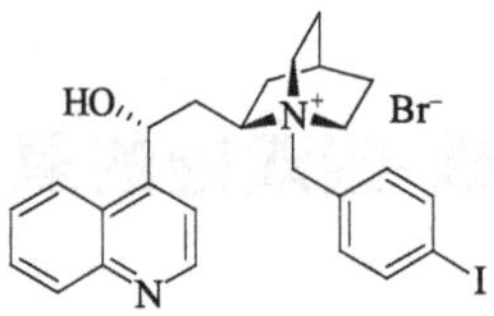

HO, N+ Br− N I

手性季铵盐相转移催化反应条件温和、操作简单，用于苯基取代的酮效果尤佳。如：

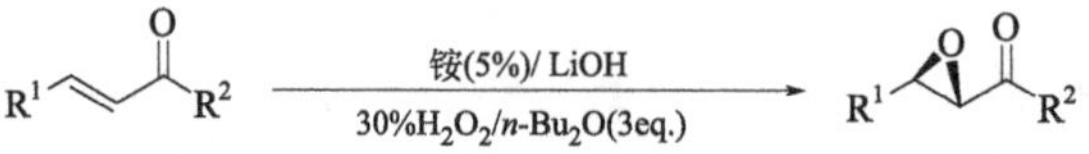

R^1–CH=CH–CO–R^2 —铵(5%)/ LiOH, 30%H_2O_2/n-Bu_2O(3eq.)→ 环氧化物（R^1, R^2）

R^1	R^2	产率	e.e.
Ph	4-CH_3Ph	95%	89%
Ph	Ph	97%	84%
3-CH_3Ph	Ph	100%	92%

另一种提高 e. e. 值的方法是使用模拟细胞色素 P-450 氧化酶的手性 Salen-Mn(Ⅲ) 配合物作催化剂。

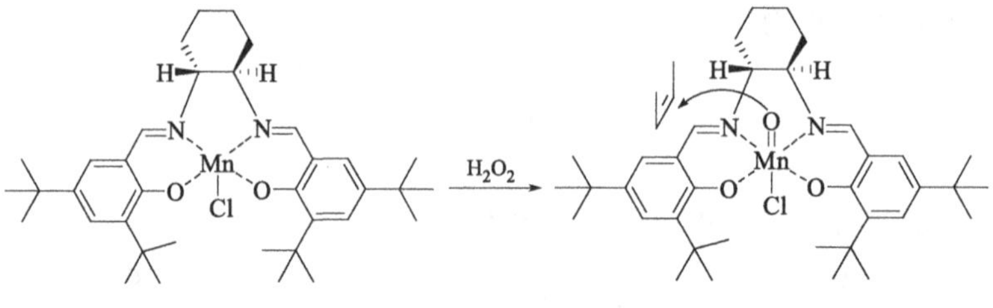

R,R-Salen-Mn(Ⅲ) —H_2O_2→ R,R-Salen-Mn(Ⅲ)Oxide

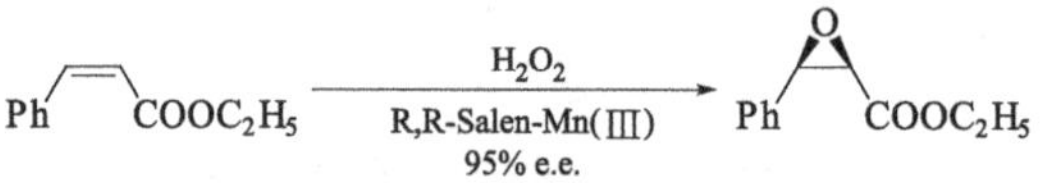

Ph–CH=CH–$COOC_2H_5$ —H_2O_2, R,R-Salen-Mn(Ⅲ), 95% e.e.→ Ph–(环氧)–$COOC_2H_5$

孤立双键的环氧化可以采用过氧醇作氧化剂，$Mo(CO)_6$ 作催化剂进行，其反应机理尚不完全明确，增加氧化剂的亲电性或底物的亲核性可加速反应进行。也可以用 Salen-Mn(Ⅲ) 作催化剂，以获得较高 e. e. 值的环氧化物。

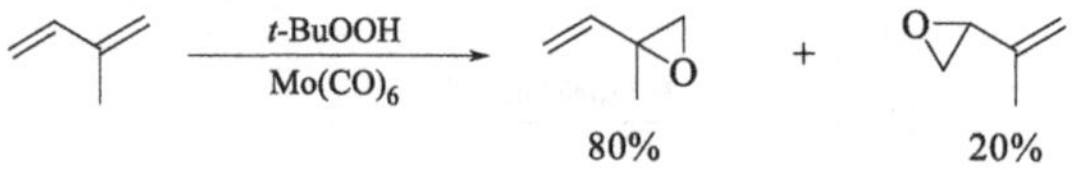

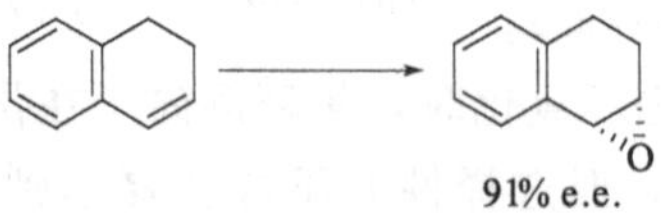

—t-BuOOH, $Mo(CO)_6$→ 80% + 20%

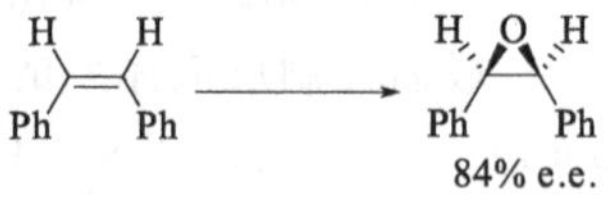

H, H, Ph, Ph → H, O, H, Ph, Ph 84% e.e.

→ O 91% e.e.

孤立双键在碱性条件下，以有机腈为介质，过氧化氢氧化为环氧化物。如果用过氧酸氧化，则可发生 Baeyer-Villiger 重排，该重排反应一般在酸性条件下发生，而前一反应为碱性条件。

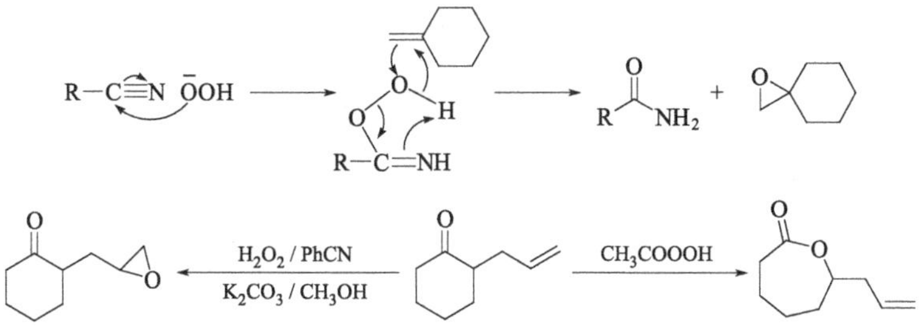

孤立双键用过氧酸以类似机理氧化为环氧化物，一般采用芳香族过氧酸。反应过程中氧从双键平面位阻较小的一侧亲电进攻，得到顺式加成产物，原双键的构型得以保持。

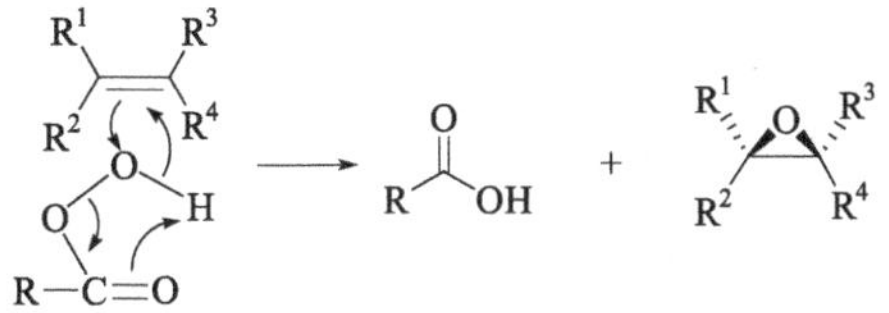

烯丙醇双键与孤立双键不同，烯丙位羟基可对双键产生很大影响，在过渡金属配合物的催化下，用过氧醇作氧化剂，选择性地环氧化烯丙醇的双键。该反应可经羟基诱导，得到以羟基和环氧基处在顺式的异构体为主产物。

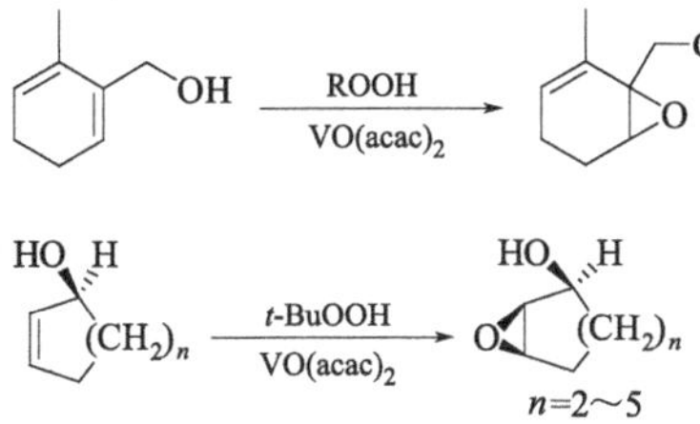

n=2～5

Sharpless 环氧化：过氧化叔丁醇作氧化剂，四异丙醇钛作催化剂，以具光学活性的酒石酸二乙酯作配体，对伯烯丙醇的双键环氧化，反应具有高的立体选择性。

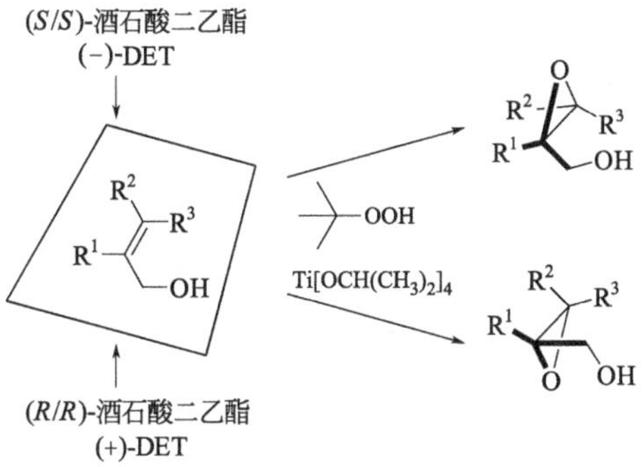

(*S*/*S*)-酒石酸二乙酯 (−)-DET

(*R*/*R*)-酒石酸二乙酯 (+)-DET

尽管 Sharpless 环氧化的反应机理尚不完全明确，但根据文献报道，其反应过程可能是以下列过渡态完成的。

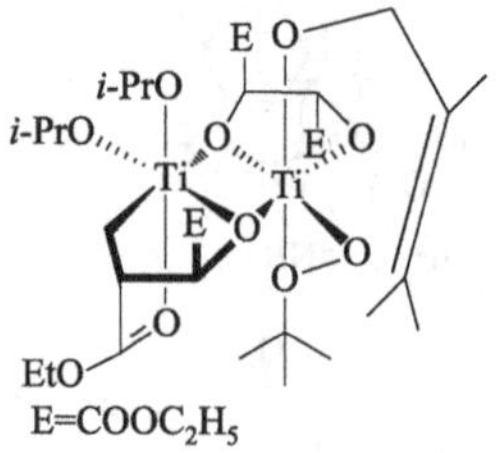

Sharpless 环氧化实例：

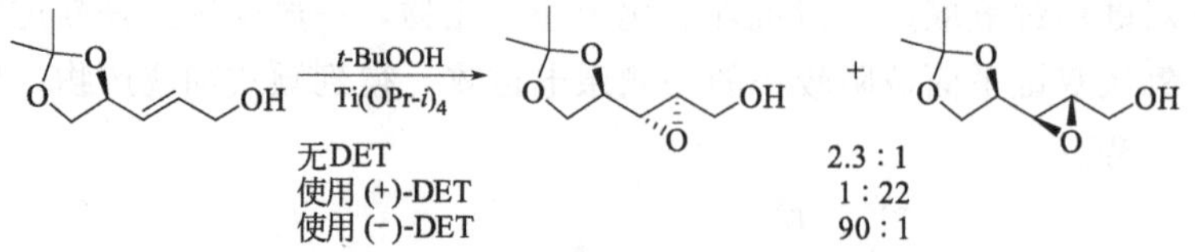

无DET		2.3 : 1
使用 (+)-DET		1 : 22
使用 (-)-DET		90 : 1

5.4.2 氧化为邻二醇

双键在一定条件下被高锰酸钾、四氧化锇、碘/湿羧酸银和过氧酸等氧化为邻二醇。

氧化为顺式邻二醇，高锰酸钾、四氧化锇和碘/湿羧酸银是氧化双键为顺式邻二醇的常用氧化剂。用低浓度（1%～3%）高锰酸钾作氧化剂，在 pH＞12 的碱性介质中，低温下可将双键氧化为顺式二醇。

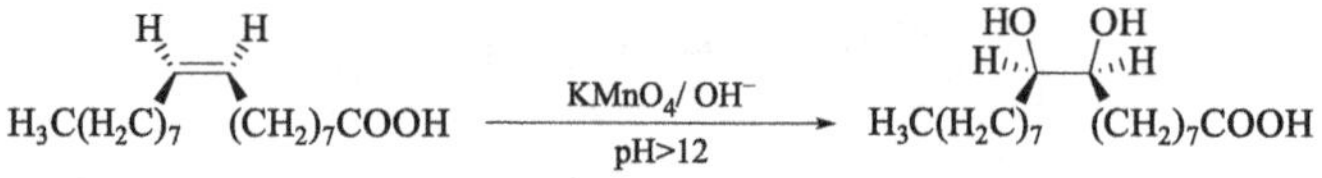

该反应过程包括环内酯的形成和水解两个步骤，其中环内酯的形成是确定其立体构型的关键。具体的反应机理为：

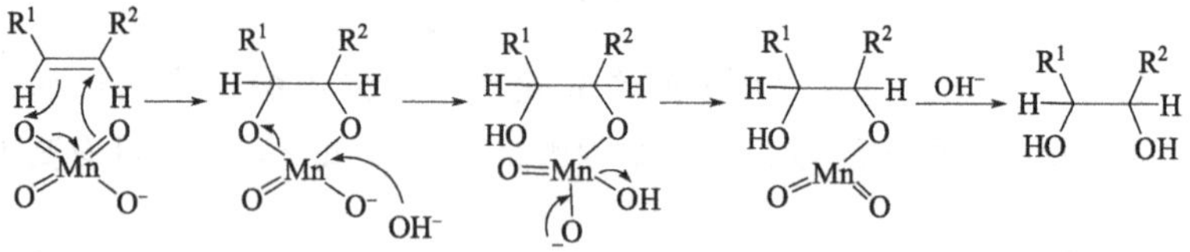

反-2-丁烯的高锰酸钾氧化过程中，高锰酸根负离子不管从上部进攻还是底部进攻，所形成的不同环内酯在水解后都得到顺式邻二醇，高锰酸钾过量或浓度过高也易形成深度氧化。

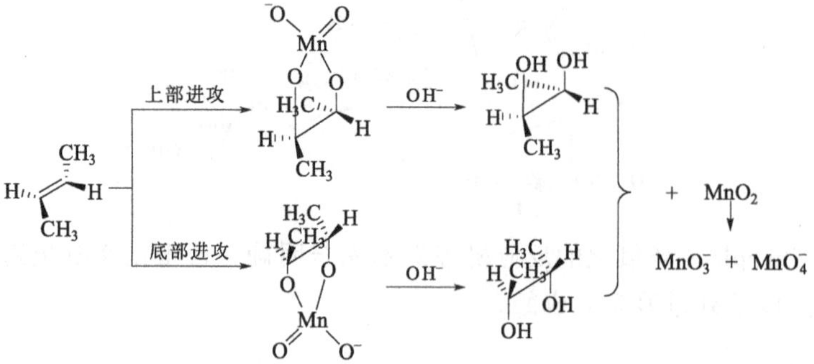

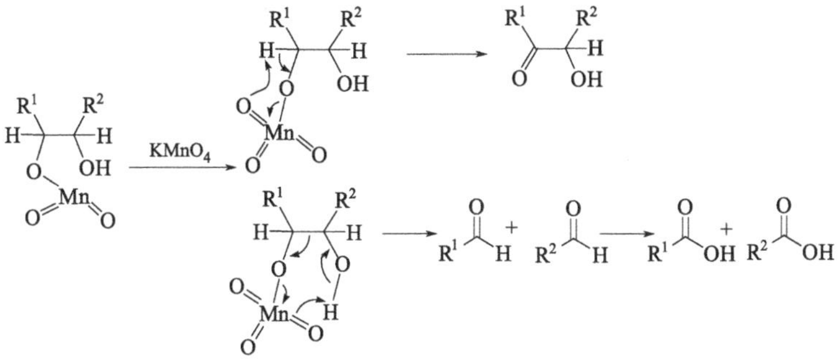

四氧化锇氧化双键得到顺式邻二醇，四氧化锇价格贵，剧毒，可致盲。实际应用时常用催化量，并用其他氧化剂（氯酸盐或过氧化氢等）使之循环再生。

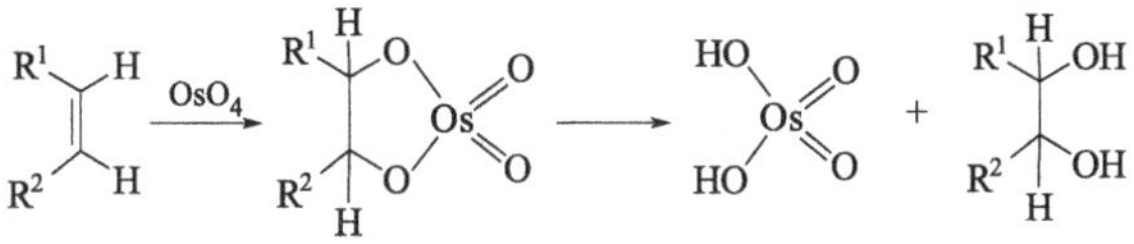

Sharpless提出了用手性的金鸡纳生物碱作配体的四氧化锇氧化法，可使产物的e.e.值提高到80%以上，也可预测产物的绝对构型。

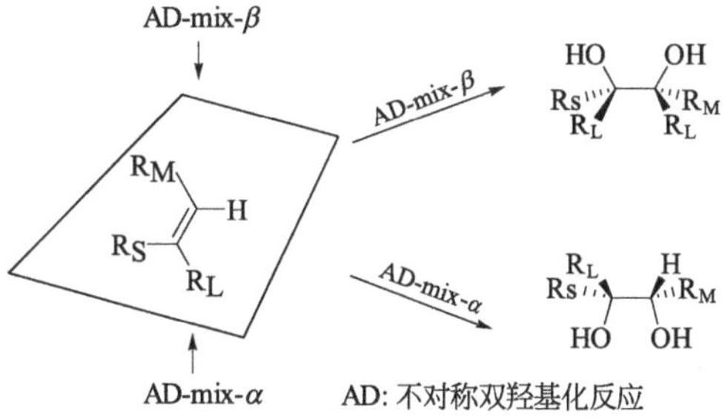

AD：不对称双羟基化反应

其中，AD-mix-β 为 $K_2OsO_2(OH)_4$（催化剂）、$(DHQD)_2$-PHAL（配体）、$K_3Fe(CN)_6$（氧化剂）和 K_2CO_3（弱碱性介质）的混合物，配体结构为：

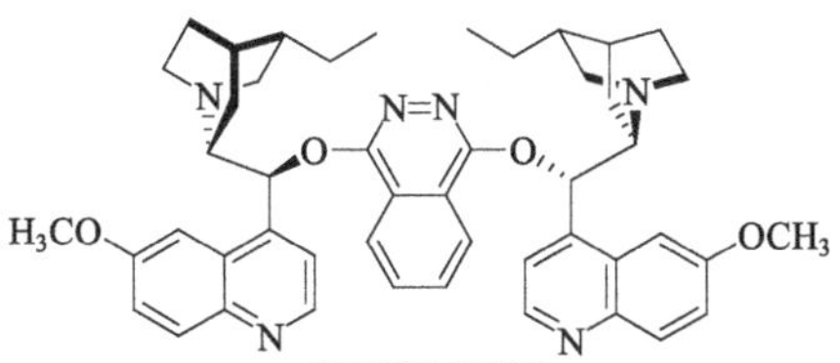

$(DHQD)_2PHAL$

其中，AD-mix-α 为 $K_2OsO_2(OH)_4$（催化剂）、$(DHQ)_2$-PHAL（配体）、$K_3Fe(CN)_6$（氧化剂）和 K_2CO_3（弱碱性介质）的混合物，配体结构为：

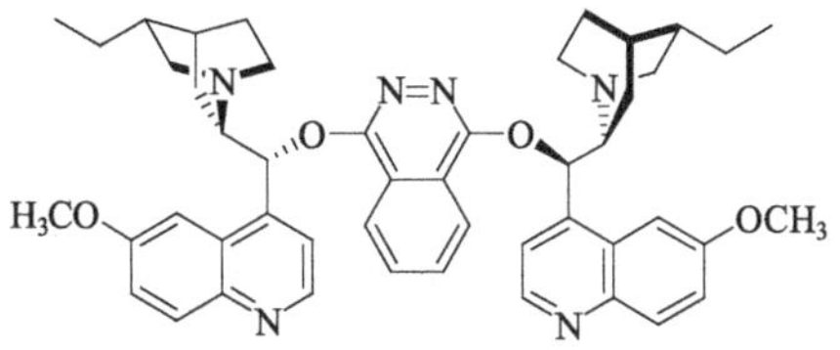

$(DHQ)_2PHAL$

配体可加速反应，并传递手性信息，其反应机理为：

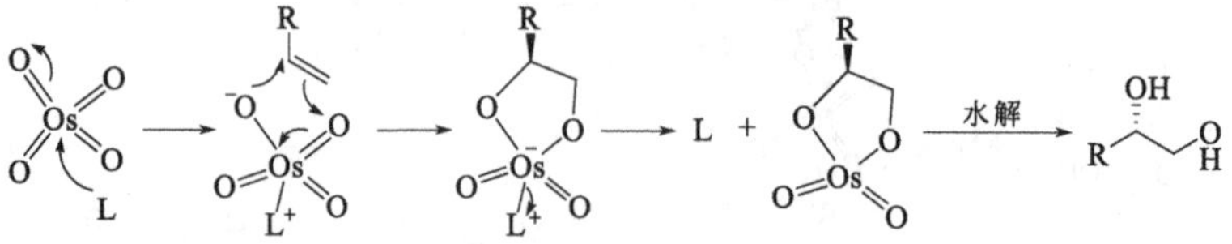

水解

反应实例：2*S*-普萘洛尔中间体的合成。

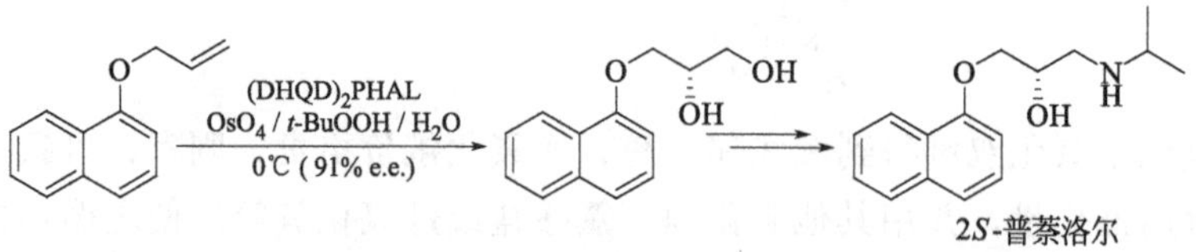

$(DHQD)_2PHAL$
OsO_4 / *t*-BuOOH / H_2O
0℃ (91% e.e.)

2*S*-普萘洛尔

碘和羧酸银在水存在下，可将双键氧化为顺式邻二醇，此反应也称为 Woodward 顺式二羟基化，其反应也经过环内酯过程。

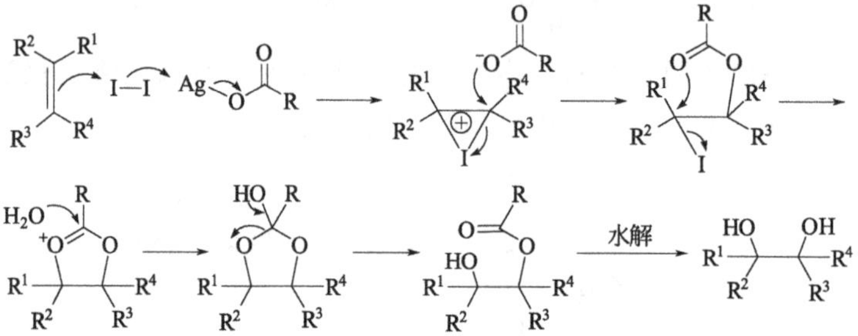

水解

由反应机理可知，顺式二羟基化一般是通过环内酯的水解完成的，由于反式邻二醇难以形成环内酯，此类氧化可得顺式邻二醇。

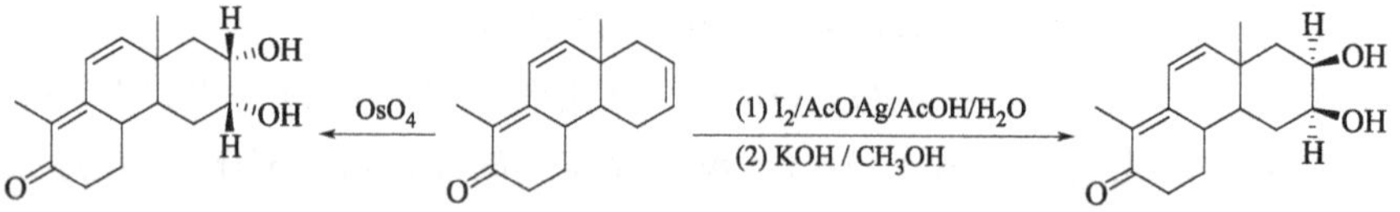

OsO_4

(1) I_2/AcOAg/AcOH/H_2O
(2) KOH / CH_3OH

氧化双键为反式邻二醇的常用方法是过氧酸法，过氧酸法以过氧乙酸和过氧甲酸较为常用，如环己烯在过氧甲酸氧化后水解得到反式邻二醇。

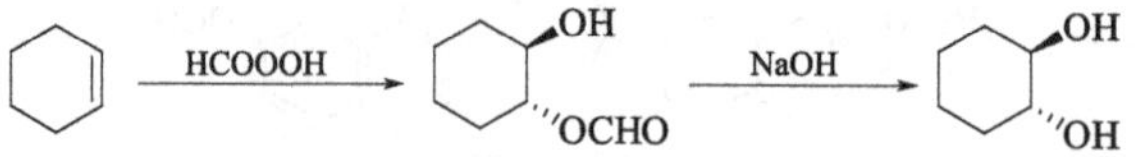

HCOOOH

NaOH

过氧酸可氧化双键为环氧化物，环氧化物在酸的催化下可与羧酸开环加成(从环氧环的背面进攻)，再经水解得到反式邻二醇。

H^+

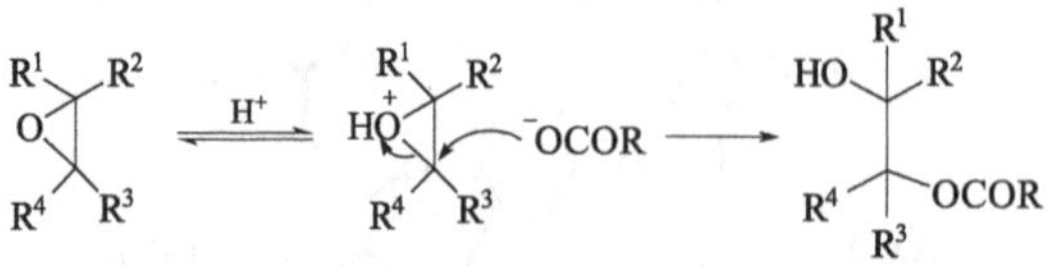

Prevost 法是利用碘和羧酸银在无水条件下先将双键氧化为反式邻二醇酯，再经水解得到反式邻二醇。

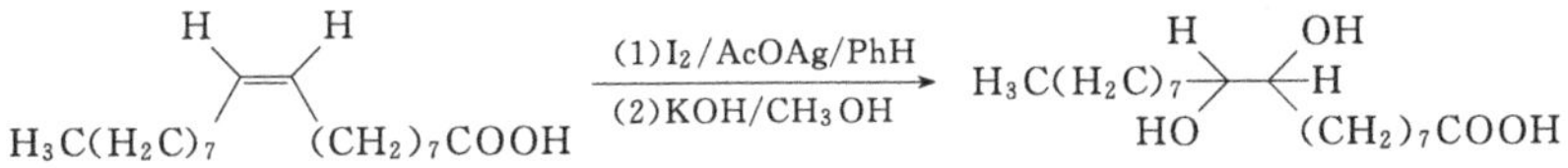

在无水条件下，碘、羧酸银和双键形成的环内酯与羧酸加成开环（从环内酯的背面进攻），得到反式二醇酯，再水解得到反式邻二醇。可见，背面进攻开环（构型翻转）是形成反式邻二醇的原因。

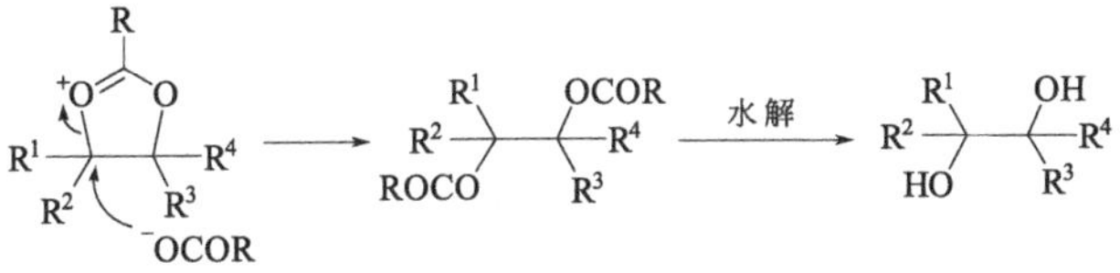

5.4.3 氧化断裂

碳-碳双键发生断裂，形成两个羰基化合物或酸的氧化反应，常用的氧化剂有高锰酸钾、重铬酸钠、臭氧（还原氧化）等。

Lemieux-von Rudolf 方法：用少量高锰酸钾与高碘酸钠在碱性条件下可将双键氧化断裂。其反应机理为高锰酸钾将烯氧化为邻二醇，高碘酸钠使邻二醇氧化断裂，并将生成的 5 价锰氧化为 7 价锰，使之再生。

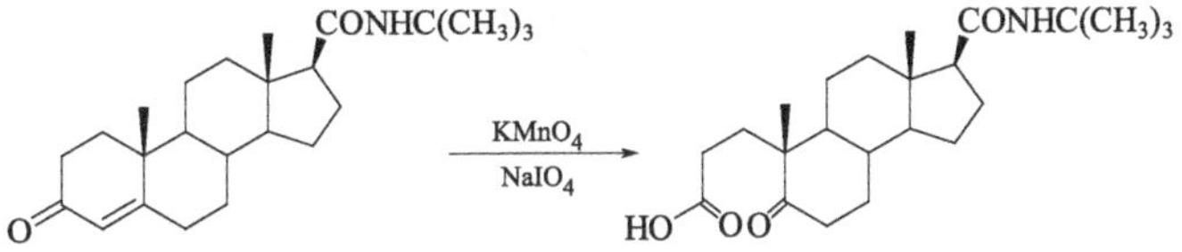

氧化断裂的反应机理示意图为：

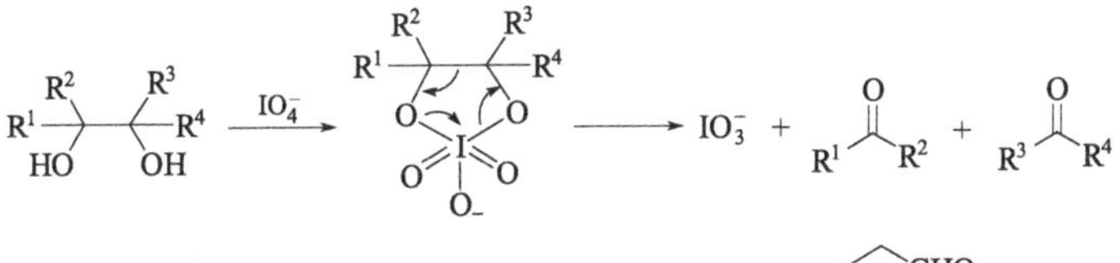

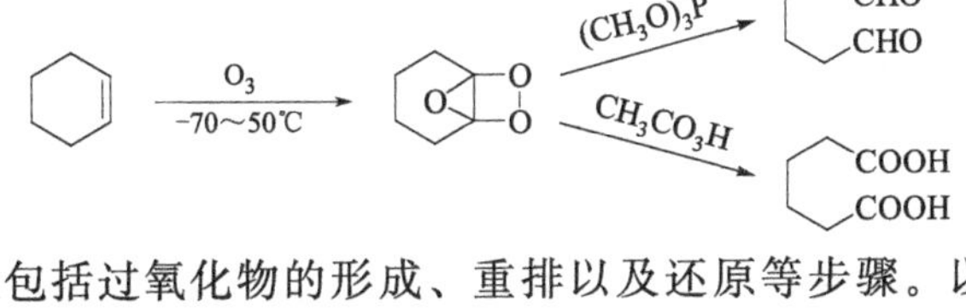

该反应过程包括过氧化物的形成、重排以及还原等步骤。以锌粉还原为例，其反应机理为：

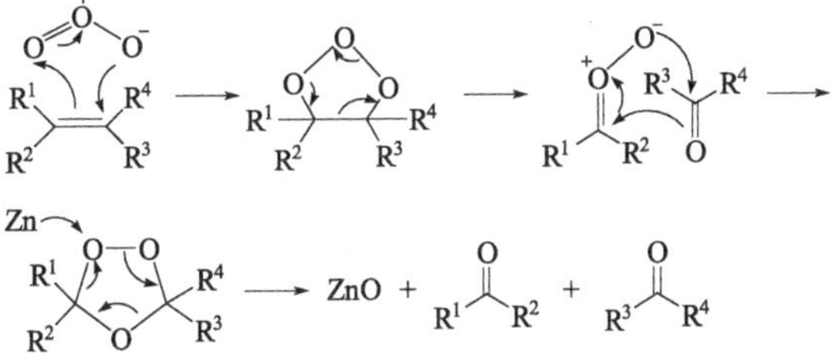

工业上由乙烯合成乙醛以氧气为氧化剂，并在 $PbCl_2/CuCl_2$ 催化下实现。

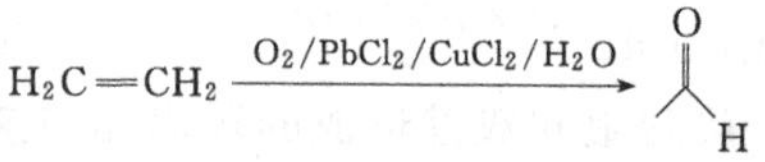

$$H_2C{=}CH_2 \xrightarrow{O_2/PbCl_2/CuCl_2/H_2O} CH_3CHO$$

Wacker-Tsuji 氧化法：加入胺作配体，在 $PbCl_2/CuCl_2$ 催化下，烯烃制备酮。Wacker-Tsuji 氧化过程中，水是氧源，被还原的 Pb 被 Cu(Ⅱ)氧化，而 Cu(Ⅰ)又被空气中的氧氧化为 Cu(Ⅱ)。其反应历程为：

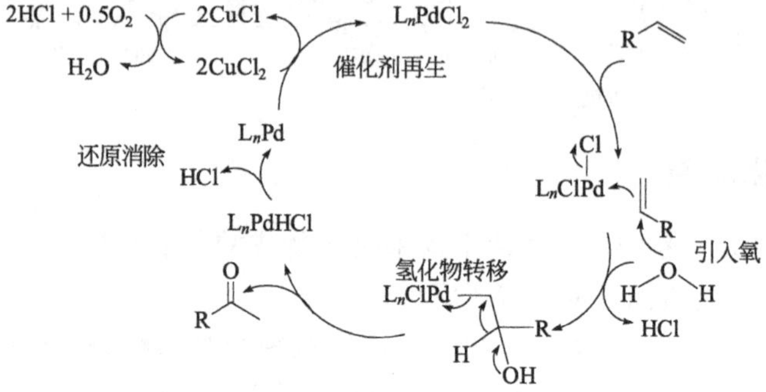

2HCl + 0.5O_2 2CuCl L_nPdCl_2
H_2O 2$CuCl_2$ 催化剂再生
L_nPd
还原消除 HCl
L_nPdHCl
L_nClPd 引入氧 H_2O HCl
氢化物转移 L_nClPd OH

5.5 芳烃的氧化反应

芳环较稳定，一般氧化剂难以氧化，但在适当的条件下仍可被开环氧化，形成醌及酚羟基化。

5.5.1 氧化开环

臭氧可使芳烃氧化开环，如马钱子碱中间体的合成。

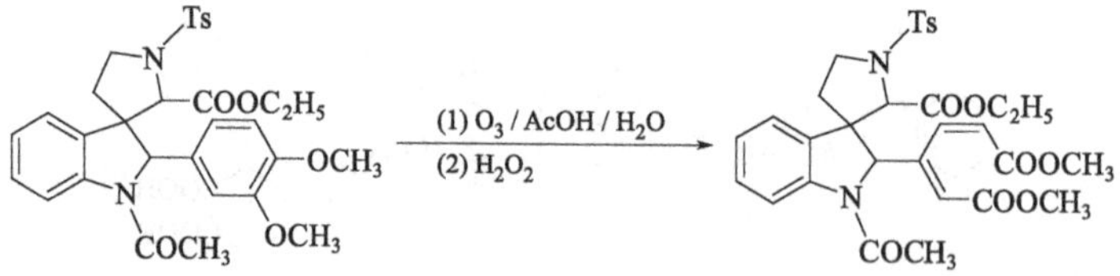

(1) O_3/AcOH/H_2O (2) H_2O_2

稠环芳烃的臭氧化开环是合成芳醛的常用方法，如菲的臭氧化-还原反应。

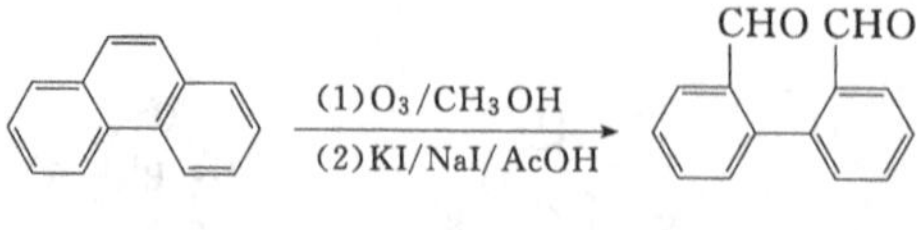

(1)O_3/CH_3OH (2)KI/NaI/AcOH

5.5.2 氧化为醌

未取代的苯很难氧化，而稠环芳烃需要剧烈的条件才能氧化为醌，合成上意义较大的是取代的芳烃氧化成醌的情况。芳烃上取代了羟基、氨基或烷氧基等基团后易被氧化为醌，常用的氧化剂为铬酸、氧化汞、四乙酸铅、硝酸铈铵和三氯化铁等。

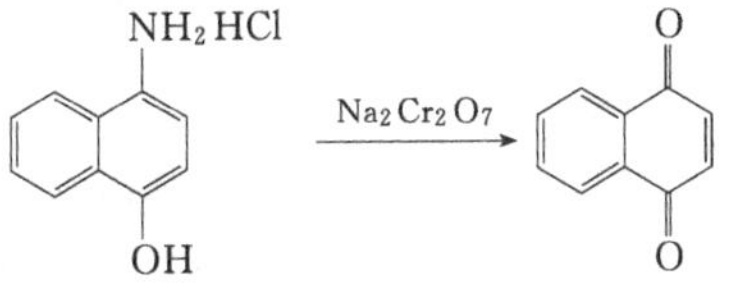

NH_2HCl $Na_2Cr_2O_7$ OH O O

以上氧化过程可能是自由基机理。

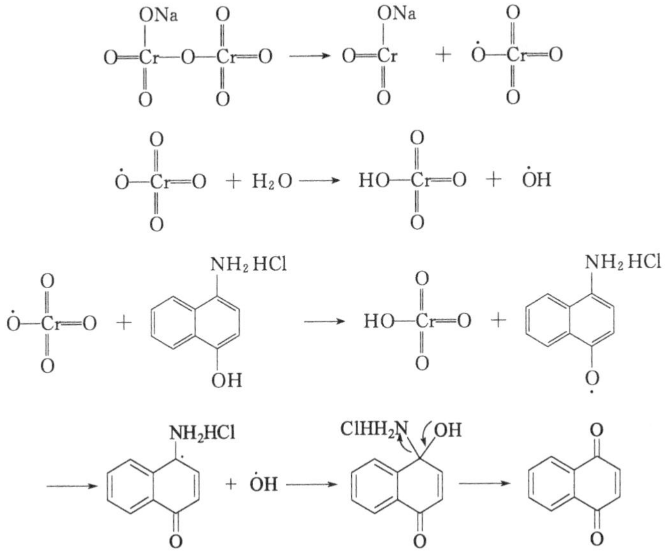

ONa O O O O O ONa O O O O

H_2O HO OH

NH_2HCl OH HO NH_2HCl O

NH_2HCl OH ClHH₂N OH O O O O

5.5.3 酚、*N*-烷基取代芳胺的羟基化

过硫酸盐可在酚或 *N*-烷基取代芳胺的芳环上（再）引入一个羟基，称为 E_{lbs}氧化。新的羟基在原羟基或胺基的对位（对位占据时进入邻位），反应可能是通过芳环上的亲电取代（或自由基取代）完成的。

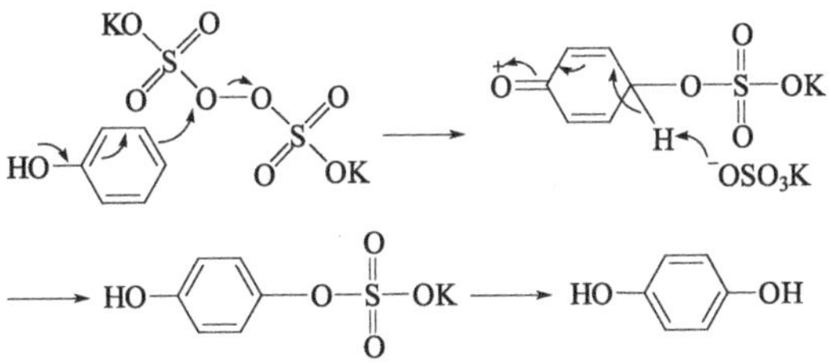

KO O O O O S O HO O OK O O S OK O H $^-OSO_3K$

HO O O S OK O HO OH

酚还可在 Fe(Ⅲ)或 TS-1 分子筛的催化下，由过氧化氢氧化为二酚。

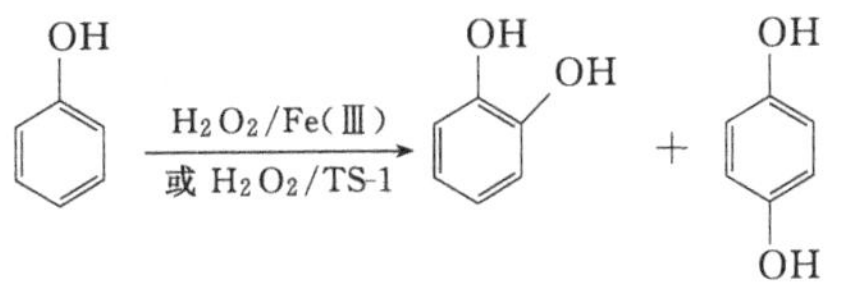

OH H_2O_2/Fe(Ⅲ) 或 H_2O_2/TS-1 OH OH + OH OH

5.6 脱氢反应

脱氢反应指在分子中消除一对氢原子形成不饱和化合物的反应。本节主要讨论碳-碳双键或碳-氮双键的形成。从参与脱氢的底物来看，较为重要的有羰基的 α,β-脱氢反应以及脂环化合物脱氢芳构化反应。

5.6.1 羰基的 α,β-脱氢反应

羰基的 α-C 受羰基的影响，具有一定的活性，常常可使用有机硒化合物和醌类化合物为脱氢剂，得到 α,β-不饱和化合物。

有机硒化合物可在羰基的 α 位和 β 位上脱氢形成双键，在甾体的化学修饰中较为常见。

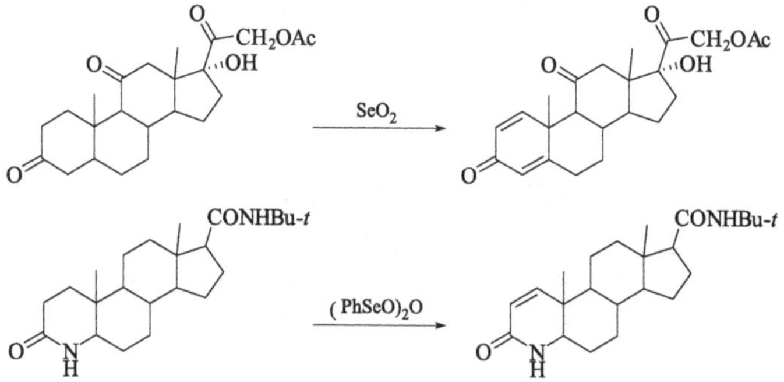

该反应一般经过烯醇的碳酰化及消除两个过程，具体反应历程为：

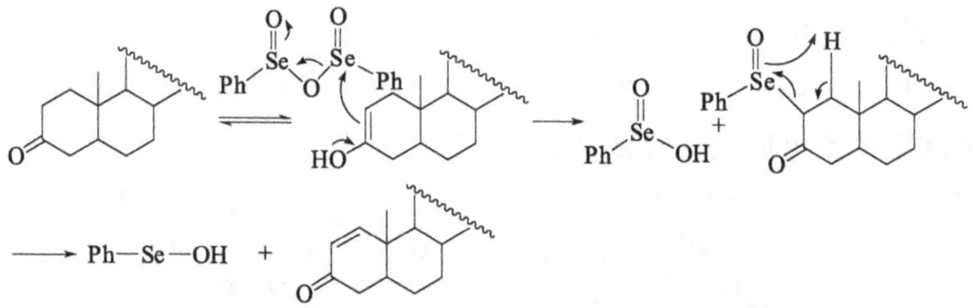

醌类化合物脱氢也主要用于甾体的化学修饰，其中以四氯苯醌（氯醌）和 2,3-二氯-5,6-二氰基苯醌（DDQ）较为常用。

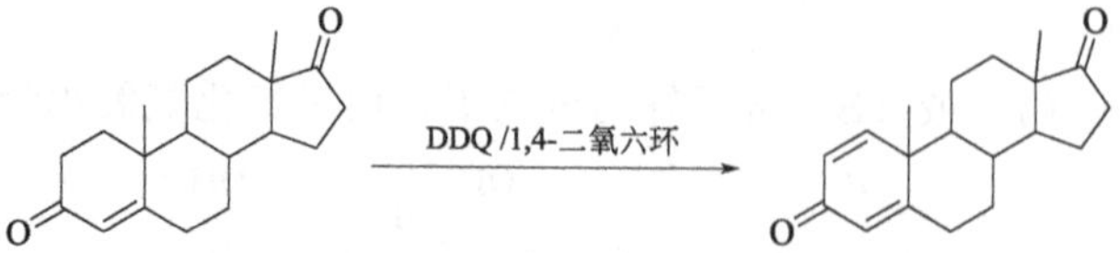

氯醌和 DDQ 的反应活性大于未取代的苯醌，因此，以下机理可能是符合逻辑的。

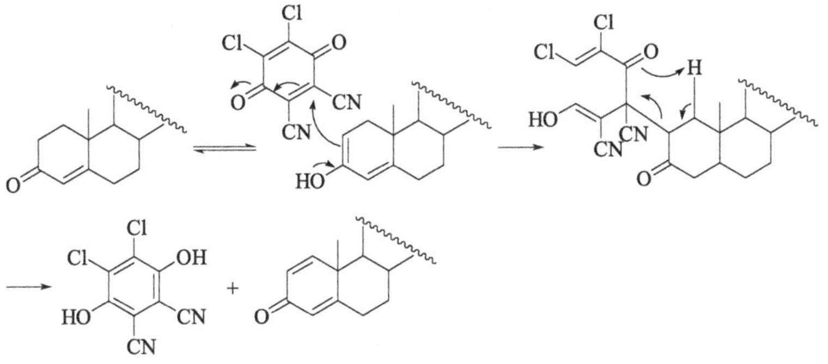

5.6.2 脱氢芳构化反应

脱氢后具芳香性的不饱和脂环或杂环可在一定条件下脱氢芳构。常用的脱氢方法有催化脱氢、DDQ 脱氢和氧化脱氢（硝酸、空气及二氧化锰等可为氧化剂）等。Cerivastatin 中间体的合成即属于 DDQ 脱氢。

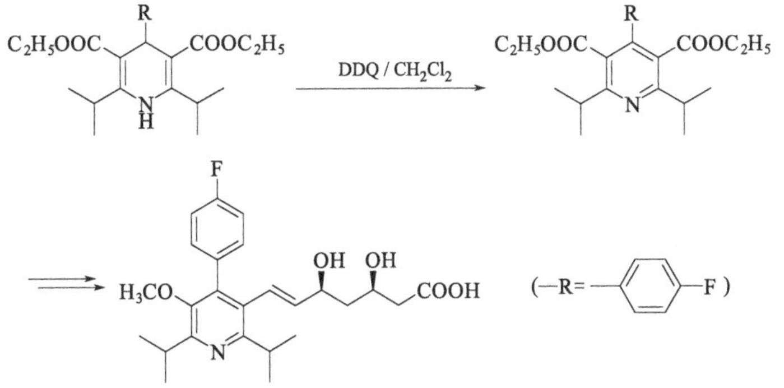

DDQ / CH_2Cl_2

$(—R= —C_6H_4—F)$

5.7 胺的氧化反应

伯胺、仲胺和叔胺在一定条件下都可被氧化。如对氨基苯甲醚可被无水过氧乙酸氧化为对硝基苯甲醚；脂肪族仲胺可被过氧化氢氧化为羟胺等，但在合成上意义较大的是叔胺的氧化。如吡啶可被氧化为氧化吡啶，氧化吡啶改变了吡啶环上的电子云分布，使之容易发生硝化等芳香族亲电取代反应。

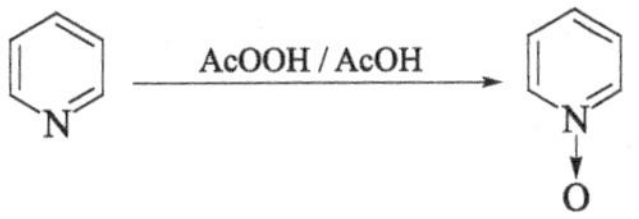

AcOOH / AcOH

叔胺氧化制得的氧化胺是温和的氧化剂，叔胺氧化的反应机理为：

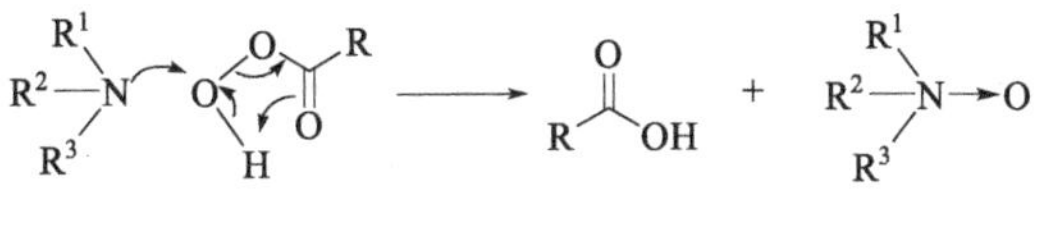

此外，氧化叔胺分子内消除也是合成烯烃或烷基羟胺的有效方法，如 Cope 消除反应。

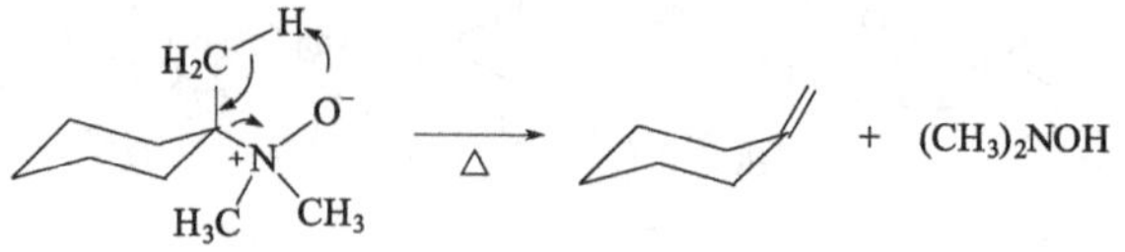

H_2C H O^- ^+N H_3C CH_3 △ + $(CH_3)_2NOH$

5.8 其他氧化反应

卤化物、磺酸酯、硫醇（酚）和硫醚等可在适当条件下被氧化。

5.8.1 卤化物的氧化反应

伯卤代烷或仲卤代烷可被二甲基亚砜（DMSO）和氧化叔胺等氧化为羰基化合物。

（1）被 DMSO 氧化（Kornblum 反应）

DMSO 在碱性条件下可将卤代烷氧化为醛或酮，此法称为 Kornblum 反应。其中碘代烷的反应活性最高，而氯代烷和溴代烷一般需先转化为碘代烷再进行氧化。

I $(CH_2)_5$ DMSO / $NaHCO_3$ O $(CH_2)_5$

其主要反应过程包括取代成醚和碱性条件下的分子内消除两步，具体反应历程为：

$^+S—O^-$ R^1 X H R^2 → $^+S—O—$ R^1 R^2 H 碱 → $^+S—O—$ R^1 R^2 H → S + R^1 O R^2

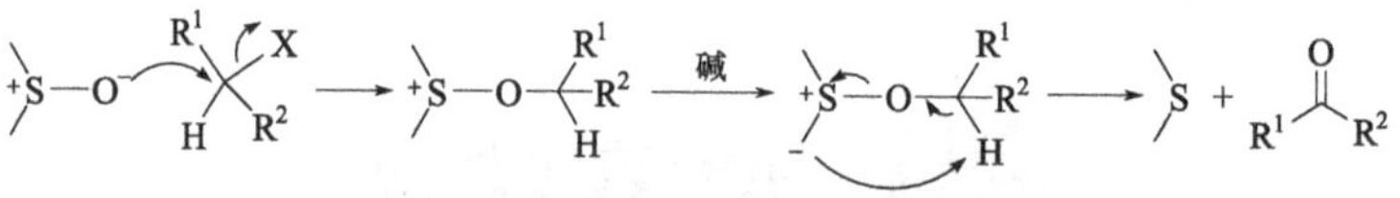

由以上反应机理可知，碱的另一个作用是缚酸，否则将发生以下副反应。

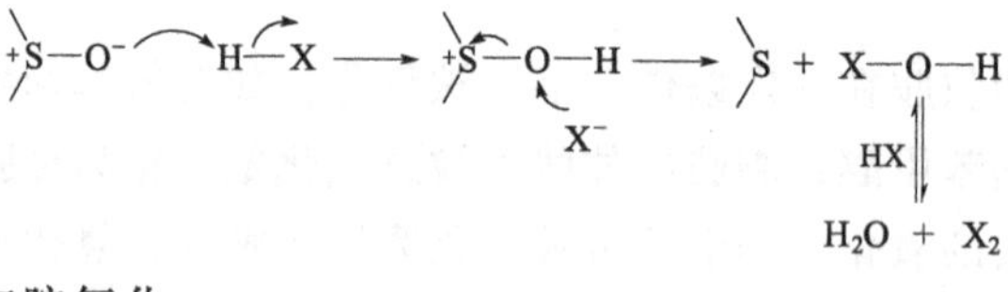

$^+S—O^-$ H—X → $^+S—O—H$ X^- → S + X—O—H HX ⇌ H_2O + X_2

（2）被氧化叔胺氧化

氧化叔胺可将卤代烷氧化为相应的羰基化合物，常用的氧化叔胺有：

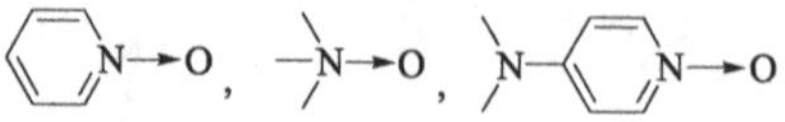

N→O，—N→O，N—⟨⟩N→O

其主要反应过程也是包括取代成醚和碱性条件下的消除两步，具体反应历程为：

Br H H $^-O—N^+$ → B: H O N^+ H → O

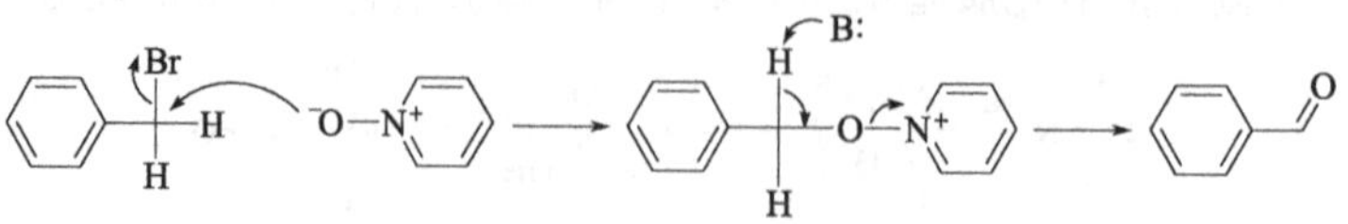

(3) 被硝基烷烃的钠盐氧化

与氧化叔胺法类似，硝基烷烃钠可将伯卤代烷（尤其是卤化苄）氧化为醛。

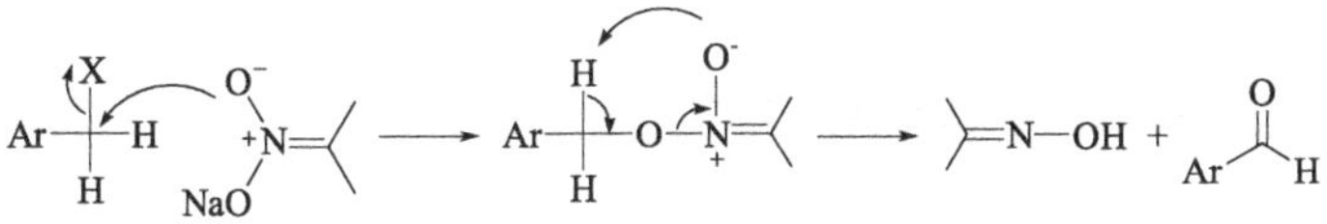

X Ar H H O^- ^+N NaO ⟶ H Ar H O O^- N + ⟶ N—OH + O Ar H

(4) 乌洛托品氧化法（Sommelet 反应）

缓和水解卤化苄与乌洛托品形成的季铵盐可得芳醛，称为 Sommelet 反应。

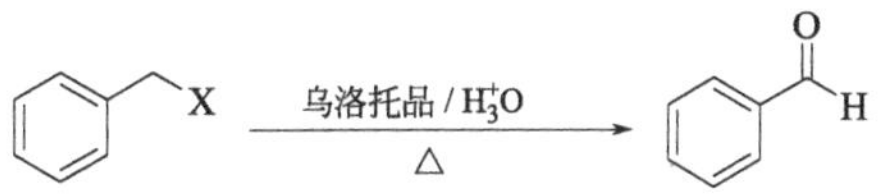

X —乌洛托品 / H_3^+O, △→ O H

该反应机理为：

N N N N Ar X ⟶ N N ^+N N X^- Ar ⟶ N N N + N H X^- Ar —氢负离子转移→

N N N ^+N H_2O X^- Ar ⟶ N N N N OH Ar ⟶ N N N NH + O Ar H

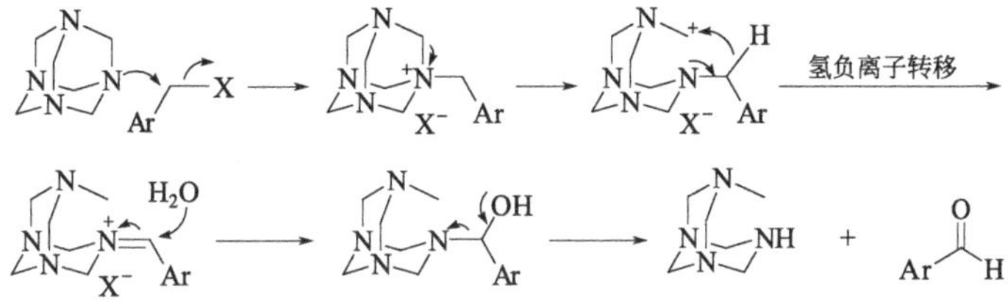

以下反应途径也得到支持。

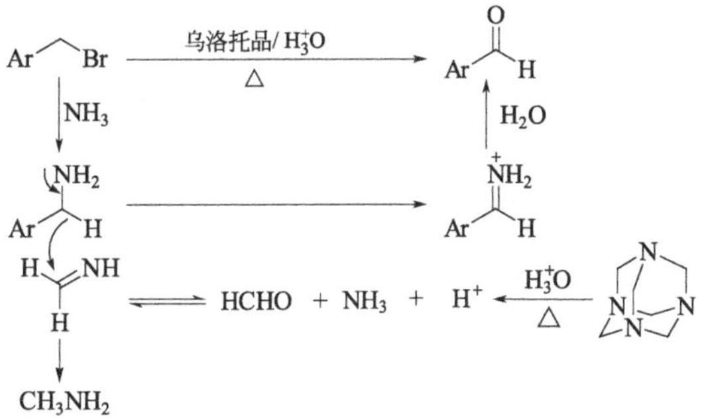

Ar Br —乌洛托品/ H_3^+O, △→ O Ar H

NH_3 ↓ ↑ H_2O

NH_2 Ar H ⟶ $\overset{+}{N}H_2$ Ar H

H NH H ⇌ HCHO + NH_3 + H^+ ←H_3^+O, △— N N N N

↓ CH_3NH_2

5.8.2 磺酸酯的氧化反应

伯醇和仲醇的磺酸酯可被 DMSO 氧化为羰基化合物，如利血平中间体的合成。

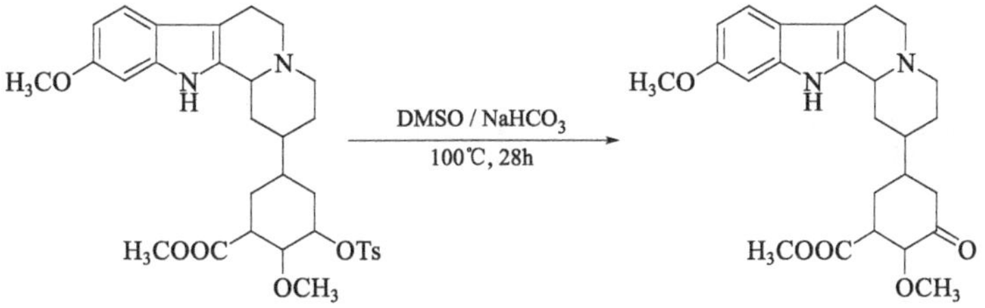

H_3CO N H N H_3COOC OTs OCH_3 —DMSO / $NaHCO_3$, 100℃, 28h→ H_3CO N H N H_3COOC O OCH_3

其反应过程也包括取代成醚和碱性条件下的分子内消除两步，具体反应历程为：

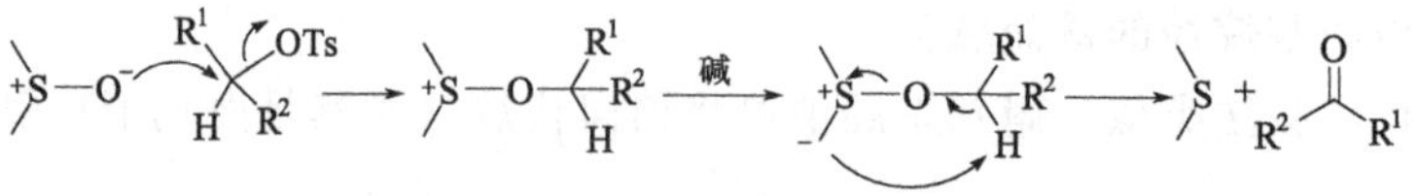

5.8.3 硫醇(酚)和硫醚的氧化反应

硫醇（酚）可被弱氧化剂（空气、碘和过氧化氢等）氧化为二硫化物，如碱性条件下半胱胺酸可被空气氧化为胱胺酸。此反应机理为自由基过程。

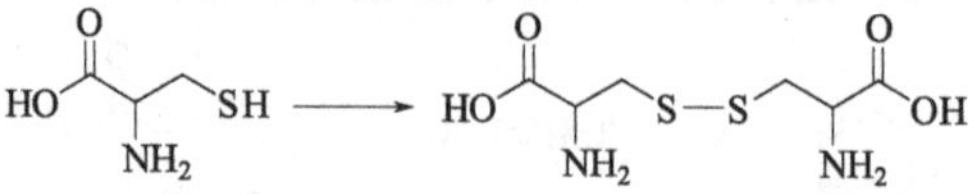

强氧化剂（过量的过氧酸、硝酸和高锰酸钾等）可将硫醇（酚）氧化为亚磺酸或磺酸。

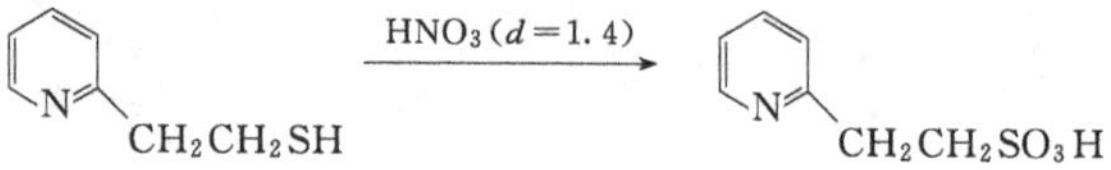

硫醚可氧化为亚砜或砜，是一些药物合成中的重要步骤，如 β-内酰胺霉抑制剂他唑巴坦的合成中两个中间体的制备均为硫醚的氧化。

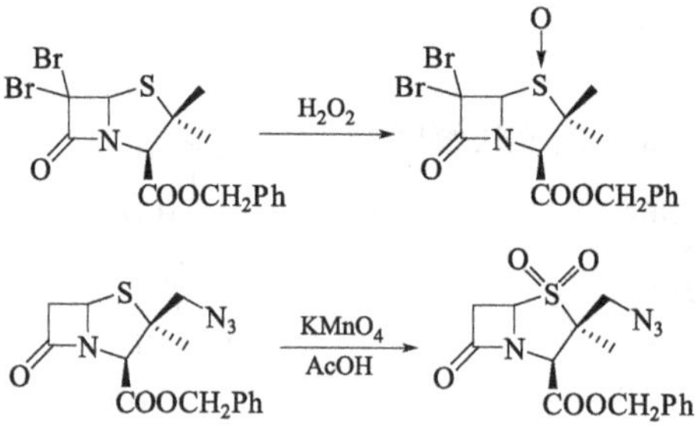

过氧酸氧化硫醚为亚砜及砜的机理为：

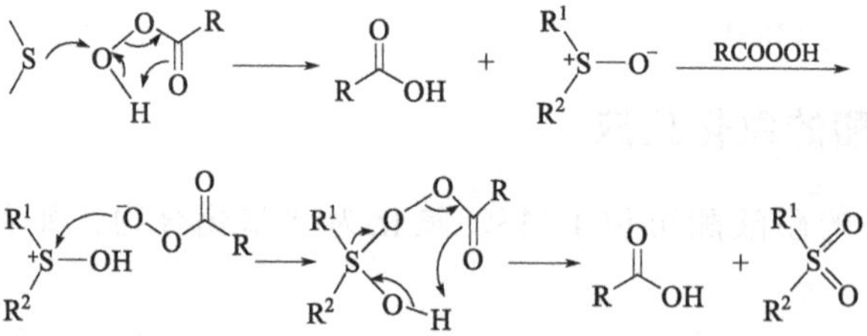

5.9 合成工艺实例——邻硝基对甲砜基苯甲酸的电合成

邻硝基对甲砜基苯甲酸是制备除草剂甲基磺草酮的重要中间体。目前的制备方法主要有重铬酸钠氧化法、高锰酸钾氧化法、硝酸氧化法等。但这些现有氧化方法都有不同程度的缺陷，比如废液难处理，成本高，对环境污染大、产品纯度难以控制等。因此，开发邻硝基对甲砜基苯甲酸的合成新工艺显得非常迫切。通过间接电化学氧化法制备邻硝基对甲砜基苯甲酸是一种不错的尝试，该技术以 Cr^{3+}/Cr^{6+} 氧化“媒质”，实现了母液循环套用，避免含铬废液的排放，达到清洁生产的目的。

该技术采用槽外式间接电合成法制备邻硝基对甲砜基苯甲酸。在合成过程中，首先将“媒质”与邻硝基对甲砜基甲苯在化学反应器中进行氧化反应；待反应结束后，分离出产物与“媒质”，然后将“媒质”返回电解槽中重新电解再生，实现循环套用。

(1) 液相氧化

CH₃, NO₂, SO₂CH₃ $\xrightarrow{Cr^{6+}}$ COOH, NO₂, SO₂CH₃

(2)“媒质”再生

阳极：$2Cr^{3+} + 7H_2O \longrightarrow Cr_2O_7^{2-} + 14H^+ + 6e^-$

阴极：$6H^+ + 6e^- \longrightarrow 3H_2\uparrow$

(3) 工艺流程

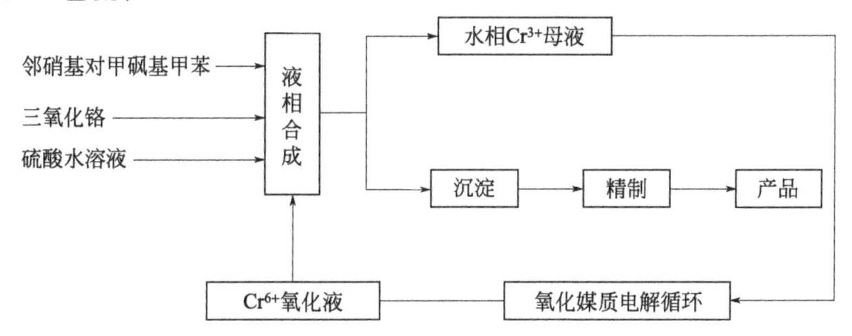

思考题

1. 写出氧化反应的定义。
2. 常用的氧化剂有哪几类？

习 题

完成下列反应方程式。

(1) 环己烯 + $OsO_4 \xrightarrow{H_2O}$

(2) 3-乙基甲苯（CH₃, CH₂CH₃） $\xrightarrow[\text{加热}]{KMnO_4}$

(3) 甲苯 + CH_3CHCH_2Cl（CH_3）$\xrightarrow{AlCl_3}$ $\xrightarrow[H^+]{KMnO_4}$

(4) 苯 $\xrightarrow[400℃]{O_2/V_2O_5}$ + 环戊二烯 $\xrightarrow{\triangle}$

(5) $H_2C{=}CHCH_2OH \xrightarrow[CH_3COOH]{CrO_3}$

(6) OH / OH $\xrightarrow{HIO_4}$

(7) CH_2OH / CH_2OH $\xrightarrow[CHCl_3]{新制MnO_2}$

(8) H H / OH OH + HIO_4 $\longrightarrow$

(9) 苯$-CH_2OH \xrightarrow[CH_2Cl_2]{MnO_2}$

(10) O / CH_3 / O / AcO $\xrightarrow[BF_3,\ 25℃]{Pb(OAc)_4}$

(11) O $\xrightarrow[KOH,\ 0℃]{KMnO_4}$

(12) OH / C / N / H $\xrightarrow{KMnO_4}$

(13) O / HN / O / N / HO / O $\xrightarrow[H_3PO_4,\ r.t.]{DMSO\text{-}DCC}$

(14) OH / OH $\xrightarrow{Ag_2CO_3(5eq.)}$

(15) OH / CHO $\xrightarrow{KMnO_4\ /\ NaOH}$

(16) O $\xrightarrow{H_2O_2\ /\ NaOH}$

参考文献

[1] 夏敏，韩益丰，周宝成．有机合成技术与综合设计实验［M］．上海：华东理工大学出版社，2012.

[2] 王永江．绿色化学及其在有机合成设计中的应用［J］．丽水师范专科学校学报，2003，(5)：47-49.

[3] 孔祥文．基础有机合成反应［M］．北京：化学工业出版社，2014.

[4] 王玉炉．有机合成化学［M］．北京：科学出版社，2014.

[5] 纪红兵，佘远斌．绿色氧化与还原［M］．北京：中国石化出版社，2005.

[6] 倪吉．氧化物负载纳米金用于绿色催化选择还原与氧化反应研究［D］．复旦大学，2012.

[7] 解佳翰，聂俊芳，刘海超．碱性条件下 Ru/C 催化 5-羟甲基糠醛选择氧化反应［J］．催化学报，2014，(6)：937-944.

[8] 彭云贵，冯小明，崔欣，蒋耀忠．系列手性二齿配体在硫醚的不对称氧化反应中的应用［J］．有机化学，2004，(5)：558-562.

[9] 翁钟贵，罗滋渝．氧化还原反应［M］．武汉：湖北教育出版社，2001.

[10] 祝全敬．新型含钨纳米材料的合成及其在绿色选择氧化反应中的应用研究［D］．复旦大学，2013.

[11] 李斌．聚乙二醇介质中硫醚和炔烃 α 位 C—H 键的选择性氧化反应［D］．南开大学，2012.

[12] 江健安．过渡金属催化的对甲酚类化合物绿色氧化反应和类利莫那班中间体绿色合成的方法学研究［D］．华东理工大学，2014.

[13] 何立琳．氧化还原反应［M］．长沙：湖南师范大学出版社，2003.

[14] 倪吉．氧化物负载纳米金用于绿色催化选择还原与氧化反应研究［D］．复旦大学，2012.

[15] 胡跃飞，林国强．现代有机反应：氧化反应［M］．北京：化学工业出版社，2008.

[16] 孙昌俊，王秀菊，陈檀．有机氧化反应原理与应用［M］．北京：化学工业出版社，2013.

[17] 魏运洋，罗军，张树鹏．药物合成反应简明教程［M］．北京：科学出版社，2013.

[18] 林国强．手性合成不对称反应及其应用［M］．北京：科学出版社，2013.

[19] 王雨霏 Pd（Ⅱ）催化氧气氧化的 Wacker 型氧化反应研究［D］．西北大学，2014.

[20] 陈从艳水溶性 *N*-杂环卡宾铜催化的水相苄醇的氧化反应［D］．浙江大学，2014

[21] 李运峰．基于氧化反应实现碳-碳，碳-氮，碳-氧键的合成方法学研究［D］．中国科学技术大学，2013.

[22] 计立，刘金强，钱超，陈新志．过氧化脲在氧化反应中的应用研究进展［J］．有机化学，2012，(2)：254-265.

[23] Ning Li，Xiaohua Tu，Chengping Miao，Yang Zhang，Jingfei Shen，Jianyi Wu. Indirect electrochemical synthesis of 2-nitro-4-methylsulfonyl benzoic acid mediated by Cr^{3+}/Cr^{6+} ［J］. International journal of electrochemical science，2015，(10)：2962-2971.

[24] 屠晓华，吴建一，缪程平，李宁，张洋，沈静飞，蔡丽玲．一种间接电氧化制备邻硝基对甲砜基苯甲酸的方法［P］，201510166197.0，2015.

第6章　还原反应

本章学习要点

1. 溶剂变化下活泼金属还原剂对醛、酮、酯的两种还原反应。
2. 活泼金属还原芳环和炔。
3. 含硫化合物作还原剂对硝基化合物的还原反应。
4. 金属复氢化合物对极性双键的还原反应。
5. 硼烷试剂对羧酸的还原反应。
6. 烷氧基铝作还原剂对羰基的还原反应。
7. 水合肼作还原剂的反应。
8. 电化学还原反应和催化还原反应。

还原反应是指在还原剂的作用下使有机物分子中增加氢原子或减少氧原子，或者两者兼而有之的反应。它与氧化反应相反，较氧化反应易于控制。还原反应根据所用还原剂及生产工艺不同，可分为化学还原、催化氢化和生物还原三大类。其中，化学还原包括负氢离子转移还原和电子转移还原；催化氢化又可分为均相催化氢化和非均相催化氢化（又包括多相催化氢化和转移氢化）两种；生物还原包含微生物还原和酶催化还原等，本章只介绍化学还原和催化氢化两部分内容。

6.1　化学还原反应

凡是使用化学物质包括元素、化合物等作还原剂所进行的还原反应称为化学还原反应，其中包括电化学还原反应，化学还原反应常用的还原剂有无机还原剂和有机还原剂，前者应用更广泛。本节以不同的还原剂为分类方式，讨论化学还原反应。

6.1.1 金属还原剂

金属还原剂包括活泼金属、它们的合金及其盐类。一般用于还原反应的活泼金属有碱金属、碱土金属、铝、锡、铁等。合金包括钠汞齐、锌汞齐、铝汞齐、镁汞齐等。金属盐有硫酸亚铁、氯化亚锡等。金属还原剂在不同的条件下可还原一系列物质，不同的金属还原剂的应用场合有所差别。

金属还原剂在进行还原时均有电子得失的过程，且同时产生质子的转移。金属是电子的供给者，而质子供给者是水、醇、酸等化合物。其还原机理是电子-质子的转移过程。如在羰基化合物用金属还原为羟基化合物的过程中，羰基首先从金属原子得到一个电子，形成负离子自由基，后者再从金属得到一个电子，形成二价负离子，最后二价负离子从质子供给者得到质子生成羟基化合物。

$$\rangle\!\!=\!O + M \longrightarrow \rangle\!\!\dot{}-\bar{O}\overset{+}{M} \xrightarrow{M-e} \rangle\!\!\bar{}-\bar{O}\overset{+}{M} \xrightarrow{H^+} \rangle\!-OH$$

(1) 铁和低价铁盐为还原剂

铁屑在酸性条件下为强还原剂，可将芳香族硝基、脂肪族硝基以及其他含氮氧官能团（亚硝基、羟氨基等）还原成氨基；将偶氮化合物还原成两个胺；将磺酰氯还原成巯基。它是一种选择性还原剂，一般情况下对卤素、碳-碳双键、羰基无影响。

如用铁还原硝基苯为苯胺的反应：

$$4\,C_6H_5NO_2 + 9Fe + 4H_2O \longrightarrow 4\,C_6H_5NH_2 + 3Fe_3O_4$$

反应机理为：

$$C_6H_5-\overset{+}{N}(=O)O^- \xrightarrow{Fe-e} C_6H_5-\overset{+}{\dot{N}}(O^-)O^- \xrightarrow{H^+} C_6H_5-\overset{+}{\dot{N}}(OH)O^- \xrightarrow{Fe-e} C_6H_5-\ddot{N}(OH)O^-$$

$$\xrightarrow[-H_2O]{H^+} C_6H_5-\ddot{N}=O \xrightarrow{Fe-e} C_6H_5-\dot{N}-O^- \xrightarrow{H^+} C_6H_5-\dot{N}-OH \xrightarrow{Fe-e}$$

$$C_6H_5-\ddot{N}^--OH \xrightarrow{H^+} C_6H_5-NH-OH \xrightarrow[H^+]{Fe-e} C_6H_5-\dot{N}H \xrightarrow{Fe-e} C_6H_5-\ddot{N}^- \xrightarrow{H^+} C_6H_5-\ddot{N}H_2$$

若苯环上有吸电子基团，可增加硝基氮原子上正电荷，增强其接受电子的能力，则有利于还原反应进行；若苯环上有给电子基团，则可使硝基氮原子上负电荷增加，其接受电子能力因之减弱，则不利于还原反应的进行。

铁作还原剂的反应一般以水为介质，水既可以作为还原氢的来源，也有利于反应物的混合，并保证反应受热均匀，也可在反应中加入少量有机溶剂（如甲醇、乙醇、吡啶等）使硝基化合物或原料溶解，以增加反应接触面积和减少产物包裹现象。

铁的微孔多、表面积大，有利于还原反应的进行。电解质可提高溶液的导电能力，对还原反应有利。各种电解质对对硝基苯还原的促进作用顺序为：

$$NH_4Cl > FeCl_2 > (NH_4)_2SO_4 > BaCl_2 > CaCl_2 > NaCl > Na_2SO_4 > KBr > CH_3COONa > NaOH$$

(2) 钠和钠汞齐作为还原剂

金属钠在醇类、液氨或惰性溶剂（苯、甲苯、乙醚等）中都是强还原剂，可用于羟基、羰基、羧基、酯基、腈基以及苯环、杂环的还原。钠汞齐在水、醇中，无论在酸性或碱性条件下都是强还原剂，但由于毒性很大，现在应用较少。

Birch 反应：活泼金属钠（锂或钾）和液氨还原芳香族化合物，生成非共轭二烯的反应。还原反应活性顺序为：锂＞钠＞钾。当芳环上含有吸电子基时，能加速反应进行；反之含有给电子基时，则减缓反应进行。

Birch 反应制备长效避孕药 18-甲基炔诺酮（norgestrel）。

H_3C, OH, H_3CO $\xrightarrow[-40℃,\ 30min]{Li/NH_3/Et_2O}$ H_3C, OH, H, H_3CO

苯甲醚和芳胺经 Birch 还原后生成的二氢化合物很容易水解为环己酮衍生物，因此应用较多。

NH_2, CH_3 $\xrightarrow[EtOH]{Li,\ NH_3}$ NH_2, CH_3 $\xrightarrow{H_3^+O}$ O, CH_3

Bouveault-Blanc 反应：羧酸酯用金属钠和无水乙醇直接还原生成相应的伯醇，如心血管药物乳酸普尼拉明（Prenylamine）中间体的制备。

$-CH_2COOEt$ $\xrightarrow[85\sim90℃,\ 1\sim2h]{Na/EtOH/AcOEt}$ $-CH_2CH_2OH$

偶姻缩合反应：活泼金属在苯、二甲苯等无质子溶剂中对羰基或酯进行还原时，生成的负离子自由基过渡态会相互偶合而发生酮醇缩合反应，酯还原生成 α-羟基酮，酮还原生成邻二醇。例如：

$3C_3H_7COOC_2H_5$ $\xrightarrow[乙醚]{Na}$ C_3H_7–C(=O)–CH(OH)–C_3H_7

二元羧酸酯可进行分子内的还原偶联反应，合成五元以上的环状化合物，如：

$(CH_2)_{32}(COOC_2H_5)_2$ $\xrightarrow{Na/二甲苯}$ HO, O, $(CH_2)_{32}$

在非质子溶剂中，钠汞齐（或铝汞齐）可使酮还原为双分子还原产物 α-二醇（也称频哪醇，pinacol)，其机理与偶姻缩合反应类似。

(3) 锌和锌汞齐作为还原剂

锌粉在酸性、中性、碱性条件下都具有还原性，在不同的反应介质中，其还原的官能团和相应的产物也不同，在中性或微碱性条件下，锌粉可将硝基化合物还原成胺，在强碱性介质中，锌粉可将硝基化合物还原制得氢化偶氮化合物，它们极易在酸性条件下发生分子重排生成联苯胺系化合物。

锌粉将硝基化合物在强碱性介质中还原制得氢化偶氮化合物反应分为两步：硝基化合物被还原生成亚硝基、羟胺化合物，再在碱性介质中反应得到氧化偶氮化合物。

$$C_6H_5-NO_2 + C_6H_5-NHOH \longrightarrow C_6H_5-\underset{\downarrow \atop O}{N}=N-C_6H_5 + H_2O$$

反应过程中亚硝基化合物过量时，会发生下列生成芳胺的副反应，而提高介质的碱性和反应温度可减少副反应的发生。

$$3\,C_6H_5-NHOH \longrightarrow C_6H_5-\underset{\downarrow \atop O}{N}=N-C_6H_5 + C_6H_5-NH_2$$

$$C_6H_5-NHOH + H_2 \longrightarrow C_6H_5-NH_2 + H_2O$$

氧化偶氮化合物还原生成氢化偶氮化合物。

$$C_6H_5-\underset{\downarrow \atop O}{N}=N-C_6H_5 + 2H_2 \longrightarrow C_6H_5-\overset{H}{N}-\overset{H}{N}-C_6H_5 + H_2O$$

当温度过高、碱性太强时则会发生下列副反应。

$$C_6H_5-\underset{\downarrow \atop O}{N}=N-C_6H_5 + 3H_2 \longrightarrow 2\,C_6H_5-NH_2 + H_2O$$

反应的两个步骤要求的反应条件是不一致的，若要制备氢化偶氮化合物，则第 1 步要求有较高的温度和碱性，而第 2 步正好相反。

还原得到的氢化偶氮化合物在酸性介质中可重排得到联苯胺系化合物。该重排过程是将氢化偶氮化合物的两个苯环从以 N—N 键合转变为以 C—C 键合。

$$C_6H_5-\overset{H}{N}-\overset{H}{N}-C_6H_5 + H^+ \rightleftharpoons C_6H_5-\overset{H_2}{N_+}-\overset{H}{N}-C_6H_5$$

$$C_6H_5-\overset{H_2}{N_+}-\overset{H}{N}-C_6H_5 + H^+ \rightleftharpoons C_6H_5-\overset{H_2}{N_+}-\overset{H_2}{N_+}-C_6H_5$$

$$C_6H_5-\overset{H_2}{N_+}-\overset{H_2}{N_+}-C_6H_5 + H^+ \xrightarrow{\text{慢}} H_2N-C_6H_4-C_6H_4-NH_2$$

此重排反应可能形成以下结构的双质子氢化偶氮化合物过渡态。

锌粉可以将硝基还原为氨基，其应用如抗组胺药奥沙米特（oxatomide）中间体的合成。

$$\text{2-硝基苯胺} \xrightarrow[C_2H_5OH,\text{回流},1h]{Zn/NaOH} \text{邻苯二胺}\ (93\%)$$

锌还可将醛或酮还原成醇，如钙拮抗剂盐酸马尼地平（manidipine）中间体的制备（收率为90%～92%）。

$$\text{二苯甲酮} \xrightarrow[C_2H_5OH,\ 70\sim74℃,\ 2h]{Zn/NaOH} \text{二苯甲醇}$$

Clemmensen还原反应：锌或锌汞齐在酸性条件下还原醛基、酮基为甲基或亚甲基。如抗凝血药吲哚布芬（indobufen）的合成。

$$\xrightarrow[HCl(g),\ 0℃]{Zn,\ (C_2H_5)O}$$

锌粉在酸性条件下也可将硝基、亚硝基还原成氨基，也能还原C—S键等，还可将氰基还原成—CH_2NH_2，还可使C—X键发生还原裂解反应，其活性次序为：C—I>C—Br>C—Cl。锌还能在酸性条件下将酮还原成醇，将醌还原成氢醌。一些酮类的α位上有卤素、羟基、酰氧基、氨基时，在酸性条件下，锌可使这些基团消去。

$$-\underset{H}{\overset{OH}{C}}-\overset{O}{\overset{\|}{C}}- \xrightarrow{Zn,HCl,HOAc} -\overset{H_2}{C}-\overset{O}{\overset{\|}{C}}-$$

(4) 锡和二氯化锡作为还原剂

氯化亚锡在酸性条件下可还原硝基成氨基，如驱虫药甲氨基苯脒中间体的合成。

$$O_2N-C_6H_4-N{=}C(CH_3)-N(CH_3)_2 \xrightarrow[85℃]{SnCl_2/HCl} H_2N-C_6H_4-N{=}C(CH_3)-N(CH_3)_2\ (85\%)$$

氯化亚锡常配成盐酸溶液，它能在醇溶液中将硝基还原成氨基，不还原羰基和羟基，可以用于含醛基的硝基苯化合物还原。若分子中存在多个硝基，氯化亚锡在合适的工艺条件下可选择性地还原一个硝基。

$$\text{2,4-dinitrotoluene} \xrightarrow{SnCl_2/HCl} \text{2-amino-4-nitrotoluene}$$

氯化亚锡在低温条件下，可将芳香族重氮盐还原为芳肼；将偶氮化合物还原为两分子的胺类化合物。如：

$$HO-C_6H_4-N{=}N-C_6H_4-OH \xrightarrow{SnCl_2/HCl} H_2N-C_6H_4-OH$$

Stephen 反应：氯化亚锡在冰乙酸或氯化氢饱和的乙醚溶剂中，可将脂肪族或芳香族的腈还原为醛。如：

$$H_3C(C{=}O)-C_6H_4-O-C_6H_2I_2-CN \xrightarrow[\text{干燥 } HCl(g)]{SnCl_2/\text{乙醚}} H_3CO-C_6H_4-O-C_6H_2I_2-CHO$$

锡和氯化亚锡都是较强的还原剂，但由于价格昂贵，限制了其在工业上的应用。

(5) 活泼金属还原合成实例

a. 二氟尼柳中间体 2,4-二氟苯胺的合成

体系中分别加入铁粉、氯化铵水溶液，搅拌下滴入 2,4-二氟硝基苯，回流反应 2h 后，采用水蒸气蒸馏法分出 2,4-二氟苯胺产品，收率达 84%。

$$\text{2,4-}F_2C_6H_3NO_2 \longrightarrow \text{2,4-}F_2C_6H_3NH_2$$

由于体系中铁粉很易沉积，且生成的三氧化二铁也易沉积，因此还原过程中要充分搅拌。产物胺的分离常采用水蒸气提馏法，但过程中会产生大量废水。还原后产生的铁泥含有硝基、氨基化合物，要经过处理回收（如可加工成铁颜料）。此法虽然工艺简单、收率高，但三废量太大，应用受到限制。

b. 己雷锁辛中间体 2-庚醇的合成

$$CH_3(CH_2)_4COCH_3 \xrightarrow{Na} CH_3(CH_2)_4CH(OH)CH_3$$

体系中分别加入乙醇、水和 2-庚酮，缓慢加入金属钠，控制反应温度不超过 30℃，当金属钠反应完全后，水析分出油层，纯化处理后收率 75%。金属钠最好采用钠丝，因其表面积大，反应快。金属钠加入太快，会与水等起作用，影响收率。金属钠用量一般为原料摩尔量的 2.8 倍，其固体消失为反应终点。此法优点是操作方便，但最大的缺点是会产生大量废水。

c. 阿司咪唑中间体邻苯二胺的合成

$$o\text{-}C_6H_4(NO_2)_2 \xrightarrow{Zn} o\text{-}NH_2C_6H_4NO_2$$

体系中分别加入邻硝基苯胺、20%的氢氧化钠、乙醇，加热搅拌至沸腾，再分批加入锌粉，使体系在微沸状态，加完后回流至体系至无色。过滤，回收母液，加放少量保险粉，减压浓缩，冷却结晶，过滤得产品，收率为 79%。原料硝基化合物是有颜色的，产物无色，可从体系的颜色变化判断反应终点。锌粉的理论用量为邻硝基苯胺的 3 倍，但实际上要用到 4 倍左右。过滤分离残渣时要注意固体残渣往往对原料和产品有大量的吸附，过滤时要用乙醇充分洗涤。此在后处理时常加还原剂保护，常用的就是保险粉。

d. 氨甲苯酸中间体对氨基苯甲酸的合成

$$O_2N-C_6H_4-COOH \xrightarrow{Sn/HCl} O_2N-C_6H_4-COOH$$

体系中分别加入对硝基苯甲酸、锡粉、浓盐酸，缓慢加热使反应发生，直至体系中大部分锡粉反应完成，体系成透明液，后处理得产品，收率为 75%。使还原反应可充分进行，加入的锡量必须上硝基物的 3 倍以上。

6.1.2 用含硫化合物作还原剂

含硫化合物大多是温和的还原剂，包括硫化物和含氧硫化物两类。其中硫化物有硫化钠、硫氢化钠、多硫化钠、铵类硫化物和硫化铁等；含氧硫化物有亚硫酸钠、二氧化硫、连二硫酸钠等。含硫化合物主要用于将含氮氧的官能团还原为氨基，常在碱性条件下应用。

(1) 反应机理与影响因素

硫化物常用于还原芳香硝基化合物，这类反应称为齐宁（Zinin）还原。由于该反应比较缓和，可选择性地还原多硝基化合物中的部分硝基为氨基，也可只还原硝基偶氮化合物中的硝基，而保留偶氮基。含有醚、硫醚等对酸敏感基团的硝基化合物，不宜用铁粉还原时，也可用硫化物还原。在硫化物还原中，硫化物是电子供给者，水或醇是质子供给者，还原反应后硫化物被氧化成硫代硫酸盐。

硝基化合物在水-乙醇介质中用硫化钠还原时是一个自动催化过程，反应中生成的活泼硫原子将与 S^{2-} 离子作用而快速生成更活泼的 S_2^{2-} 离子，使反应大大加速。

$$ArNO_2 + 3S^{2-} + 4H_2O \longrightarrow ArNH_2 + 3S^0 + 6OH^-$$

$$S^0 + S^{2-} \longrightarrow S_2^{2-}$$

$$4S^0 + 6OH^- \longrightarrow S_2O_3^{2-} + 2S^{2-} + 3H_2O$$

其总反应为：

$$ArNO_2 + 6S^{2-} + 7H_2O \longrightarrow 4ArNH_2 + 3S_2O_3^{2-} + 6OH^-$$

硝基苯用二硫化钠还原时反应速度常数随碱度的增加而增加。但碱性太强时会生成氧化偶氮化合物，另也对一些在碱性条件下易水解的官能团（如氰基）不利，因此在反应中应控制碱的浓度，二硫化钠还原硝基的反应式如下。

$$ArNO_2 + Na_2S_2 + H_2O \longrightarrow ArNH_2 + Na_2S_2O_3$$

硫化钠还原时会使碱性越来越强，因此往往在体系中加入镁盐、碳酸氢盐等缓冲体系，而采用多硫化钠还原时则不存在此问题。多硫化钠使用时存在新的问题，即当分子式中硫原子个数大于2时，还原后就会有单质硫析出，使体系呈胶状而难以过滤，对产物的分离带来困难，一般采用二硫化钠。

芳环上的取代基对硝基还原有很大的影响，当取代基是吸电子基团时加速反应进行，是给电子基团时则降低反应速度。带有羟基、甲氧基、甲基的邻、对二硝基化合物部分还原时先还原的是邻位。

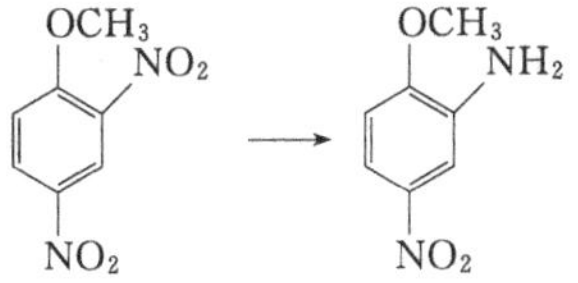

亚硫酸盐也可将硝基、亚硝基、羟胺基、偶氮基还原成氨基，将重氮盐还原成肼。芳香硝基化合物用亚硫酸盐还原时会同时进行环上磺化反应，从而制得氨基磺酸化合物。亚硫酸盐同时也可还原亚硝基化合物。

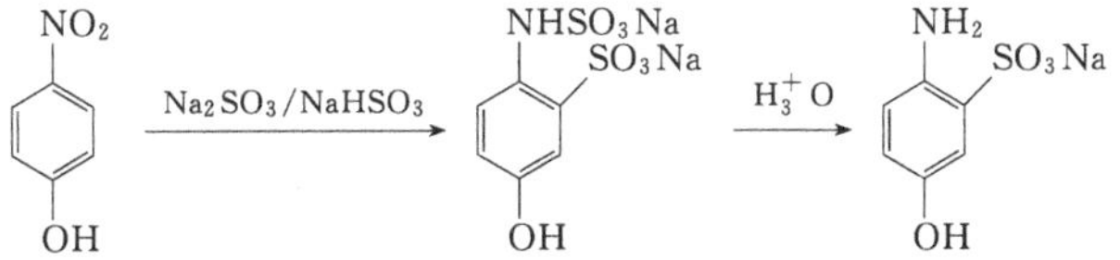

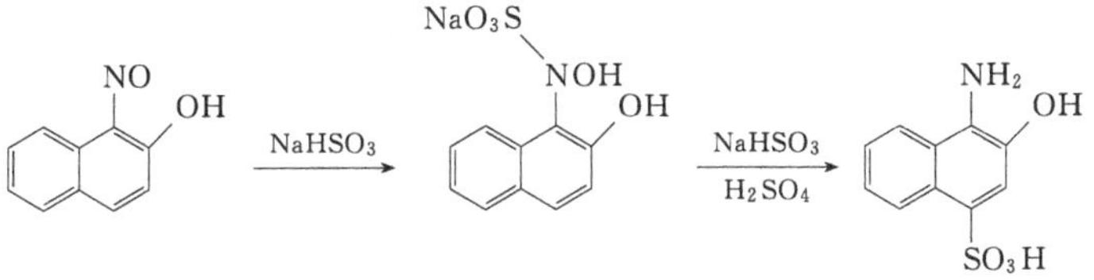

亚硫酸氢钠还可将苯磺酰氯还原为苯亚磺酸钠。

$$PhSO_2Cl \xrightarrow{NaHSO_3} PhSO_2Na$$

连二亚硫酸钠俗称保险粉，是一种强还原剂，一般在碱性介质中使用。如抗凝血药莫哌达醇（mopidamol）中间体的合成。

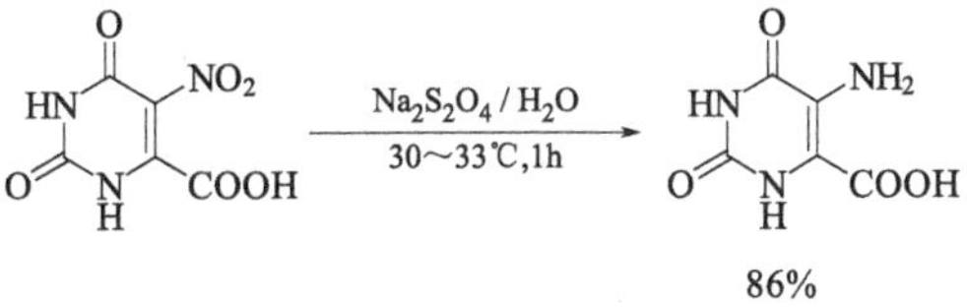

86%

(2) 应用举例

a. 甲苯达唑中间体对氨基二苯酮的合成

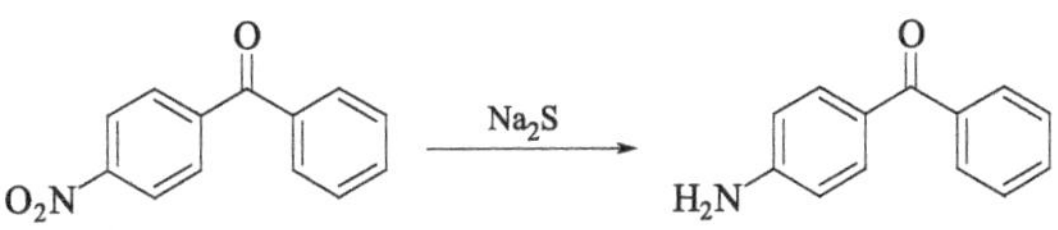

体系中分别加入乙醇、对硝基二苯酮，加热回流后滴加硫化钠水溶液，滴加完毕后继续回流至反应结束，分离提纯后收率 90%。在该反应中硫化钠要过量，原料中的羰基才不会被还原。

b. 安替比林中间体苯肼的合成

$$C_6H_5N_2^+HSO_4^- \xrightarrow[-H_2SO_4]{+2NaHSO_3} C_6H_5N(SO_3Na)NH(SO_3Na) \xrightarrow[+2H_2O,-2NaHSO_4]{\text{酸性水解}} C_6H_5NHNH_2$$

体系中分别加入水、亚硫酸氢钠和氢氧化钠，加热至 80℃，控制 pH=6.2～6.7，缓慢加入重氮盐溶液，保温反应至完全，加入少量锌粉使重氮基还原完全，过滤得加成物溶液；然后于 70℃下，在滤液中加入盐酸，保持酸性，升温至 85～90℃搅拌反应至完成，冷却至 15℃，过滤得苯肼盐酸盐产品，中和可得游离苯肼。收率可达 83%以上。

c. 莫雷西嗪中间体间硝基苯胺的合成

$$m\text{-}C_6H_4(NO_2)_2 \xrightarrow{Na_2S_x} m\text{-}NH_2C_6H_4NO_2$$

将结晶硫化钠及 2 倍的粉状硫黄，加热生成透明多硫化钠溶液，待用。体系中分别加入水、间硝基苯，搅拌下加热至沸，滴加待用的多硫化钠溶液，滴加完毕后保温反应。反应结束后分离提纯得产品，收率为 58%。多硫化钠常需现配现用。加入的硫黄量太多，反应中有硫黄析出，对后处理会造成一定困难。多硫化钠稍过量即可，若过量太多，有可能还原另一硝基，降低收率。

6.1.3 金属氢化物还原剂

金属氢化物还原剂主要包括钠、钾、锂离子和硼、铝等复氢负离子形成的复盐。其中较常用的为氢化铝锂（$LiAlH_4$）、氢化硼锂（$LiBH_4$）、氢化硼钾（KBH_4）及其相关衍生物，如三仲丁基氢化硼锂｛$[CH_3CH_2CH(CH_3)]_3BHLi$｝和硫代氢化硼钠（$NaBH_2S_3$）等。

它们主要用于还原含极性的不饱和键（羰基，氰基等）的物质，如醛、酮、酰卤、环氧化合物、酯、酸、酰胺、腈、肟、硝基等，也可进行脱卤还原（表 6-1）。

表 6-1 金属化物的还原特性

底物	产物	$LiAlH_4$	$LiBH_4$	$NaBH_4$	KBH_4
$>C=O$	$>CH-OH$	+	+	+	+
$-CH=O$（H—C=O）	$-CH_2OH$	+	+	+	+

续表

底物	产物	$LiAlH_4$	$LiBH_4$	$NaBH_4$	KBH_4
—C(=S)—NH_2	—CH_2NH_2	+	+	+	+
—NCS	—$NHCH_3$	+	+	+	+
Ph—NO_2	PhN=NPh	+	+	+①	+①
$\gt$N→O	$\gt$N—	+	+	+	+
RSSR 或 RSO_2Cl	RSH	+	+	+	+
RCOCl	RCHO	+	+	+	+
$\gt$C=N—OH	$\gt$CH—NH_2	+	+	+	+
C(—O—)C (环氧化物)	—$\overset{H_2}{C}$—C(OH)—	+	+	+	+
RO—C=O（或内酯）	—CH_2OH+ROH	+	+	−	−
$(RCO_2)O$	RCH_2OH	+	+	−	−
HO—C=O	—CH_2OH	+	−	−	−
RHN—C=O	—CH_2NHR	+	−	−	−
R_2N—C=O	—CH_2NR_2 或—CHO+HNR_2	+	−	−	−
—CN	—CH_2NH_2 或 —CH=NH	+	−	−	−
R—NO_2	R—NH_2	+	−	−	−
—CH_2OSO_2Ph 或—CH_2Br	—CH_3	+	−	−	−

① 还原为氧化偶氮化合物：PhN(→O)=NPh。

(1) 反应机理和影响因素

金属氢化物均为亲核试剂，在反应时进攻极性的不饱和键（羰基、氰基等），氢负离子转移到带正电的碳原子上。如还原能力最强的氢化铝锂还原羰基的机理为：

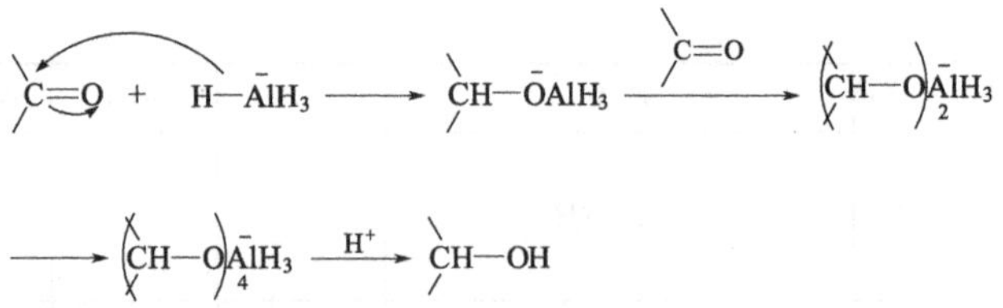

$$\rangle C{=}O + H{-}\bar{A}lH_3 \longrightarrow \rangle CH{-}O\bar{A}lH_3 \xrightarrow{\rangle C=O} (\rangle CH{-}O)_2\bar{A}lH_3$$

$$\longrightarrow (\rangle CH{-}O)_4\bar{A}lH_3 \xrightarrow{H^+} \rangle CH{-}OH$$

从上述机理可看出，若羰基的 α 位有不对称碳原子，则四氢铝离子应从羰基双键立体位阻较小的一侧进攻羰基碳原子，结果产生占优势的非对映异构体。

这类试剂的还原能力相差较大。氢化铝锂还原能力强，选择性差且反应条件要求高，主要用于难于还原的羧酸及其衍生物的还原。常用的溶剂是无水 THF 和无水乙醚。而氢硼化物由于其选择性好、操作简便，可还原酮基成醇而不影响分子中的硝基、氰基、亚氨基、双键、卤素等，在有机合成中应用广泛。

二芳基酮或烷基芳基酮在三氯化铝存在下用氢化铝锂还原得亚甲基。

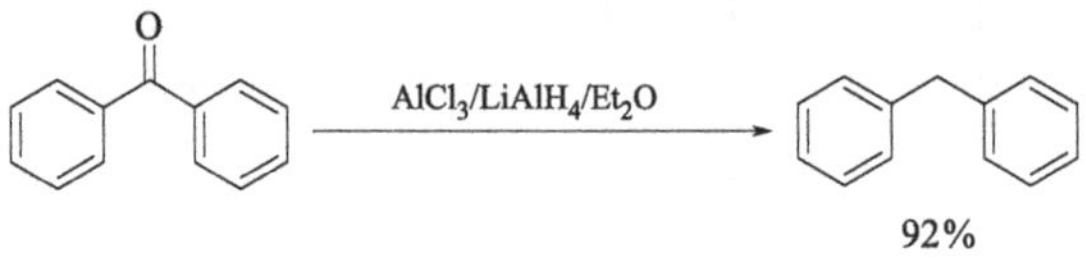

$AlCl_3/LiAlH_4/Et_2O$

92%

Rosenmund 反应：三丁基锡氢，三（叔丁氧基）氢化铝锂可还原酰氯成醛，在低温下可将芳酰卤及杂环酰卤还原为醛，且不影响分子中的硝基、氰基、酯基、双键、醚键等。

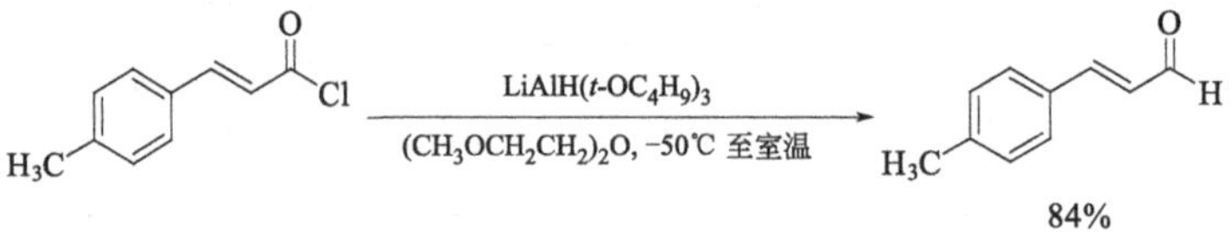

$LiAlH(t\text{-}OC_4H_9)_3$

$(CH_3OCH_2CH_2)_2O$, −50℃ 至室温

84%

硼氢化钾、硼氢化钠还原能力较弱，不能还原羧酸及其酯等衍生物，但可作为选择性还原剂，用于较易还原的醛、酮等的还原，不影响分子中的硝基、氰基、亚氨基、双键、卤素等，硼氢化钾、硼氢化钠比较稳定，可在水、醇类溶剂中进行还原，但硼氢化钠因易吸潮而不如硼氢化钾应用广泛。避孕药炔诺酮中间体的合成只还原羰基，对双键、叁键都没影响。

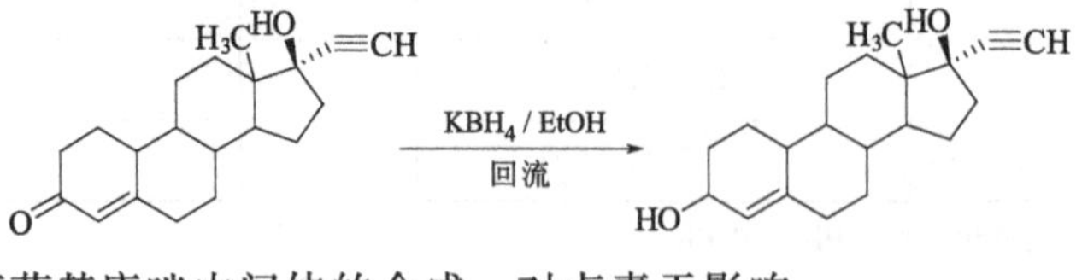

KBH_4 / EtOH

回流

抗真菌药芬替康唑中间体的合成，对卤素无影响。

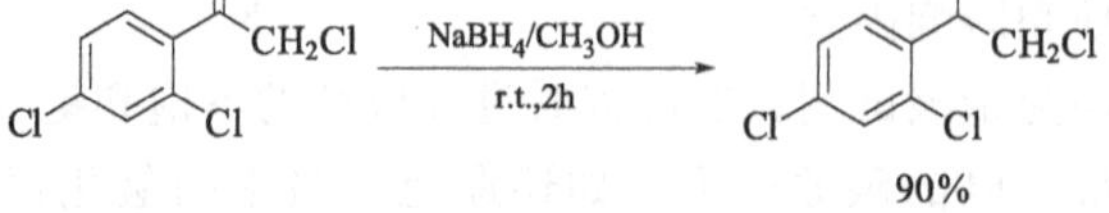

$NaBH_4/CH_3OH$

r.t.,2h

90%

驱虫药左旋咪唑中间体的合成，对亚氨基无影响。

$$\text{PhCOCH}_2\text{-}N(\text{2-亚氨基噻唑烷}) \xrightarrow{KBH_4/NaOH/EtOH} \text{PhCH(OH)CH}_2\text{-}N(\text{2-亚氨基噻唑烷})$$

90%

饱和醛、酮的反应活性大于α,β-不饱和醛、酮，可进行选择性还原，如：

$$\xrightarrow[C_2H_5OH]{NaBH_4}$$

(2) 应用举例

a. 催醒宁中间体1,3,3-三甲基-5-羟基吲哚满盐酸盐的合成

$$\xrightarrow{LiAlH_4}$$

体系中分别加入无水THF、四氢铝锂，搅拌下滴加1,3,3-三甲基-5-羟基吲哚满酮的THF溶液，滴加完毕后加热回流反应2h。然后蒸馏回收THF，在冰水浴中加入乙醚，缓慢滴加饱和硫酸钠水溶液使四氢铝锂完全分解，最后分离纯化得到产品，收率约61%。四氢铝锂可适当过量，反应结束须将四氢铝锂完全分解，在分解过程中会产生大量氢气，注意操作安全，缓慢滴加。

b. 瑞舒伐他汀中间体3-羟基戊二酸二乙酯的合成

$$C_2H_5OOCCH_2COCH_2COOC_2H_5 \xrightarrow{NaBH_4} C_2H_5OOCCH_2CH(OH)CH_2COOC_2H_5$$

体系中分别加入原料丙酮二羧酸二乙酯和溶剂无水乙醇，然后在0～5℃下分批加入硼氢化钠，保温反应至完全。冷却后加稀盐酸使硼氢化钠分解完全，分离提纯后得产品，收率约85%。硼氢化钠可选择性地还原酮基而不还原酯基。未反应完的硼氢化钠可用酸进行分解。硼氢化钠的化学计量是原料摩尔量的0.5倍，一般过量5%即可。加入硼氢化钠时应分批加入，以保证反应温和，防止原料分解。

6.1.4 硼烷还原剂

硼烷还原剂与金属氢化物不同，是亲电性氢负离子转移还原剂，它首先进攻富电子中心，故易还原羧基。并可与双键发生硼氢化反应，首先加成而得到取代硼烷，进而酸水解可得醇。如乙硼烷可还原酰胺成胺而不影响硝基，该反应收率很高，但原料成本也较高。

$$O_2N\text{-}C_6H_4\text{-}CON(CH_3)_2 \xrightarrow[\triangle,1h]{B_2H_6/THF} O_2N\text{-}C_6H_4\text{-}CH_2N(CH_3)_2$$

97%

硼烷不能还原羧酸根负离子、硝基、酰氯等基团。乙硼烷是常用的还原剂，是硼烷的二聚体，一般溶于 THF 后使用。

6.1.5 水合肼作还原剂

水合肼还原剂的特点是在还原反应中自身被氧化成氮气，污染少。以甲醇或乙醇为介质，硝基化合物在催化剂存在下用水合肼常压下加热即可还原为胺，对硝基化合物中的羰基、氰基、非活化 C=C 双键都不影响，有较好的选择性。如用肼还原间硝基苯甲腈的实例。

$$m\text{-}NO_2C_6H_4CN \xrightarrow[CH_3OH]{NH_2NH_2/FeCl_3/C} m\text{-}NH_2C_6H_4CN$$

还原二硝基化合物时可利用不同温度选择性地还原。

$$CH_3C_6H_3(NO_2)_2 \xrightarrow[70\sim75℃]{NH_2NH_2 \cdot H_2O/CH_3OH} CH_3C_6H_3(NH_2)(NO_2) \xrightarrow[140℃]{NH_2NH_2 \cdot H_2O} CH_3C_6H_3(NH_2)_2$$

由于水合肼是碱性，一般在碱性条件下进行还原反应，水合肼还原常用催化剂有三氯化铁、硫酸钴、镍、铜等，一般是担载在活性炭或硅胶或硅藻土上。

水合肼也可用于还原偶氮化合物。

$$HO(C(CH_3)_3)C_6H_3\text{-}N{=}N\text{-}C_6H_5 \xrightarrow[催化剂]{NH_2NH_2 \cdot H_2O/CH_3OH} HO(C(CH_3)_3)C_6H_3NH_2 + C_6H_5NH_2$$

Wolff-kishner-黄鸣龙还原反应：水合肼还原醛或酮的羰基为甲基或次甲基，它是将醛或酮和 85%水合肼、氢氧化钾混合后，在二聚乙二醇或三聚乙二醇等高沸点溶剂中加热蒸出生成的水，然后升温，在常压下反应 2～4h，即还原得亚甲基产物。如抗癌药物苯丁酸氮芥中间体的制备。

$$H_3COCHN\text{-}C_6H_4\text{-}CO(CH_2)_2COOH \xrightarrow[140\sim160℃,1h]{NH_2NH_2 \cdot H_2O/KOH} H_3COCHN\text{-}C_6H_4\text{-}(CH_2)_3COOH \quad 85\%$$

6.1.6 烷氧基铝作还原剂

常用的烷氧基铝有异丙醇铝 {Al [$OCHC(CH_3)_2$]$_3$}、乙醇铝 [Al (OC_2H_5)$_3$] 等，可在氯化汞存在下由金属铝和相应的醇反应而得。醇铝易潮解，还原反应要在无水条件下进行。

用醇铝选择性地还原脂肪族和芳香族醛或酮生成相应的伯醇或仲醇的反应称为 Meewwein-Ponndrof-Verley 还原反应，其逆反应为 Oppenauer 氧化反应。如：

$$(CH_3)_2CHOH + RCOR' \xrightleftharpoons{Al[OCH(CH_3)_2]_3} \begin{matrix} R' \\ \quad \diagdown \\ \quad CH—OH \\ \quad \diagup \\ R \end{matrix} + CH_3COCH_3$$

该反应是可逆反应，异丙醇应过量，且要不断蒸出生成的丙酮。它的机理是负氢离子亲核转移过程。

(六元环过渡态：Al、O、C、H、C—CH_3、CH_3) ⇌ Al—O—CH + CH_3COCH_3；$\xrightarrow{(CH_3)_2CHOH}$ CH—OH + $(CH_3)_2CHO—Al$

铝原子首先与羰基氧原子配位结合，形成六元环过渡态，然后异丙基上的氢原子带着一对电子以负离子的形式转移到羰基碳上。铝氧键断裂，生成新的烷氧基铝盐和丙酮，铝盐醇解后生成还原产物。从机理可知，反应实际只需催化量的异丙醇铝即可。

加入三氯化铝能生成氯化异丙醇铝，可促进反应的进行。用异丙醇铝还原时，分子中的烯键、炔键、硝基、缩醛、氰基及碳-卤键都不受影响。但含有酚羟基、羧基、氨基的化合物，因能与铝形成复盐而对还原反应有影响。

6.1.7 电解还原法

电解还原法与化学法相比具有较多优点，如产率较高、产物较纯、成本较低、便于大规模生产等，具有广阔的发展前途。但电解还原法的高效电极制备还存在一定的问题，限制了其工业化生产。电解还原法应用范围很广，羧酸及其衍生物、硝基、醛、酮、不饱和键等均可采用电解还原，其中应用最多的是硝基化合物和羧酸衍生物的还原。如下式酰胺的电解还原，收率几乎是100%。

$$PhCON(CH_3)_2 \xrightarrow{Pb} PhCH_2N(CH_3)_2$$

6.2 催化氢化

在催化剂存在下，借助分子氢进行的还原反应称为催化氢化还原反应或催化加氢还原反应。利用氢气还原有诸多优点，如选择性好、易实现自动化控制、生成的副产物是水而污染少等；但是氢气还原所需的催化剂和设备价格昂贵、要求高。

催化氢化按反应机理和作用方式可分为三种类型，即非均相催化氢化、均相催化氢化和氢源为其他有机分子的催化转移氢化。按反应物分子在还原反应的变化情况，可分为氢化和氢解。氢化是指氢分子加成到烯键、炔键、羰基、氰基、硝基等不饱和基团上使之生成饱和键的反应；而氢解则是指分子中的某些化学键因加氢而断裂的反应。

6.2.1 非均相催化氢化

非均相催化氢化是催化氢化中应用最多的一类。

(1) 催化氢化的基本过程

催化氢化有以下三个基本过程：反应物在催化剂表面的扩散、物理和化学吸附（速控步骤）；吸附络合物之间发生化学反应；产物的解析、扩散和离开催化剂表面。

氢的吸附过程可由下式表示（如在 Ni 上吸附）。

$$H_2(g) \rightleftharpoons H_2(\text{吸附}) \rightleftharpoons 2H(\text{活性 H})$$
$$\rightleftharpoons 2H^+ + 2e^- \rightleftharpoons (H^+ + Ni^-)$$

在加氢还原中氢的化学吸附是解离吸附形成氢原子，它的 s 电子与催化剂的空 d 轨道成键。

$$H_2 + 2* \rightleftharpoons 2H-*$$

其中，* 为指催化剂表面活性中心。

被还原物的吸附对反应的影响取决于不同催化剂的不同反应机制。如在镍催化剂上硝基化合物的还原速度取决于氢的活化速度，硝基化合物在镍上的吸附对反应影响不大，反而若吸附太强，会使其从表面脱离困难而不利于反应的进行，因此弱吸附的硝基物对反应是有利的；而对铂催化剂，还原反应速度的限制因素是硝基化合物的活化，因此，在铂催化剂上能发生强吸附的硝基化合物对加氢是有利的。

(2) 催化剂

常用的催化氢化催化剂是过渡金属及其氧化物、硫化物或甲酸盐等（表 6-2）。

表 6-2 常用催化氢化催化剂

种类	常用金属	制法概要	举例
还原型	Pt,Pd,Ni	金属氧化物用氢还原	铂黑,钯黑
甲酸型	Ni,Co	金属甲酸盐热分解	镍粉
骨架型	Ni,Cu	金属与铝的合金用氢氧化钠溶出铝	骨架镍
沉淀型	Pt,Pd,Rh,Mo	金属盐水溶液用碱沉淀	胶体钯
硫化物型	Pt,Pd,Re	金属盐用硫化氢沉淀	硫化钼
氧化物型	Pt,Pd,Ni	金属氯化物用硝酸钾熔融分解	二氧化铂、钯/活性炭
载体型	Cu	用活性炭、二氧化硅浸渍金属盐再还原	铜/二氧化硅

金属吸附催化的作用机理为当金属原子有未被电子所填满的空轨道时，可接受被吸附物的电子形成共价键化学吸附，使被吸附分子活化。如过渡金属因其外

层电子层中有未填满的d轨道而起催化作用，不同催化剂的催化效果不一样，与催化剂中心原子d轨道的电子数有关。

过渡金属外层d轨道的占有电子很少时（如铁 $4s^2 3d^6$），与被吸附物结合牢固，使其不易解析，从而使催化剂失活；若d轨道全被充满时（如铜 $4s^1 3d^{10}$），则结合弱，活化程度小；因此一般d轨道有8～9个电子时比较合适，如铂、铑、镍等。

催化氢化反应中骨架镍又称雷尼（Raney）镍，是最常用的催化剂。其是以含镍50%的铝镍合金为原料，用氢氧化钠溶液处理而得。

$$2Al+2NaOH+2H_2O \longrightarrow 2NaAlO_2+3H_2$$

新制备的灰黑色的骨架镍比较活泼，干燥时在空气中会自燃，因此保存时要用乙醇或蒸馏水保护，它对硫化物很敏感，可造成永久中毒。

（3）影响因素

催化氢化的反应速度、选择性主要取决于催化剂的类型，同时受反应条件的影响。催化氢化反应中被还原物的结构与还原活性有一定关系，因此，要根据原料结构选择合适的催化剂和反应条件，同时避免从原料中带入使催化剂中毒的物质。

催化氢化是多相反应，氢及被还原物必须扩散到催化剂表面吸附后才能进行反应，因此提高传质速率有利于反应的进行。反应设备、混合方式和反应介质对传质都有较大影响，因此要根据原料性质选择合适的反应介质、反应器和搅拌方式，使原料易于与催化剂接触。

（4）应用举例

工业上常用的非均相催化氢化有气相加氢和液相加氢。气相加氢适合于沸点低、易汽化的硝基化合物，一般在常压、200～400℃下进行反应，常采用固定床或流化床反应器连续进行加氢还原反应。液相加氢一般在釜式或塔式设备中间歇或连续进行，如抗菌药奥沙拉秦（olsalazine）中间体的合成。

COOCH$_3$ / OSO$_2$CH$_3$ / O$_2$N —— H_2/10%Pd-C, r. t. ——→ COOCH$_3$ / OSO$_2$CH$_3$ / H$_2$N

79%

叠氮化合物加氢制胺，如降压药贝那普利（benazepril）中间体的合成。

N$_3$ / N / O / H$_3$CH$_2$COOCH$_2$C —— H_2/10%Pd-C ——→ NH$_2$ / N / O / H$_3$CH$_2$COOCH$_2$C

还原腈为伯胺，腈有时可认为是先水解为羧酸，然后再进行还原。如维生素 B_6 中间体的合成，加氢还原的选择性差，该还原过程中硝基、氰基、卤素都被还原。

H_2/5%Pd-C/H_2O-HCl

Rosenmund 反应：酰卤与加有活性抑制剂（如硫脲、喹啉）的钯催化剂或以硫酸钡为载体的钯催化剂，在甲苯或二甲苯中控制通入氢量，可使还原停留在醛的阶段，而分子中的双键、硝基、卤素、酯基等可不受影响，选择性较好。如医药中间体三甲氧苯甲醛的合成。

H_2/Pd-$BaSO_4$/Tol/喹啉-硫

84%

还原醛和酮为醇，如天麻素中间体的合成。

Raney-Ni(W_6)/EtOH

4.90×10^5Pa, r.t.

还原醛和酮为烷烃，如茚满烷类化合物的合成。

H_2/Pd-EtOH/H^+

还原芳烃，芳烃为比较难还原的物质，若有取代基如羟基等则较易还原，如：

H_2/5%Pd-C

145～160℃，3.92MPa

95%

还原烯键或炔键，比较易还原。除酰卤和芳硝基外，分子中存在其他可还原基团时也可选择性地还原炔键和烯键。如心血管药物艾司洛尔（esmolol）中间体的制备。

H_2/5%Pd-C

NaH_2PO_2

96%

6.2.2 均相催化氢化

均相催化氢化是指催化剂可溶于反应介质的催化氢化反应。常用的催化剂主要是有机金属络合型催化剂，具有反应活性大、条件温和、选择性好、不易中毒等优点，尤其适用于不对称合成。但催化剂价格高，回收困难，不能循环使用。均相催化氢化催化剂主要是铑、钌、铱的三苯基膦络合物等，如氯化三苯基膦络

铑 $(Ph_3P)_3RhCl$，磷可以和这些金属形成牢固的配位键。

以三(三苯基膦)氯化铑为例，其主要机理如下。

$$(Ph_3P)_3RhCl + S + H_2 \xrightarrow{-PPh_3} (\text{I}) \xrightarrow[-S]{>C=C<} (\text{II}) \longrightarrow (\text{III}) \xrightarrow{S+H_2} (\text{I}) + >CH-CH<$$

三(三苯基膦)氯化铑在溶剂 S 和氢作用下得到络合物（Ⅰ），然后反应物分子的烯键置换（Ⅰ）中的溶剂分子生成中间络合物（Ⅱ），（Ⅱ）迅速进行顺式加成生成络合物（Ⅲ），随后（Ⅲ）解离，生成还原产物和溶剂化的（Ⅰ），并继续参加反应。

均相催化氢化对羰基、氰基、硝基、卤素、重氮基、酯基等不反应，也不氢解碳-硫键等，选择性好。加氢是顺式加成，催化不对称加成具有较好的立体选择性，改变配合物有机膦的结构，可得到一些有高光学活性的催化剂。

$$PhCH=CHNO_2 \xrightarrow[H_2]{(Ph_3P)_3RhCl, C_6H_6} PhCH_2CH_2NO_2$$

6.2.3 氢解

氢解反应是指在催化剂存在下，使碳-杂键断裂，由氢取代离去的原子或基团（如脱卤、脱硫、脱苄和脱苄氧羰基等）。氢解通常在比较温和的条件下进行，在有机合成中应用广泛。

连在氮、氧原子上的苄基，在 Raney-Ni 或 Pd-C 催化剂催化下，与氢反应，可脱去苄基。如：

$$\text{(糖苷-O-嘧啶, } COOCH_3, OCH_2Ph, F) \xrightarrow{C_2H_5OH, Pd\text{-}C, H_2} \text{(糖苷-O-嘧啶酮, } COOCH_3, NH, F) + PhCH_3$$

反应以 Pd-C 催化剂催化时，在常温、常压下就能顺利脱去苄基，收率可达 90%。

硫醇、硫醚、二硫化物、亚砜、砜、磺酸衍生物以及含硫杂环等含硫化合物，可发生氢解，使碳-硫键、硫-硫键断裂。Raney-Ni 是最常用的催化剂，Pd-C 催化剂也有使用。如：

$$\text{(5-F-4-HO-2-}SCH_3\text{-嘧啶)} \xrightarrow{Raney\text{-}Ni, H_2} \text{(5-F-4-HO-嘧啶)}$$

除了叔碳上的氢和溴外，其他脂肪族饱和化合物上的氢、溴对铂、钯催化剂都是稳定的，碘最容易发生氢解。若卤素受到邻近不饱和键或基团的活化，或卤素与芳环、杂环相连，则容易发生氢解。烃基相同时，氢解活性 C—I ＞ C—Br ＞ C—Cl。如：

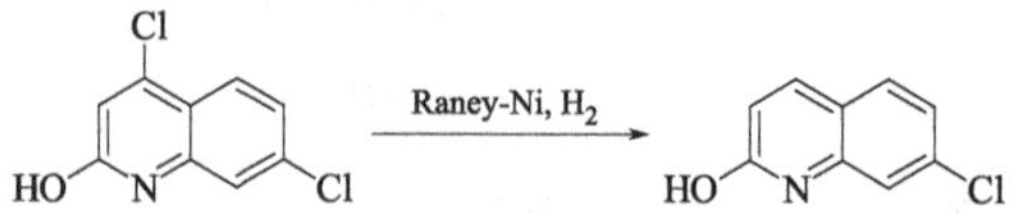
Cl
HO
N
Cl
Raney-Ni, H2
HO
N
Cl

反应在常温、常压下以乙醇为溶剂，氢氧化钾为缚酸剂即可完成。又如：

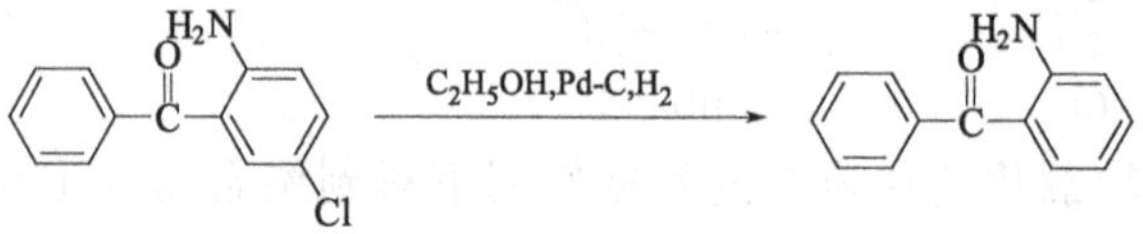
H2N
O
C
Cl
C2H5OH,Pd-C,H2
H2N
O
C

酮、腈、硝基、羧酸、酯、磺酸等的 α 位卤原子较活泼，容易用还原剂脱除。

思考题

1. 还原反应的定义。
2. 常用的还原剂有哪几类?
3. 化学还原和催化加氢各有什么优缺点?

习　题

完成下列反应方程式。

(1) 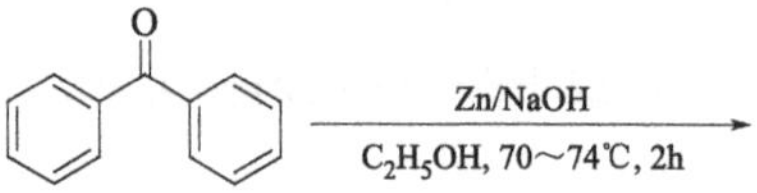
O
Zn/NaOH
C2H5OH, 70～74℃, 2h

(2) 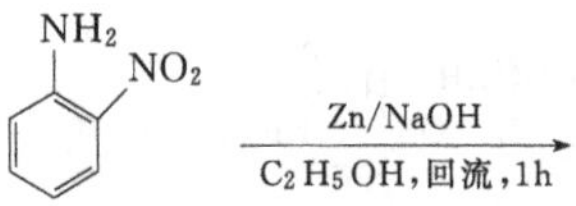
NH2
NO2
Zn/NaOH
C2H5OH,回流,1h

(3) 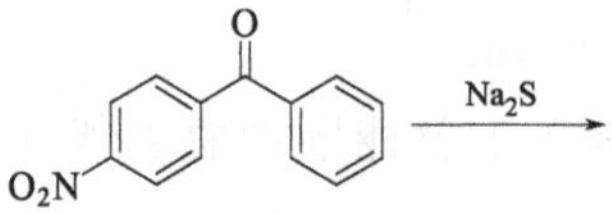
O
O2N
Na2S

(4) 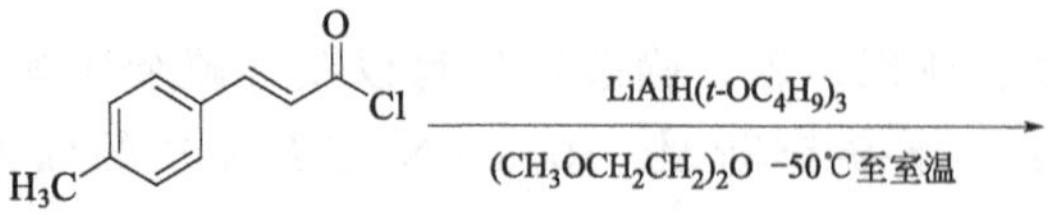
O
Cl
H3C
LiAlH(t-OC4H9)3
(CH3OCH2CH2)2O -50℃至室温

(5) 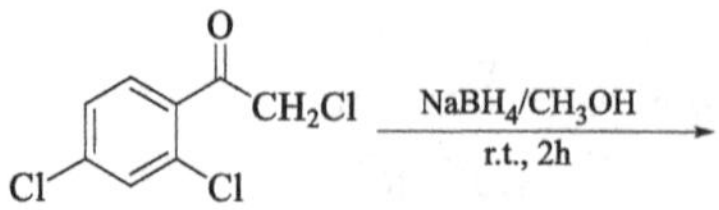
O
CH2Cl
Cl
Cl
NaBH4/CH3OH
r.t., 2h

(6) $O_2N-C_6H_4-C(=O)N(CH_3)_2 \xrightarrow{B_2H_6/THF}$

(7) 间硝基苯甲腈（CN、NO_2） $\xrightarrow[CH_3OH]{NH_2NH_2/FeCl_3/C}$

(8) $C_2H_5-CH=CH-CH=CH-COOH \xrightarrow{LiAlH_4}$

(9) 1-环己烯基乙醛（CH_2CHO） $\xrightarrow{LiAlH_4}$

(10) 对羟基苯甲醛（CHO、OH） $\xrightarrow[\triangle]{Zn\text{-}Hg,HCl}$

(11) 环己酮（O） $\xrightarrow{Zn\text{-}Hg/HCl}$；$\xrightarrow{LiAlH_4}$

参考文献

[1] 胡跃飞，林国强．现代有机反应［M］．北京：化学工业出版社，2013.

[2] 孙昌俊，李文宝，王秀菊．有机还原反应原理与应用［M］．北京：化学工业出版社，2014.

[3] 张大国．精细有机单元反应合成技术——还原反应及其实例［M］．北京：化学工业出版社，2009.

[4] 马淳安．有机电化学合成导论［M］．北京：科学出版社，2002.

[5] 危彬，贾鹏昊，葛瑶等．硼氢化钠在水中对羟基（羰基）酯的还原反应研究［J］．河南师范大学学报（自然科学版），2012，(3)：82-84.

[6] 姜红波，赵卫星，王艳，温普红．离子液体及其催化有机还原反应［J］．化学与生物工程，2011，(3)：57-59.

[7] 于世钧，郭宏．$LiAlH_4$和 $NaBH_4$的还原反应［J］．辽宁师范大学学报：自然科学版，2003，26 (1)：26-28.

[8] 杨光富．有机合成［M］．上海：华东理工大学出版社，2010.

[9] 孔祥文．基础有机合成反应［M］．北京：化学工业出版社，2014.

[10] 王玉炉．有机合成化学［M］．北京：科学出版社，2014.

[11] 纪红兵，佘远斌．绿色氧化与还原［M］．北京：中国石化出版社，2005.

[12] 翁钟贵，罗滋渝．氧化还原反应［M］．武汉：湖北教育出版社，2001.

[13] 何立琳．氧化还原反应［M］．长沙：湖南师范大学出版社，2003.

[14] 倪吉．氧化物负载纳米金用于绿色催化选择还原与氧化反应研究［D］．复旦大学，2012.

[15] 邹志君，郑龙珍，熊乐艳等．一种新型的 Fe-N/C 氧化还原反应电催化剂的制备及其性能研究［J］．化工新型材料，2014，(11)：60-62.

[16] 陈婷，管斌，林赫，朱霖．原位漫反射傅里叶变换红外光谱研究锰铁基催化剂上低温选择性催化还原反应机理 [J]．催化学报，2014，(3)：294-301.
[17] 王丽君．有机化学中还原反应的应用 [J]．石家庄职业技术学院学报，2013，(2)：56-58
[18] 杜蕊，朱长进．芳香氨基酮选择性还原反应的研究 [J]．化学通报，2009，(1)：86-89.
[19] 闫喜龙，郭文琳，李阳等．L-丙氨酸乙酯还原反应的研究 [J]．化学反应工程与工艺，2005，(2)：186-190.

第7章　重排反应

本章学习要点

1. 亲核重排反应机理和重排反应中迁移基团活性比较。
2. 亲电重排反应机理和分子内重排与分子间重排的区别。
3. 自由基重排反应机理和双自由基的产生条件。
4. 协同反应中的重排反应机理。
5. 周环化反应理论基础和对旋条件。

7.1 基本概念

重排反应（rearrangement reaction）是分子在某种条件下受官能团的影响使碳骨架或官能团发生不可逆迁移生成新异构体的化学过程。重排反应通常涉及取代基由一个原子转移到同一个原子的过程，官能团也会发生变化。

以下例子中取代基 R 由一个碳原子移动至另一个碳原子上。

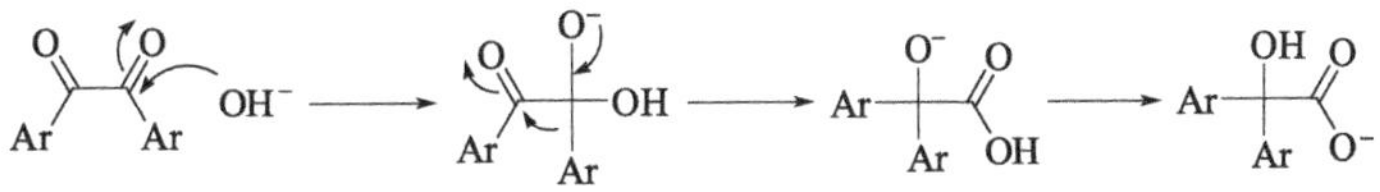

在同分子内进行的重排称为分子内重排；在二个分子之间进行的重排称为分子间重排。按反应机理，重排反应可分为基团迁移重排反应和周环反应。按迁移基团又可分为亲核重排和亲电重排。

发生分子内重排反应时，基团的迁移仅发生在分子的内部。根据其反应机理，可分为分子内亲电重排和分子内亲核重排。分子间的重排可看作是几个基本过程的组合。例如，*N*-氯代乙酰苯在盐酸的作用下发生重排：先发生置换反应产生分子氯，氯再与乙酰苯胺进行亲电取代反应得到产物。

基团迁移重排反应是指反应物分子中的一个基团在同一分子中或在不同分子之间，从某位置迁移到另一位置的反应。周环反应是指通过不饱和烯烃的 π 键通过前线分子轨道理论，形成一个环状结构过渡态的周环反应，反应物分子中某些共价键发生断裂并协同地形成另一些共价键。

7.2 亲核重排

亲核重排是指迁移式团带着一对电子迁移到缺电子的原子上的过程，亲核重排一般发生在临近两个原子间，多数情况下属于分子内亲核重排。例如：辛戊基溴在乙醇中的分解。

7.2.1 频哪醇(pinacol)重排

频哪醇也称邻位二醇，该类化合物在酸催化下，失去一分子水重排生成醛或酮的反应，称为频哪醇重排反应。例如：

$$R^2-C(R^1)(OH)-C(R^3)(OH)-R^4 \xrightarrow{H^+} R^2-C(R^1)(R^3)-C(=O)-R^4$$

R^1, R^2, R^3, R^4＝烃基、芳基或氢

机理：

$$R_2C(OH)-C(OH)R_2 \xrightarrow{H^+} [R-C(=O^{\delta+}H)-C^{\delta+}R_2 \text{（R 桥连）}] \longrightarrow R-C(=O^{\delta+}H)-CR_3 \xrightarrow{-H^+} R-C(=O)-CR_3$$

(1) 对称的邻位二乙醇亲核重排

第一步生成碳正离子没有差别，迁移的差别主要是基团迁移能力决定。一般来说芳基的迁移能力大于脂肪族烃基；芳香族烃基中供电子取代芳基 ＞ 吸电子取代芳基；脂肪族烃基中 3°＞2°＞1°。

$$Ph-C(CH_3)(OH)-C(CH_3)(OH)-Ph \xrightarrow{H^+} H_3C-C(=O)-C(CH_3)(Ph)-Ph + Ph-C(=O)-C(CH_3)(Ph)-CH_3$$

主产物　　次产物

$$\text{1-(羟基二苯甲基)环戊醇} \xrightarrow[\text{r.t. 2h}]{H_2SO_4/Et_2O} \text{2,2-二苯基环己酮 } (99\%)$$

$$p\text{-}H_3COC_6H_5-C(Ph)(OH)-C(Ph)(OH)-C_6H_5OCH_3\text{-}p \xrightarrow{H^+} \begin{cases} Ph-C(=O)-C(Ph)(C_6H_5OCH_3\text{-}p)-C_6H_5OCH_3\text{-}p \\ p\text{-}H_3COC_6H_5-C(=O)-C(Ph)(C_6H_5OCH_3\text{-}p)-Ph \end{cases}$$

(2) 不对称的连二乙醇重排

不对称的连二乙醇重排的方向，第一步由生成碳正离子的稳定性决定；第二步由基团迁移能力决定。

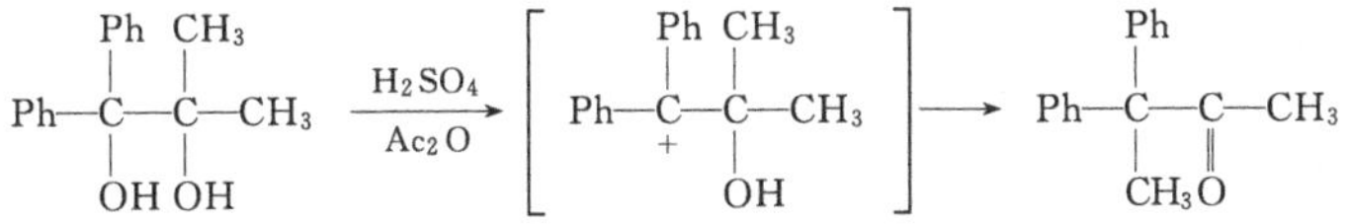

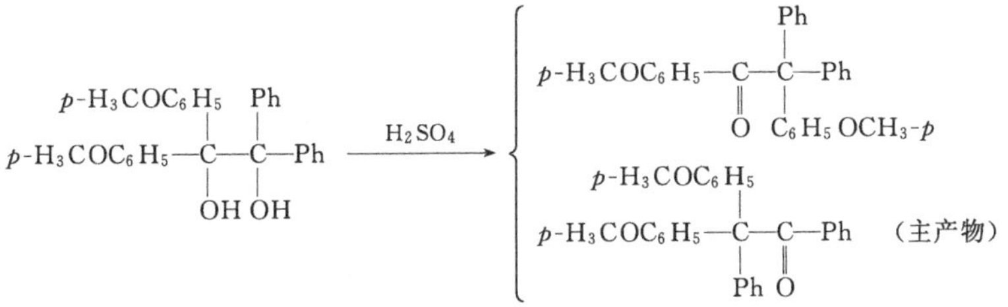

Ph CH₃ Ph—C—C—CH₃ OH OH $\xrightarrow[Ac_2O]{H_2SO_4}$ [Ph—C⁺—C(OH)(CH₃)—CH₃] ⟶ Ph—C(Ph)(CH₃)—C(=O)—CH₃

p-H₃COC₆H₅, Ph; p-H₃COC₆H₅—C(OH)—C(OH)—Ph $\xrightarrow{H_2SO_4}$ p-H₃COC₆H₅—C(=O)—C(Ph)(C₆H₅OCH₃-p)—Ph；p-H₃COC₆H₅—C(p-H₃COC₆H₅)(Ph)—C(=O)—Ph （主产物）

环状二醇可以通过重排得到螺环，含羰基的环增加一个碳。

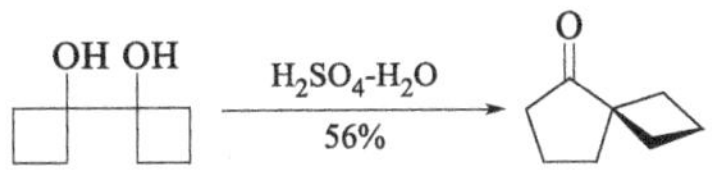

$\xrightarrow[56\%]{H_2SO_4\text{-}H_2O}$

环状二醇，顺式二醇得到缩小一个碳的环，羰基在环外。

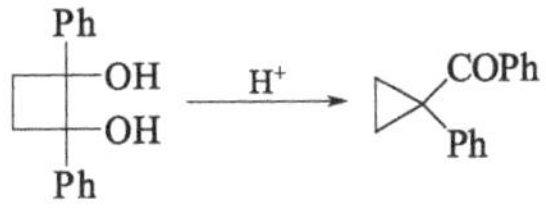

$\xrightarrow{H^+}$ COPh, Ph

反应机理：

$\xrightarrow{H^+}$ $\xrightarrow{-H_2O}$ ⟶ $\xrightarrow{-H^+}$

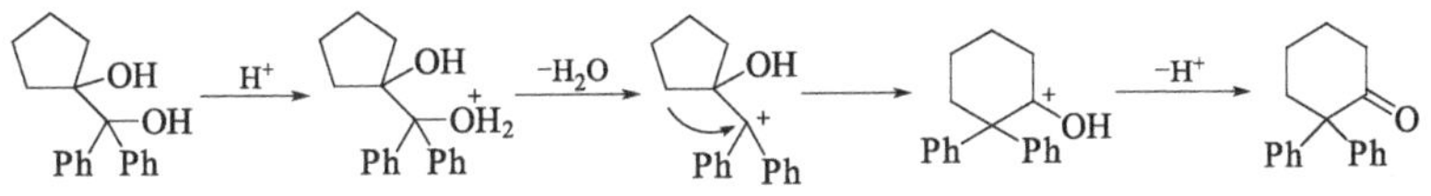

频哪醇重排所用的原料可以由醛或酮的双分子还原得到。例如：

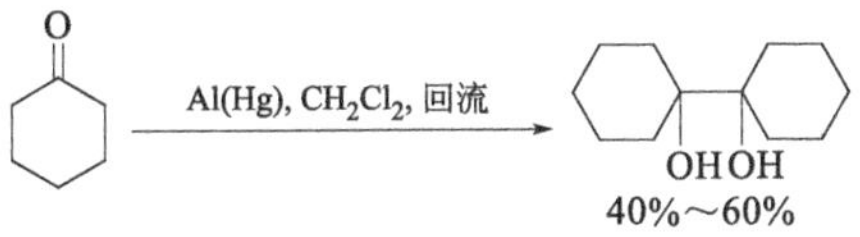

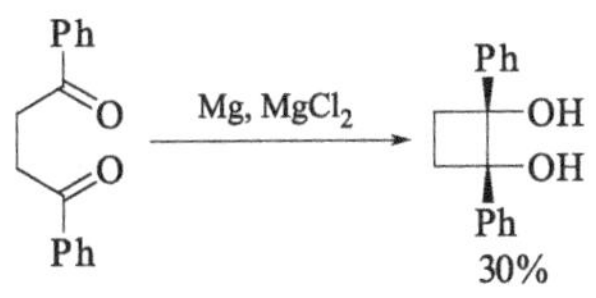

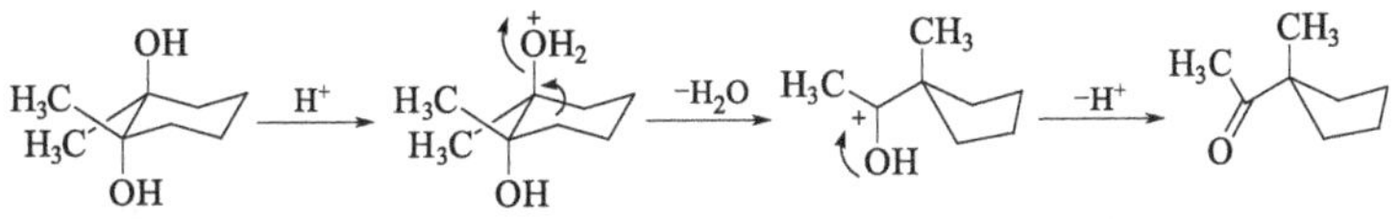

$\xrightarrow{Al(Hg),\ CH_2Cl_2,\ 回流}$ OH OH 40%～60%

$\xrightarrow{Mg,\ MgCl_2}$ 30%

$\xrightarrow{H^+}$ $\xrightarrow{-H_2O}$ $\xrightarrow{-H^+}$

7.2.2 类频哪醇(semipinacol)重排

具有邻位二杂原子化合物，一般为 β-羟基化合物，它们在酸或其他条件作用下，其中一个杂原子基团分解失去生成碳正离子，而进行的重排反应称为类频哪醇重排。

（1）酸性介质

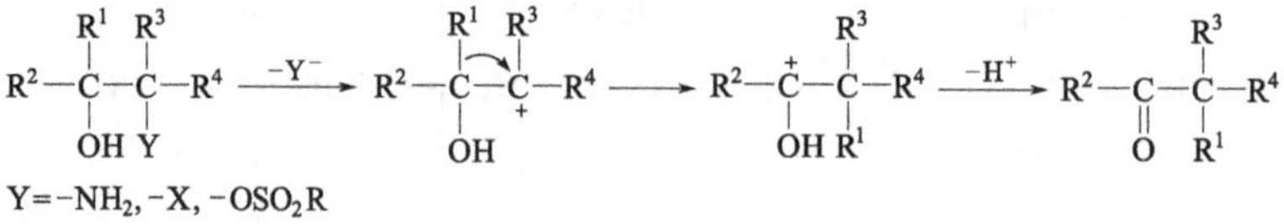

$Y = -NH_2, -X, -OSO_2R$

（2）碱性介质

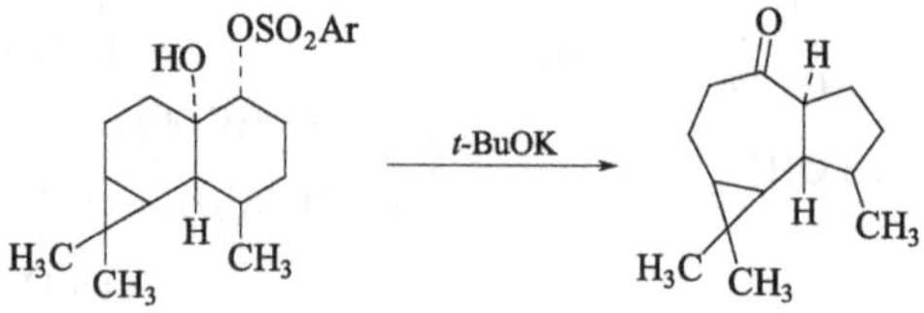

反应机理：

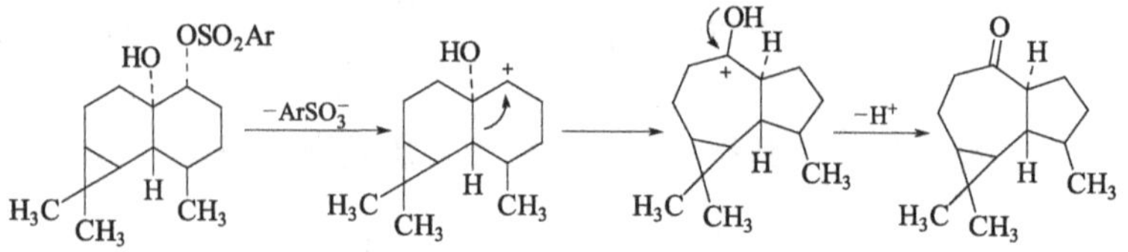

例如：

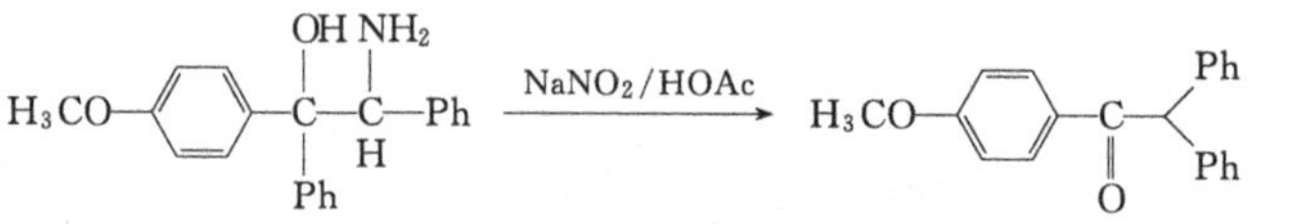

反应机理：

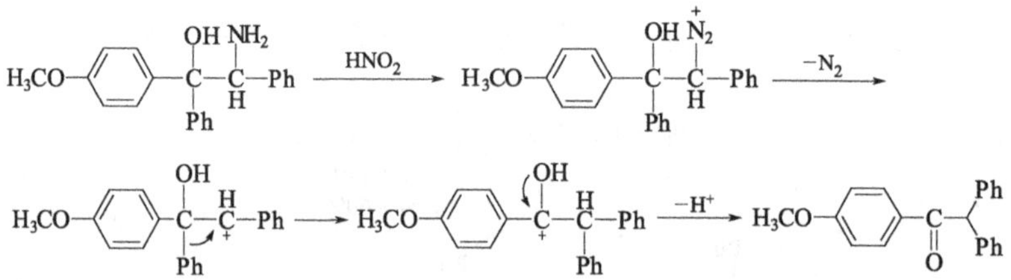

当相邻的官能团能经化学反应的方式转变为碳正离子中间体的均可发生此类反应，如：

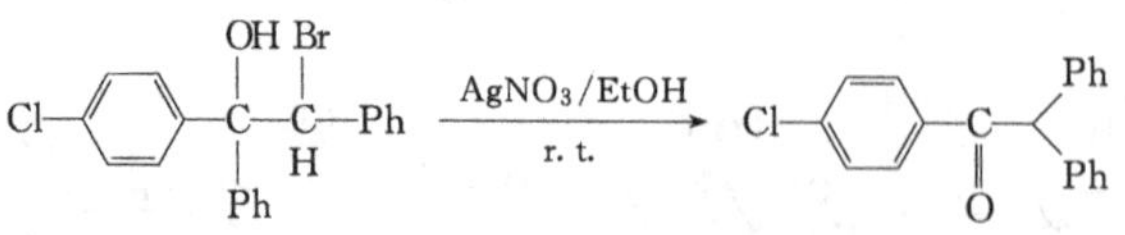

7.2.3 蒂芬欧-捷姆扬诺夫（Tiffeneau-Demjanov）环扩大反应

1-氨基甲基环烷醇用亚硝酸处理，经重排形成多一个碳的环烷酮的反应，称为蒂芬欧-捷姆扬诺夫环扩大反应。

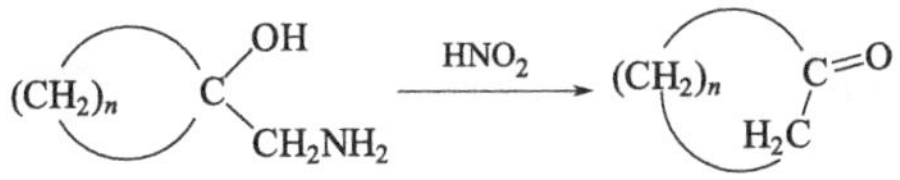

例如：环己酮合成环庚酮。

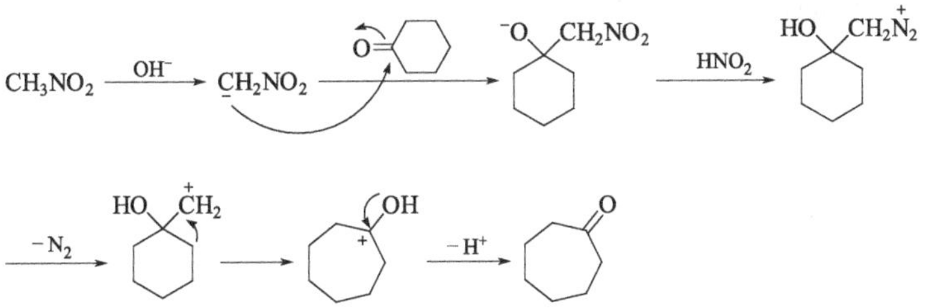

7.2.4 贝克曼(Beckmann)重排

肟在酸（如硫酸、多聚磷酸）以及能产生强酸的五氯化磷、三氯化磷、苯磺酰氯、亚硫酰氯等作用下发生重排，生成相应的取代酰胺，称为贝克曼重排。如环己酮肟在硫酸作用下重排生成己内酰胺。

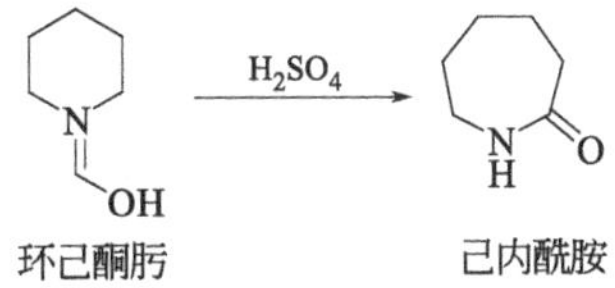

环己酮肟　　己内酰胺

反应机理：在酸作用下，肟首先发生质子化，然后脱去一分子水，同时与羟基处于反位的基团迁移到缺电子的氮原子上，所形成的碳正离子与水反应得到酰胺。如果迁移基团是手性碳原子，则在迁移前后其构型不变。

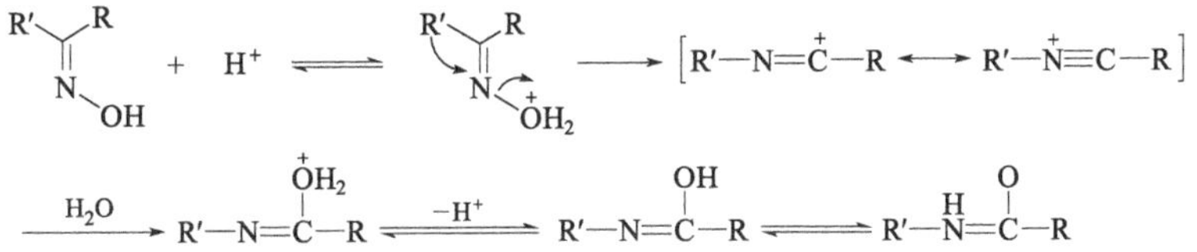

例如：

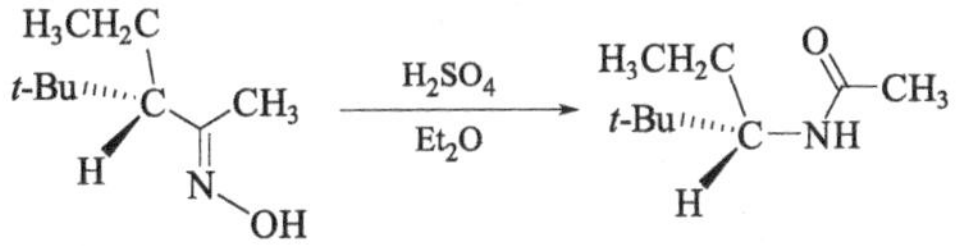

反应实例：

(1)

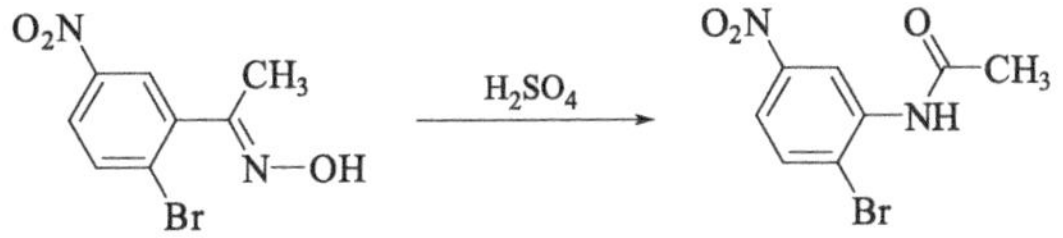

(2)

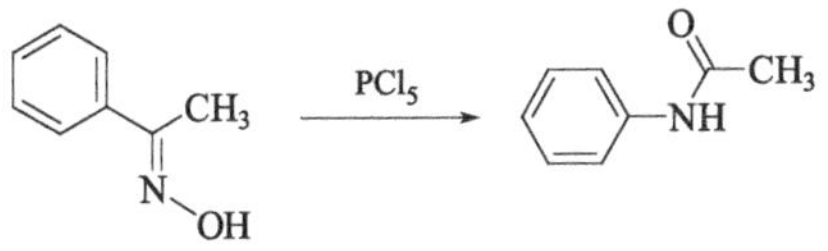

7.2.5 贝耶尔-维勒格(Baeyer-Villiger)氧化重排

酮类用过氧酸（如过氧乙酸、过氧三氟乙酸等）氧化，在烃基与羰基之间插入氧原子而成酯的反应称为贝耶尔-维勒格氧化重排反应。

$$\underset{R\quad R'}{\overset{O}{\|}}C \xrightarrow{C_6H_5COOOH} \underset{R\quad OR'}{\overset{O}{\|}}C$$

反应机理：

$$R\overset{O}{\overset{\|}{C}}R' + C_6H_5COOOH \underset{}{\overset{H^+}{\rightleftharpoons}} R(R')C(\overset{+}{O}H_2)\text{—}O\text{—}O\text{—}\overset{O}{\overset{\|}{C}}C_6H_5 \rightleftharpoons$$

$$\left[R(R')C(=\overset{H}{O})\cdots O\cdots O\text{—}\overset{O}{C}C_6H_5\right] \longrightarrow R\overset{+OH}{C}OR' \xrightarrow{-H^+} R\overset{O}{\overset{\|}{C}}OR'$$

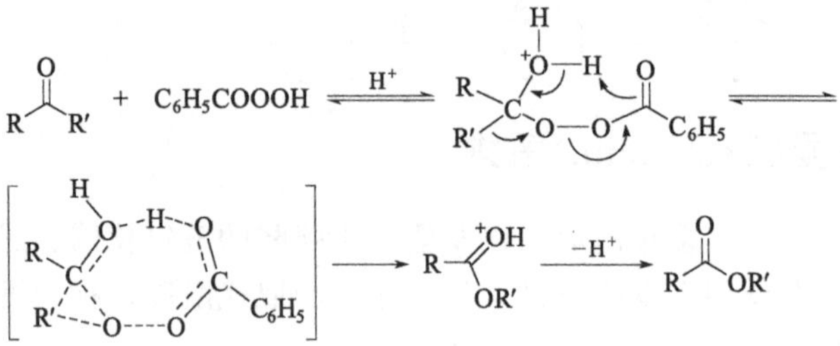

迁移基团的构型保持不变，迁移基团的迁移能力为：叔烷基 > 环己基、仲烷基、苄基、苯基 > 伯烷基 > 甲基。例如：

(1) 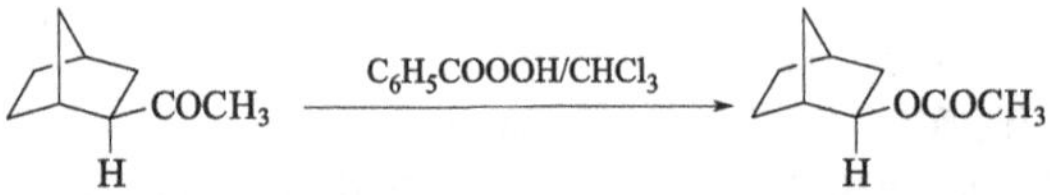 降冰片基—$COCH_3$（H） $\xrightarrow{C_6H_5COOOH/CHCl_3}$ 降冰片基—$OCOCH_3$（H）

(2) Cl, Cl 取代双环—$COCH_3$ $\xrightarrow{CH_3COOOH}$ Cl, Cl 取代双环—$OCOCH_3$

(3) $C_6H_5\text{—}\overset{O}{\overset{\|}{C}}\text{—}C_6H_4\text{—}NO_2 \xrightarrow[HAc]{CH_3COOOH} C_6H_5\text{—}O\text{—}\overset{O}{\overset{\|}{C}}\text{—}C_6H_4\text{—}NO_2$

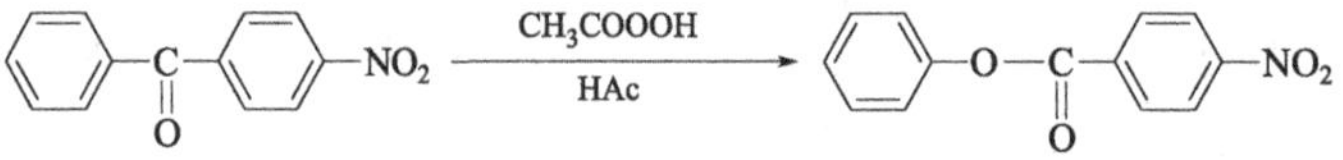

（富电子环有利）

(4) 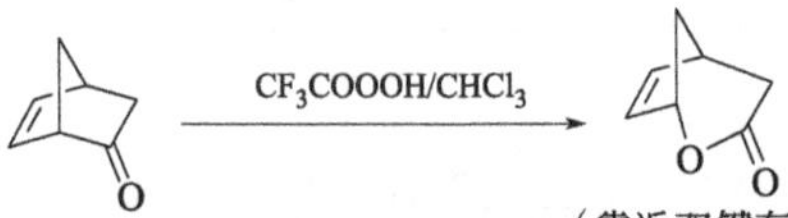 双环庚烯酮（O） $\xrightarrow{CF_3COOOH/CHCl_3}$ 内酯（O, O）

（靠近双键有利）

常用的过氧酸有：

CH_3COOOH，CF_3COOOH，$C_6H_5\text{—}COOOH$，$m\text{-}Cl\text{—}C_6H_4\text{—}COOOH$

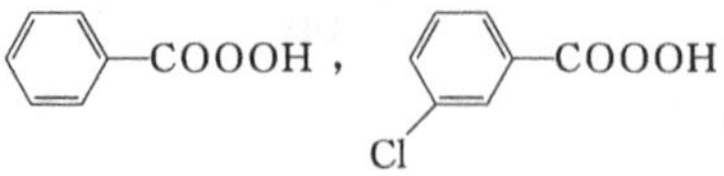

后又发现廉价、方便的 $H_2O_2/HOAc$。例如：

(1) 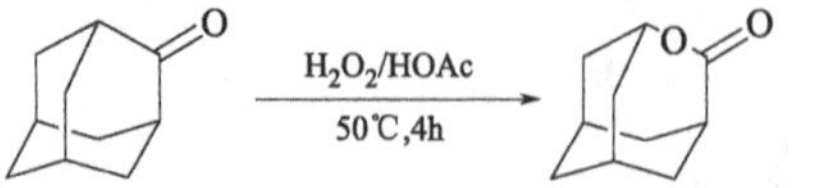 金刚烷酮（O） $\xrightarrow[50℃,4h]{H_2O_2/HOAc}$ 内酯（O, O）

(2) 三环酮（O） $\xrightarrow[50℃,2h]{H_2O_2/HOAc}$ 内酯（O, O）

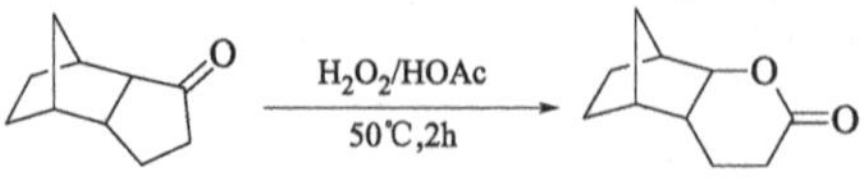

7.2.6 瓦格内尔-梅尔外因(Wagner-Meerwein)重排

碳原子上的羟基、卤原子或重氮基等，在质子酸或Lewis酸催化下离去形成碳正离子，其邻近的基团作1,2-迁移至该碳原子，同时形成更稳定的碳正离子，后经亲核取代或质子消除而生成新化合物的反应称为瓦格内尔-梅尔外因重排。

例如：

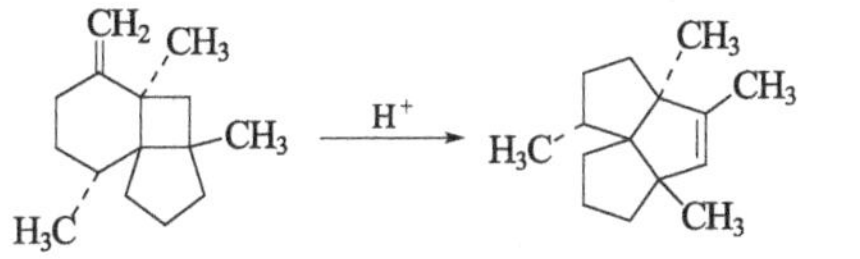

反应机理：

(1)

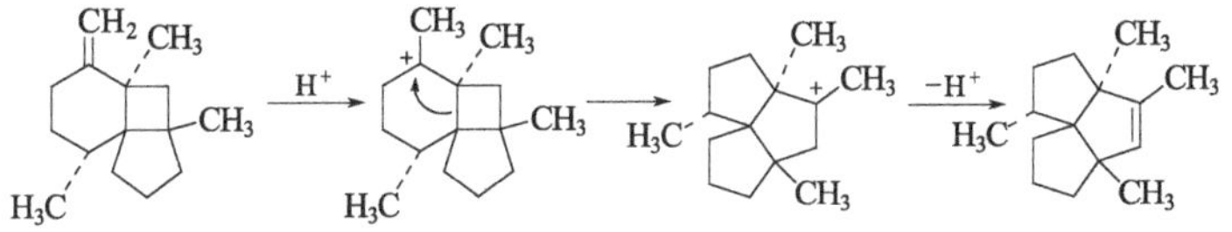

(2)

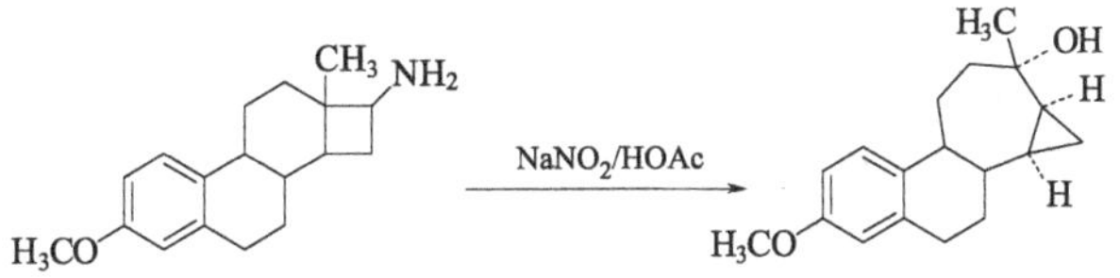

反应机理：

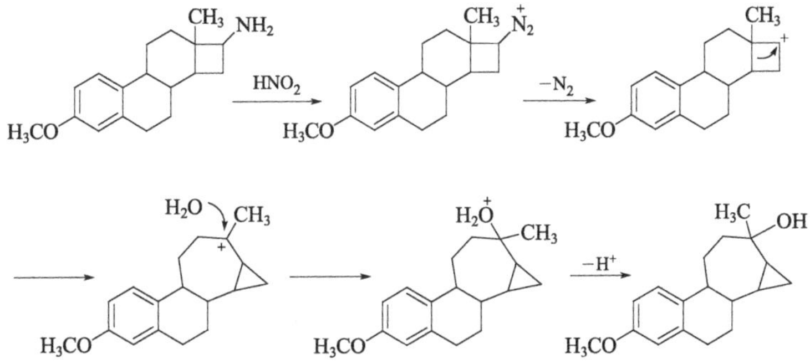

反应实例：

(1)

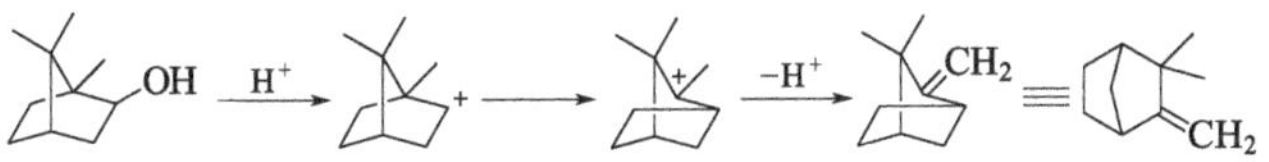

(2)

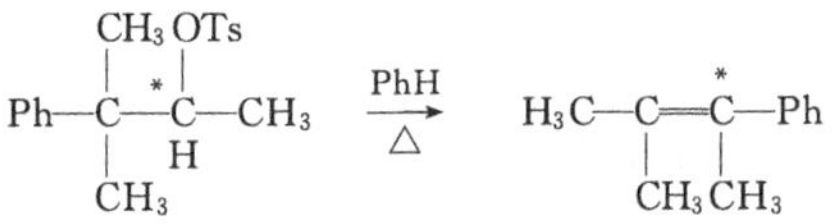

(3)

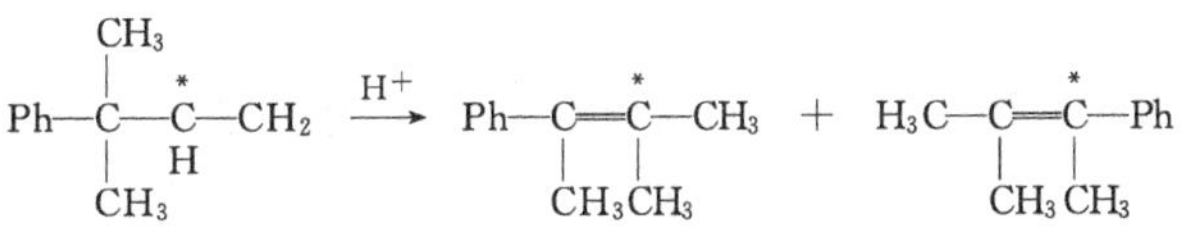

7.2.7 苯偶酰-二苯乙醇酸型(Benzil)重排

二苯基乙二酮（苯偶酰）类化合物用碱处理，生成二苯基 α-羟基酸（二苯乙醇酸）的反应称为苯偶酰-二苯乙醇酸型重排反应。

例如：

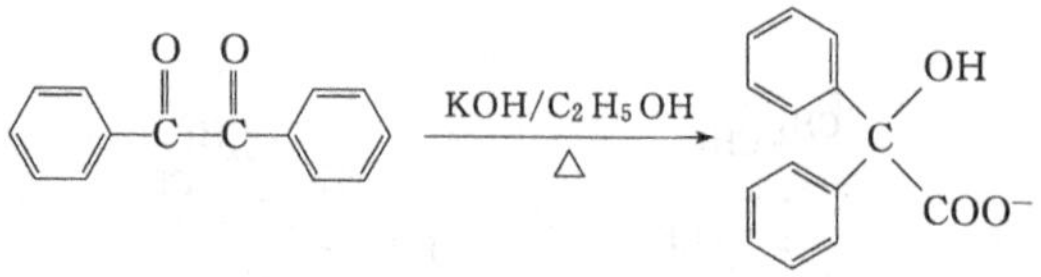

O O
C C
KOH/C2H5OH
△
OH
C
COO−

反应机理：

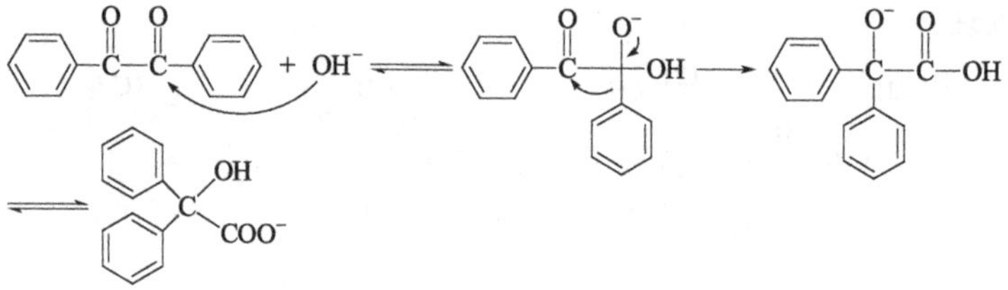

+ OH−
OH
COO−

相邻碳上有多个基团时，基团的迁移能力：吸电子基取代的芳环＞供电子基取代的芳环；迁移的 α-吸电子稳定负离子。

例如：

(1) 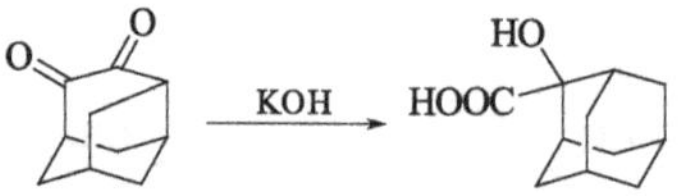

KOH
HO
HOOC

(2) 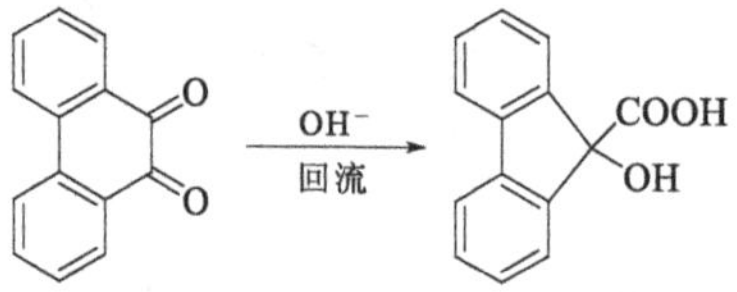

OH−
回流
COOH
OH

(3) 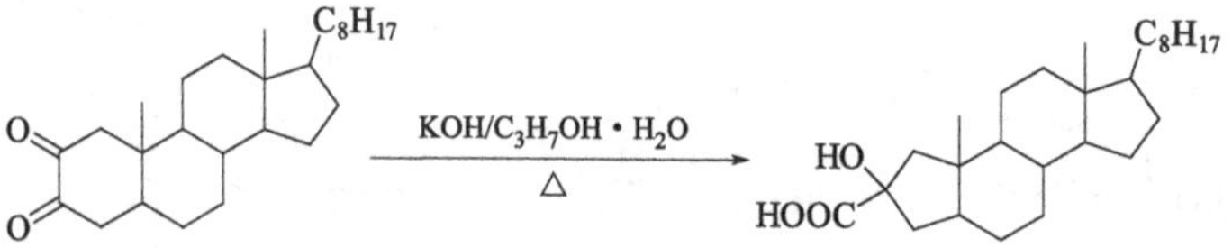

C8H17
KOH/C3H7OH · H2O
△
HO
HOOC

(4) 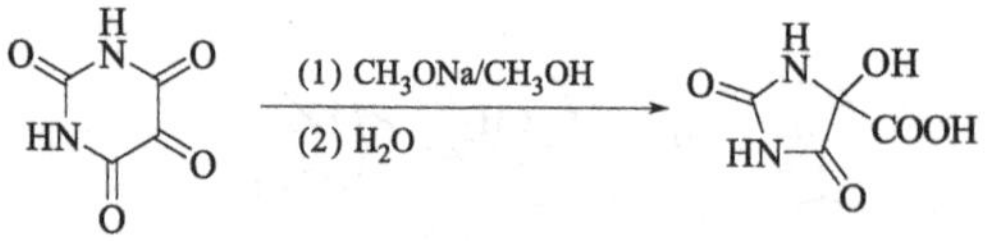

(1) CH3ONa/CH3OH
(2) H2O
OH
COOH

7.3 亲电重排

亲电重排是指迁移的基团带正电荷向富电子的原子的迁移，一般亲电重排反应多发生在苯环上。常见的有联苯胺的重排、N-取代苯胺的重排和羟基的迁移等，也存在分子间亲电重排如苯基羟胺（N-羟基苯胺）和稀硫酸一起加热发生重排生成对氨基苯酚和 Fries 重排。

7.3.1 班伯格(Bamberger)重排

苯基羟胺（N-羟基苯胺）在硫酸的水溶液或者醇溶液中发生重排生成对氨基苯酚或者对烷氧基苯酚的反应称为班伯格重排。苯基羟胺（N-羟基苯胺）和稀硫酸一起加热发生重排生成对氨基苯酚，在 H_2SO_4-C_2H_5OH（或 CH_3OH）中重排生成对-乙氧基（或甲氧基）苯胺。

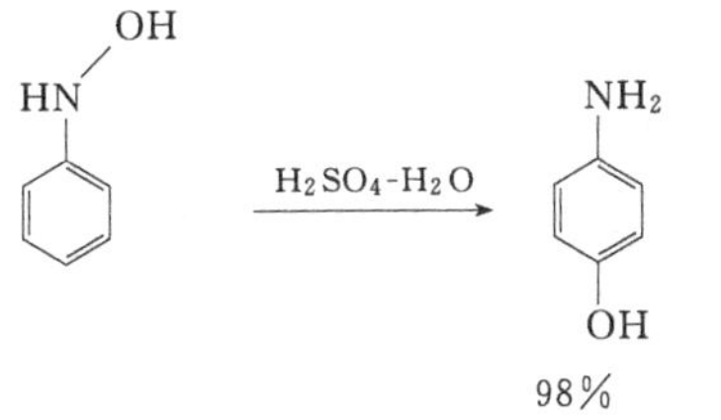

OH HN $\xrightarrow{H_2SO_4\text{-}H_2O}$ NH_2 OH

98%

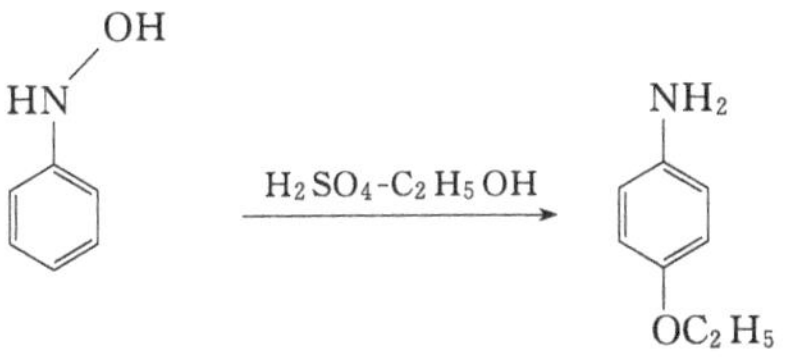

OH HN $\xrightarrow{H_2SO_4\text{-}C_2H_5OH}$ NH_2 OC_2H_5

对于环上的邻位或对位上未被取代的芳基羟胺，也会起类似的重排。例如，对氯苯基羟胺重排成 2-氨基-5-氯苯酚。

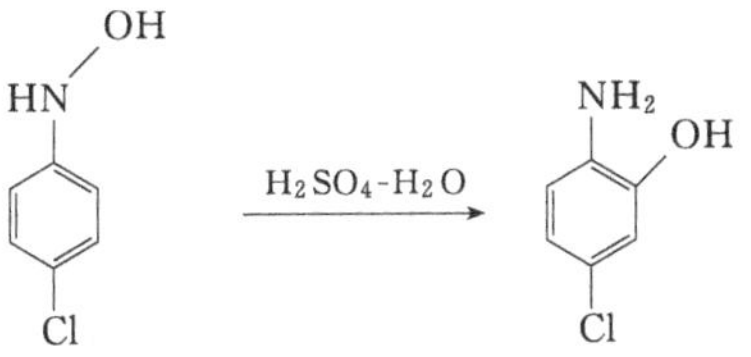

OH HN Cl $\xrightarrow{H_2SO_4\text{-}H_2O}$ NH_2 OH Cl

反应机理：

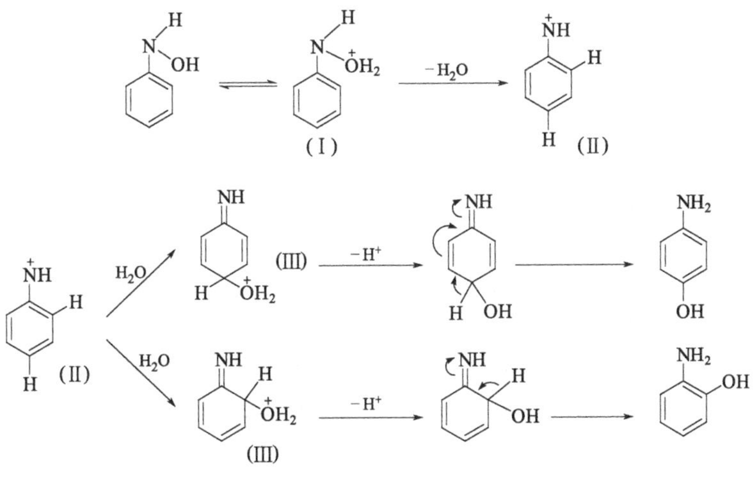

H N OH ⇌ H N $\overset{+}{O}H_2$ (Ⅰ) $\xrightarrow{-H_2O}$ $\overset{+}{N}H$ H H (Ⅱ)

$\overset{+}{N}H$ H H (Ⅱ) $\xrightarrow{H_2O}$ NH H $\overset{+}{O}H_2$ (Ⅲ) $\xrightarrow{-H^+}$ NH H OH ⟶ NH_2 OH

$\overset{+}{N}H$ H H (Ⅱ) $\xrightarrow{H_2O}$ NH H $\overset{+}{O}H_2$ (Ⅲ) $\xrightarrow{-H^+}$ NH H OH ⟶ NH_2 OH

反应实例：

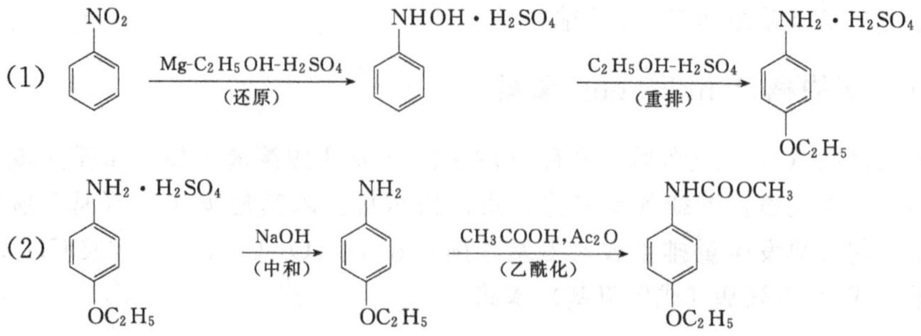

(1) NO_2 $\xrightarrow[\text{(还原)}]{Mg\text{-}C_2H_5OH\text{-}H_2SO_4}$ $NHOH \cdot H_2SO_4$ $\xrightarrow[\text{(重排)}]{C_2H_5OH\text{-}H_2SO_4}$ $NH_2 \cdot H_2SO_4$, OC_2H_5

(2) $NH_2 \cdot H_2SO_4$, OC_2H_5 $\xrightarrow[\text{(中和)}]{NaOH}$ NH_2, OC_2H_5 $\xrightarrow[\text{(乙酰化)}]{CH_3COOH, Ac_2O}$ $NHCOOCH_3$, OC_2H_5

7.3.2 法沃斯基(Favorskii)重排

α-卤代酮在氢氧化钠水溶液中加热重排生成含相同碳原子数的羧酸，称为法沃斯基重排。如为环状α-卤代酮，则导致环缩小；如用醇钠的醇溶液，则得羧酸酯。此法可用于合成张力较大的四元环。

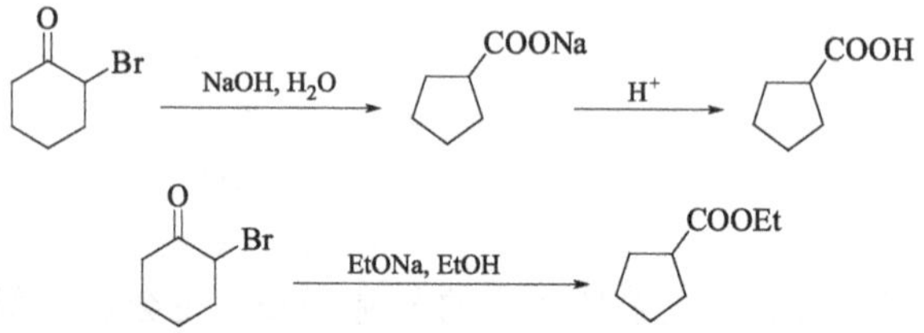

O, Br $\xrightarrow{NaOH, H_2O}$ COONa $\xrightarrow{H^+}$ COOH

O, Br $\xrightarrow{EtONa, EtOH}$ COOEt

反应机理：

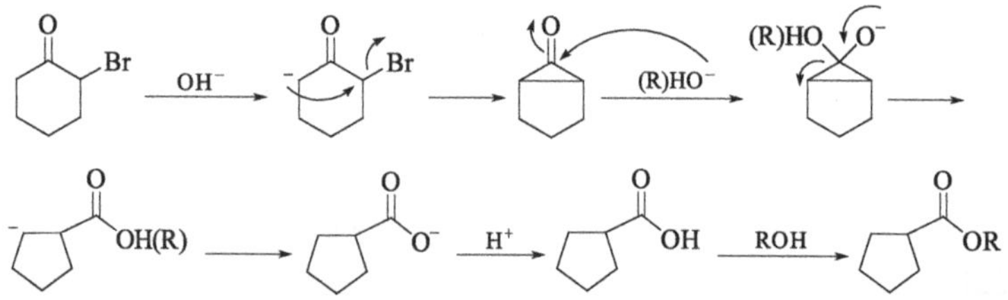

O, Br $\xrightarrow{OH^-}$ O, Br $\longrightarrow$ O $\xrightarrow{(R)HO^-}$ (R)HO, O^- $\longrightarrow$

O, OH(R) $\longrightarrow$ O, O^- $\xrightarrow{H^+}$ O, OH $\xrightarrow{ROH}$ O, OR

反应实例：

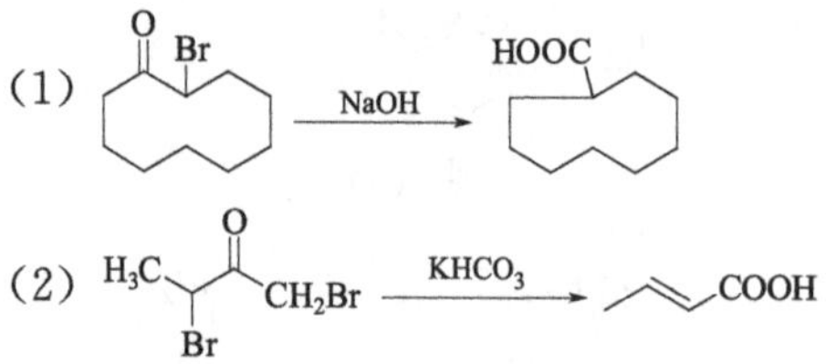

(1) O, Br $\xrightarrow{NaOH}$ HOOC

(2) H_3C, O, CH_2Br, Br $\xrightarrow{KHCO_3}$ COOH

7.3.3 弗里斯(Fries)重排

酚酯在Lewis酸存在下加热，可发生酰基重排反应，生成邻羟基和对羟基芳酮的混合物，称为弗里斯重排。重排可以在硝基苯、硝基甲烷等溶剂中进行，也可以不用溶剂直接加热进行。

$$\text{PhOC(O)R} \xrightarrow{AlCl_3} \text{2-HOC}_6\text{H}_4\text{COR} + \text{4-HOC}_6\text{H}_4\text{COR}$$

邻、对位产物的比例取决于酚酯的结构、反应条件和催化剂等。例如，用多聚磷酸催化时主要生成对位重排产物，而用四氯化钛催化时则主要生成邻位重排产物。反应温度对邻、对位产物比例的影响比较大，一般来讲，较低温度（如室温）下重排有利于形成对位异构产物（动力学控制），较高温度下重排有利于形成邻位异构产物（热力学控制）。

$$\underset{80\%\sim85\%}{\text{4-HO-2-}CH_3\text{-}C_6H_3COCH_3} \xleftarrow[25℃]{AlCl_3} \text{3-}CH_3C_6H_4OCOCH_3 \xrightarrow[165℃]{AlCl_3} \underset{95\%}{\text{2-HO-4-}CH_3\text{-}C_6H_3COCH_3}$$

反应机理：

$$C_6H_5-O-COCH_3 \underset{}{\overset{AlCl_3}{\rightleftharpoons}} C_6H_5-\overset{AlCl_3^-}{\underset{+}{O}}-COCH_3 \rightleftharpoons C_6H_5-\overset{AlCl_3^-}{O} + CH_3\overset{+}{C}H{=}O$$

$$\overset{-H^+}{\rightleftharpoons} H_3COC-C_6H_4-O-AlCl_3^- \xrightarrow[-AlCl_3]{H^+} H_3COC-C_6H_4-OH$$

反应实例：

$$\text{(4-}CH_3C_6H_4OCO)(CH_2)_8(COOC_6H_4CH_3\text{-4)} \xrightarrow{AlCl_3} \text{(2-HO-5-}CH_3C_6H_3CO)(CH_2)_8(COC_6H_3\text{-2-OH-5-}CH_3)$$

7.3.4 马狄斯(Martius)重排

N-烷基苯胺类的卤氢酸盐在长时间加热时（200～300℃），烷基易起重排（转移到芳核上的邻或对位上）而生成收率极高的*C*-烷基苯胺的卤酸盐类（*C*-alkyl-aniline hydrochlorides），称为马狄斯重排反应。

$$C_6H_5NHR \cdot HCl \xrightarrow[\text{(重排)}]{\triangle} \text{4-}R\text{-}C_6H_4NH_2 \cdot HCl$$

反应机理：米契尔（Michael）认为*N*-烷基苯胺盐酸盐在加热时离解成卤代烷类及苯胺，然后在氨基的对位起烷基化（分子间重排）。

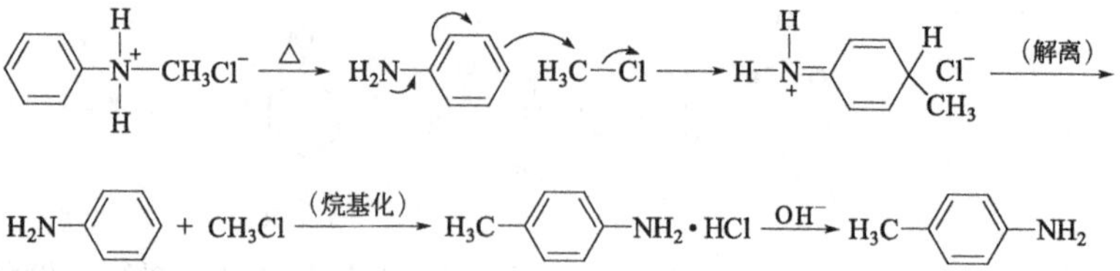

反应实例：

(1)

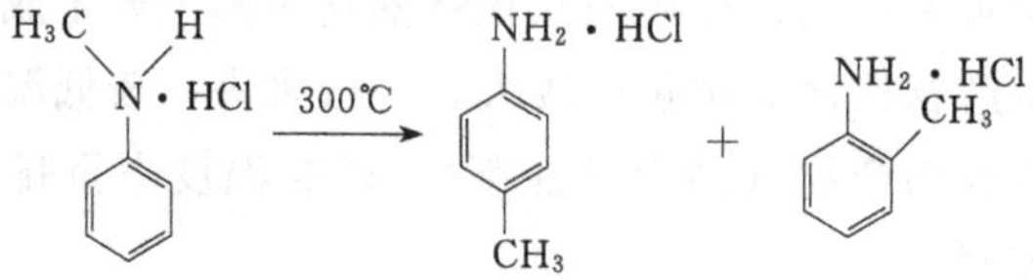

(2)

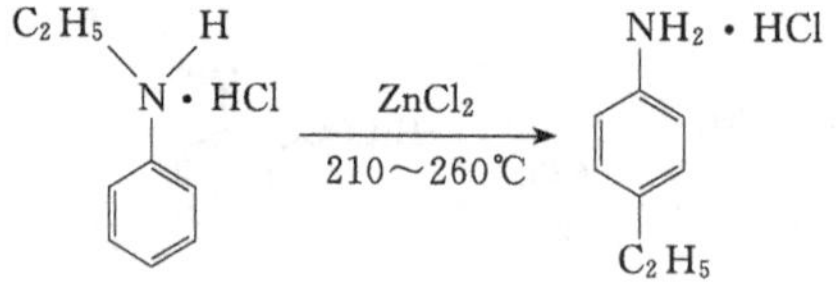

(3)

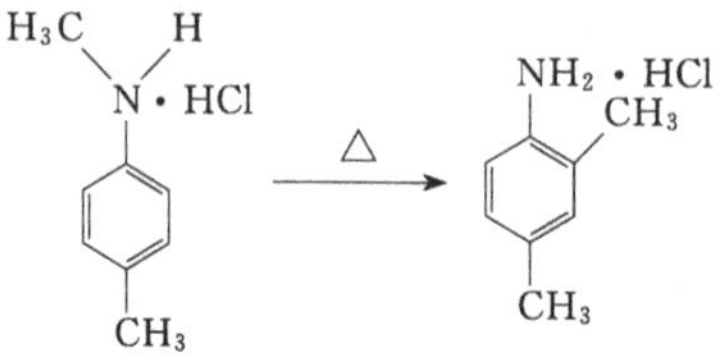

(4)

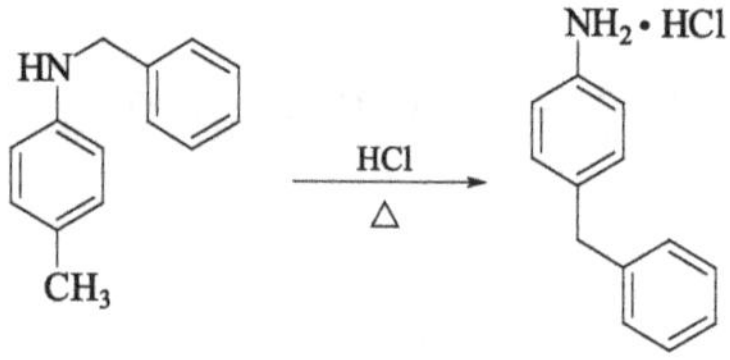

7.3.5 奥顿(Orton)重排

N-卤代芳酰胺经 HX 处理，卤原子从 N 迁移至芳核上的反应称为奥顿重排反应。将冷却的乙酰苯胺饱和水溶液用 HOCl 处理时得 N-氯代乙酰苯胺，后者在干燥状态及避光的条件下可以长期放置。N-氯代乙酰苯胺的水溶液在低温暗处放置时也是稳定的，如果将溶液暴露于光线下则慢慢地转变为邻氯代乙酰苯胺，两种异构体的产率分别为 60%～80%和 40%～20%。如果将 N-氯代物和盐酸一起加热，则几乎定量地转变成 p-氯代物及少量 o-氯代物的混合物。将 N-溴代-2,6-二甲基乙酰苯胺溶于乙酸、氯苯等溶液中也会发生重排成 p-位及 m-位溴代异构体。

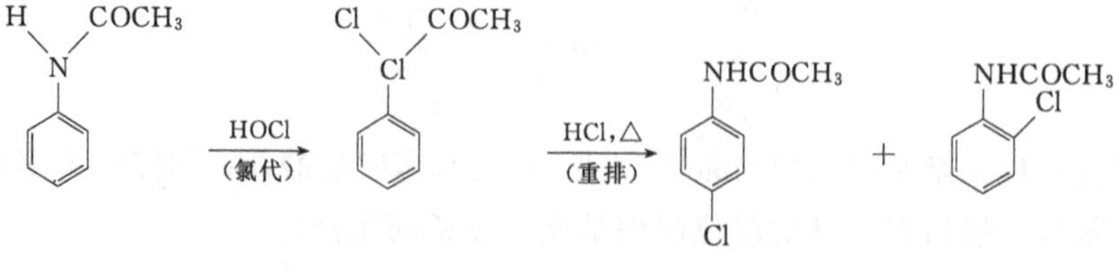

$\xrightarrow{(溴代)}$ $\xrightarrow{CH_3COOH}$

反应机理：

$C_6H_5N(Cl)COCH_3 + HCl^{14} \underset{}{\overset{快}{\rightleftharpoons}} \cdots \underset{}{\overset{慢}{\rightleftharpoons}} C_6H_5NHCOCH_3 + Cl—Cl^{14}$

$Cl—Cl^{14} + C_6H_5NHCOCH_3 \xrightarrow{快} p\text{-}Cl^{14}C_6H_4NHCOCH_3 + HCl \quad (p\text{-}ClC_6H_4NHCOCH_3 + HCl^{14})$

7.3.6 联苯胺重排

氢化偶氮苯在酸催化下发生重排，生成 4,4′-二氨基联苯的反应称为联苯胺重排。

$$C_6H_5NH—NHC_6H_5 \xrightarrow[\triangle]{H^+} H_2N—C_6H_4—C_6H_4—NH_2$$

联苯胺

70%

反应中还可以生成如下结构的副产物：

2,4′-二氨基联苯（Ⅰ）　2,2′-二氨基联苯（Ⅱ）　邻苯氨基苯胺（Ⅲ）　对苯氨基苯胺（Ⅳ）

（Ⅲ）、（Ⅳ）两个化合物又叫半联胺。

许多化学家为阐明联苯胺的重排过程做了很多工作，利用放射性碳原子和交叉实验证明：此重排反应是分子内重排。具体做法是：用性质相近、反应速率差不多的 2,2′-二甲基氢化偶氮苯（Ⅴ）与 2,2′-二乙基氢化偶氮苯（Ⅵ）一起进行重排。如果重排是分子间的反应，则应得下式所示的（Ⅶ）、（Ⅷ）、（Ⅸ）三种重排产物。

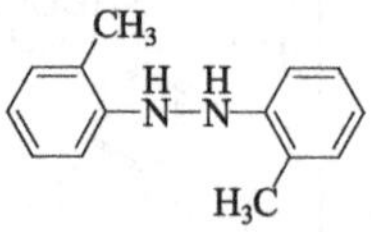

2,2′-二基氢化甲偶氮苯
（Ⅴ）

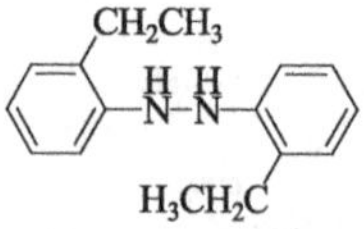

2,2′-二乙基氢化偶氮苯
（Ⅵ）

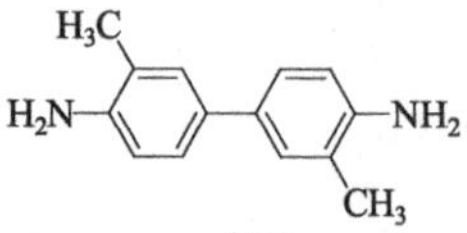

（Ⅶ） 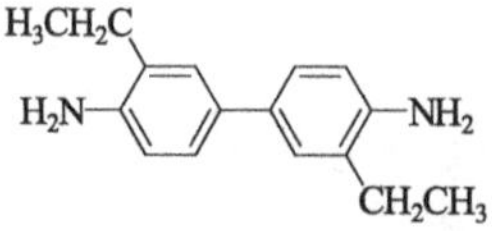 （Ⅷ） 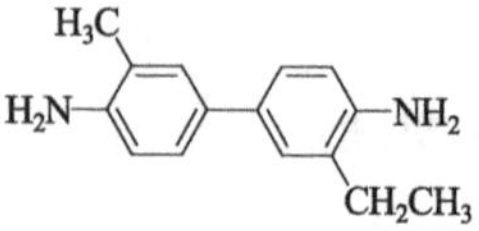 （Ⅸ）

从上述反应分析，如果重排是分子内的反应，则只能得（Ⅶ）、（Ⅷ）两种产品。分子间的重排产物中有交叉产物（Ⅸ），实验结果表明，只得到（Ⅶ）、（Ⅷ）两种产物，没有交叉产物。为了进一步验证实验结果，采用甲基以^{14}C 标记的 2-甲基氢化偶氮苯（Ⅹ）与未标记的（Ⅴ）一起进行重排，结果只得到（Ⅶ）和 4,4′-二甲基-3-^{14}C 甲基联苯。

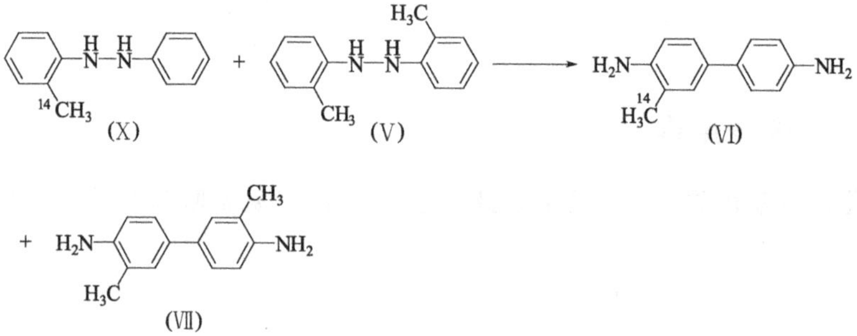

（Ⅹ） + （Ⅴ） ⟶ （Ⅵ） + （Ⅶ）

反应机理：

$\xrightarrow{2H^+}$ ⟶ ⟶ $\xrightarrow{-2H^+}$

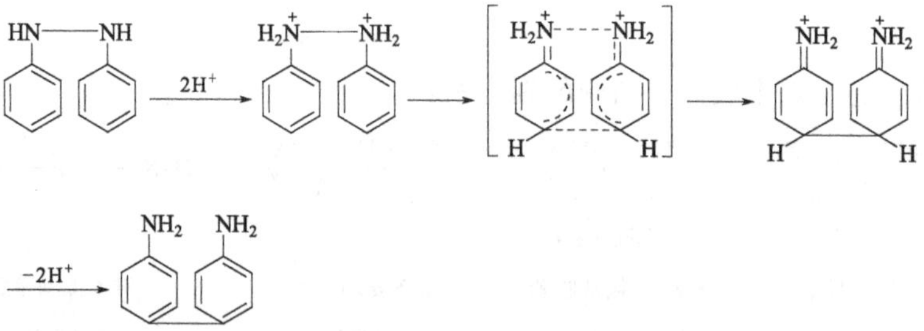

7.3.7 斯蒂文(Stevens)重排

季铵盐分子中连于氮原子的碳原子上具有吸电子的基团取代时，在强碱性条件下，可重排生成叔胺的反应称为斯蒂文重排反应。

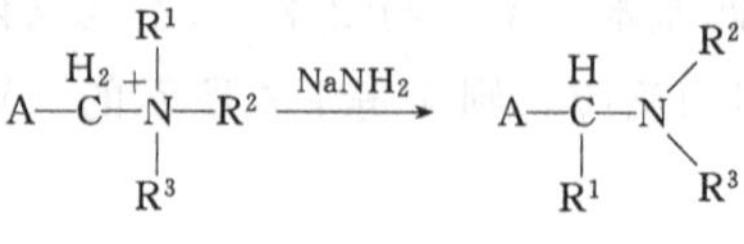

$$A-\overset{H_2}{C}-\overset{+}{N}(R^1)(R^3)-R^2 \xrightarrow{NaNH_2} A-\overset{H}{C}(R^1)-N(R^2)(R^3)$$

反应机理：

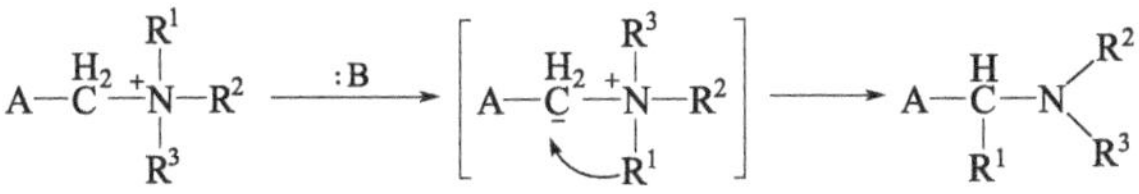

$$A-\overset{H_2}{C}-\overset{+}{N}(R^1)(R^3)-R^2 \xrightarrow{:B} \left[A-\overset{H_2}{\underset{-}{C}}-\overset{+}{N}(R^3)(R^1)-R^2\right] \longrightarrow A-\overset{H}{C}(R^1)-N(R^2)(R^3)$$

其中 A 为：RC(=O)—，ROC(=O)—，$H_2C{=}\underset{H}{C}-$，Ar—等。

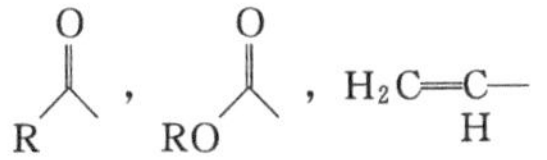

常用的碱为：NaOH，RONa，$NaNH_2$，CH_3SOCH_2Na 等。特点为分子内重排，迁移基构型保持。由季铵盐制得 α-烃基叔胺；也可制备芳烃、制备缩环或螺环化合物。

反应实例：

(1) 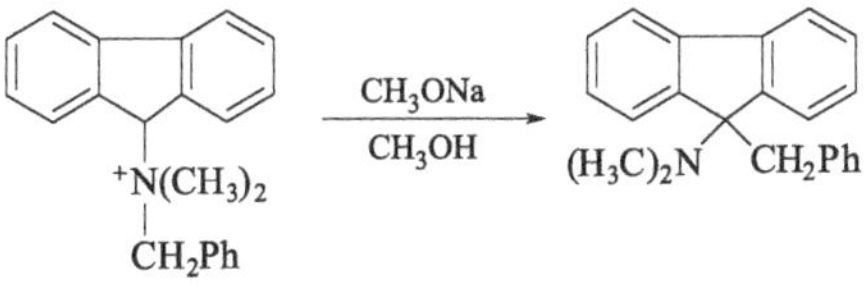 9-芴基-$\overset{+}{N}(CH_3)_2CH_2Ph$ $\xrightarrow[CH_3OH]{CH_3ONa}$ 9-$(H_3C)_2N$-9-CH_2Ph-芴

(2) $PhC{\equiv}C-\underset{H_2}{C}-\overset{+}{N}$(哌啶)$-H_2C-\underset{H}{C}{=}CH_2$ Br^- $\xrightarrow[CH_3OH]{KOH}$ $PhC{\equiv}C-\underset{H}{C}(N\text{哌啶})-\overset{H_2}{C}-\underset{H}{C}{=}CH_2$

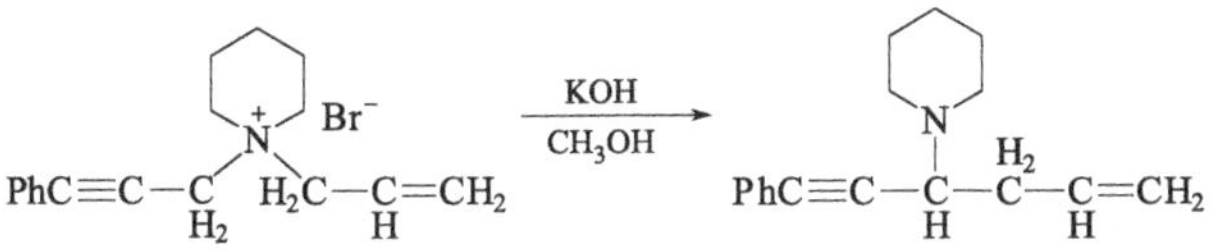

(3) 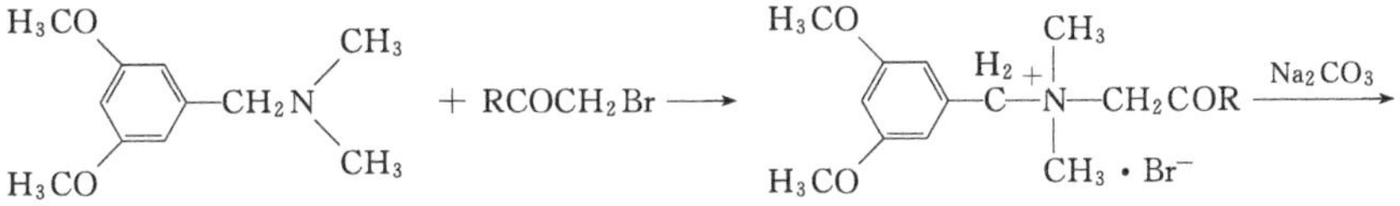 3,5-$(H_3CO)_2C_6H_3-CH_2N(CH_3)_2$ + $RCOCH_2Br$ ⟶ 3,5-$(H_3CO)_2C_6H_3-\overset{H_2}{C}-\overset{+}{N}(CH_3)_2-CH_2COR \cdot Br^-$ $\xrightarrow{Na_2CO_3}$

(4) 3,5-$(H_3CO)_2C_6H_3-CH_2CHCOR$ (N$(CH_3)_2$) $\xrightarrow[(2)KOH,H_2O]{(1)KI}$ 3,5-$(H_3CO)_2C_6H_3-\underset{H}{C}{=}CHCOR$ $\xrightarrow{[H]}$ 3,5-$(H_3CO)_2C_6H_3-CH_2CH_2CH_2R$

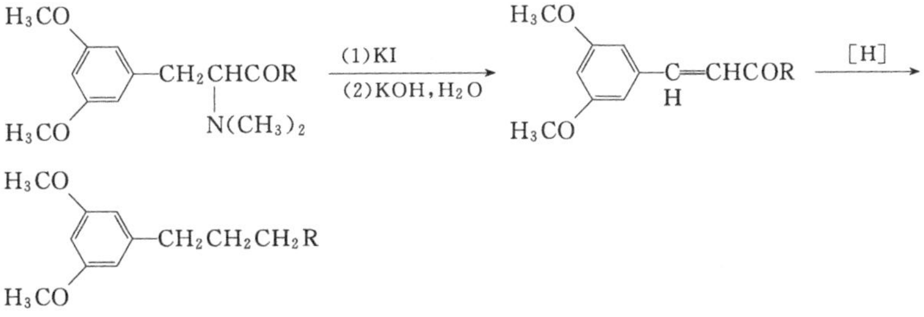

(5) 季铵盐（H_3CO，H_3CO，$\overset{+}{N}$—CH_3，OCH_3，OCH_3） $\xrightarrow[DMSO]{CH_3SOCH_2Na}$ 螺环化合物（H_3CO，H_3CO，N—CH_3，H_3CO，OCH_3）

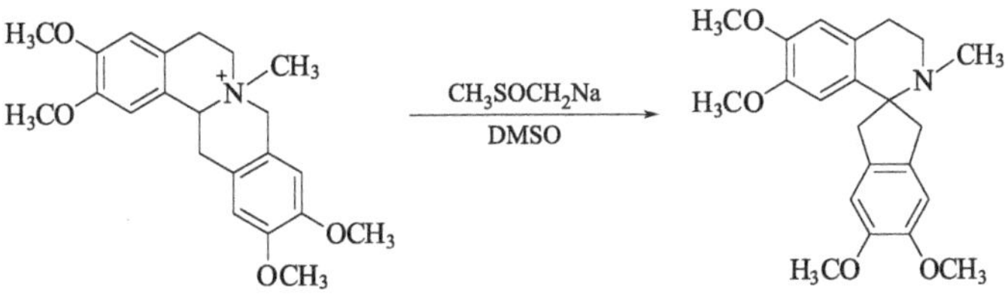

7.3.8 萨姆勒特-霍瑟(Sommelet-Hauser)苯甲基季铵盐重排

苯甲基季铵盐经氨基钠或氨基钾处理后，重排生成邻甲基苯甲基叔胺的反应

称为萨姆勒特-霍瑟苯甲基季铵盐重排反应。

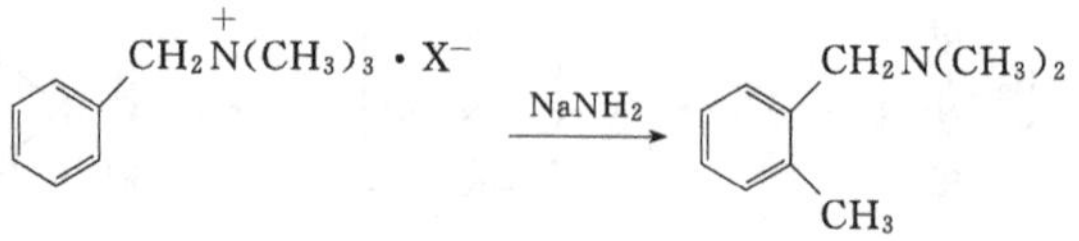

$$C_6H_5CH_2\overset{+}{N}(CH_3)_3 \cdot X^- \xrightarrow{NaNH_2} C_6H_4(CH_3)CH_2N(CH_3)_2$$

反应机理：

$$C_6H_5CH_2\overset{+}{N}(CH_3)_3 \cdot I^- \xrightarrow[NH_3]{NaNH_2} C_6H_5\overset{H}{\underset{-}{C}}-\overset{+}{N}(CH_3)_3 \rightleftharpoons \left[C_6H_5\overset{H_2}{C}-\overset{+}{N}(CH_3)_2-\overset{-}{C}H_2 \right]$$

$$\longrightarrow \left[(=CH_2)C_6H_5-\overset{H_2}{C}-N(CH_3)_2 \right] \longrightarrow C_6H_4(CH_3)CH_2N(CH_3)_2$$

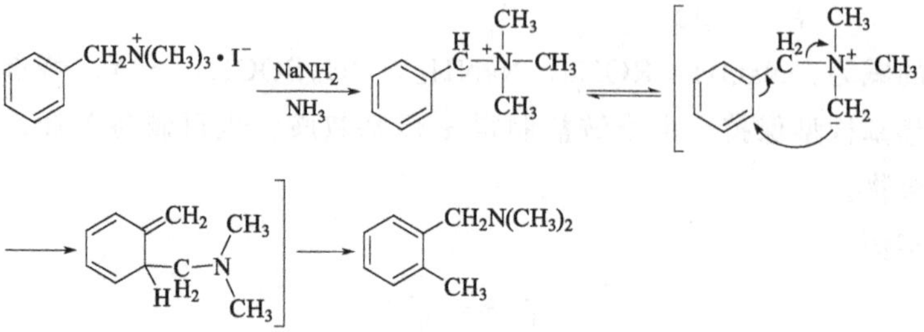

Stevens 重排与 Sommelet-Hauser 重排共同点为季铵盐、负碳季铵内鎓盐重排。不同点在于 Sommelet-Hauser 重排在低温下进行，而 Stevens 重排需要加热。

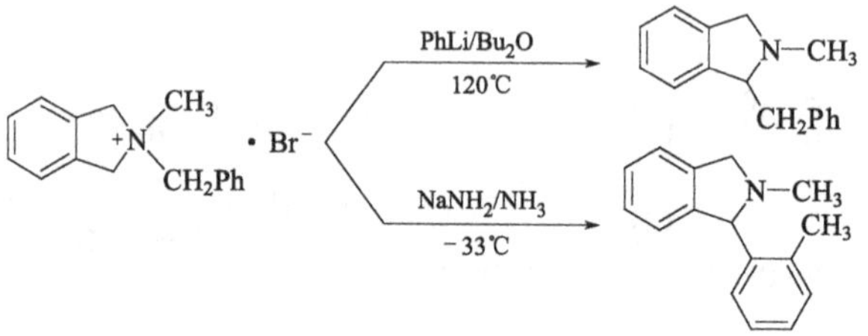

$$C_8H_8\overset{+}{N}(CH_3)(CH_2Ph) \cdot Br^- \xrightarrow[120℃]{PhLi/Bu_2O} C_8H_7(CH_2Ph)N-CH_3$$

$$C_8H_8\overset{+}{N}(CH_3)(CH_2Ph) \cdot Br^- \xrightarrow[-33℃]{NaNH_2/NH_3} C_8H_7(C_6H_4CH_3)N-CH_3$$

反应实例：

(1) $$C_6H_4(CH_3)CH_2\overset{+}{N}(CH_3)_3 \cdot X^- \xrightarrow[NH_3]{NaNH_2} C_6H_3(CH_3)(CH_3)CH_2N(CH_3)_2$$

$$\longrightarrow C_6H_3(CH_3)(CH_3)COOH$$

$$\longrightarrow C_6H_3(CH_3)(CH_3)CH_3$$

$$\longrightarrow (H_3C)_2NH_2C\text{-}C_6H_2(CH_3)(CH_3)CH_3$$

(2) $$C_4H_3O\text{-}CH_2\overset{+}{N}(CH_3)_3 \cdot X^- \xrightarrow[NH_3]{NaNH_2} C_4H_2O(CH_3)CH_2N(CH_3)_2$$

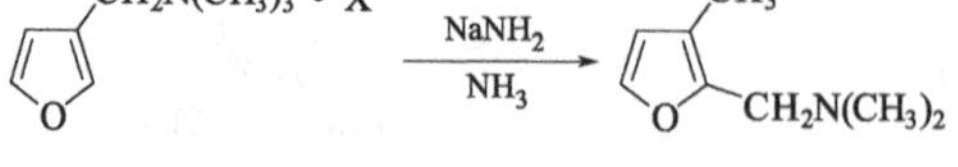

(3) $$C_4H_3N(CH_3)\text{-}CH_2\overset{+}{N}(CH_3)_3 \cdot X^- \xrightarrow[NH_3]{NaNH_2} C_4H_2N(CH_3)(CH_3)CH_2N(CH_3)_2$$

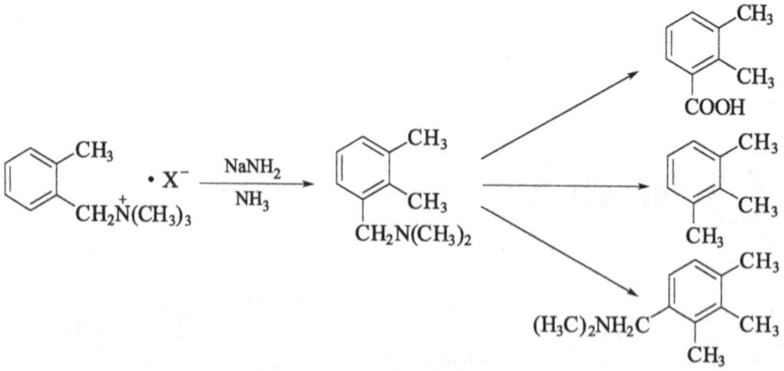

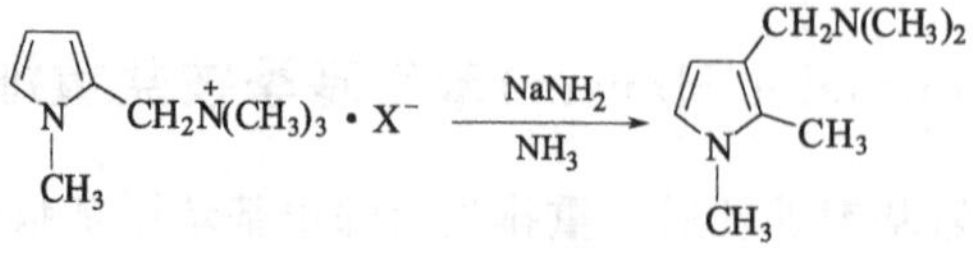

7.3.9 魏悌息(Wittig)醚重排

醚类化合物在烷基锂或氨基钠作用下重排生成醇的反应，称为魏悌息醚重排反应。

$$R^1-\overset{H_2}{C}-OR^2 \xrightarrow{R_3Li} R^1R^2CH-OH$$

反应机理：

$$R^1-\overset{H_2}{C}-OR^2 \xrightarrow{R_3Li} R^1-\overset{H}{\underset{-}{C}}-O(Li^+)-R^2 \longrightarrow R^1R^2CH-OLi \longrightarrow R^1R^2CH-OH$$

烃基构型可发生改变。基团的迁移能力：$CH_2=CH-CH_2$，$C_6H_5CH_2-$ $>CH_3-$，CH_3CH_2-，p-$NO_2C_6H_4->$ Ph—。

$$\text{9-芴基}-OCH_2CH=CHCH_3 \xrightarrow{KOH} \text{9-芴基}(HO)(CH_2CH=CHCH_3)$$

7.4 自由基重排

自由基重排是指化合物在特殊条件作用下产生双自由基，然后相邻的基团均裂后自由基迁移到双自由基原子上，该原子上的另一个自由基与相邻原子的自由基结合成键，这样的重排条件一般很特殊如 Hofmann 重排中酰胺在溴的碱溶液中反应，可以产生氮双自由基，也称氮卡宾。

7.4.1 霍夫曼(Hofmann)重排(降解)

酰胺用溴（或氯）在碱性条件下处理转变为少一个碳原子的伯胺，称为霍夫曼重排。该重排反应是酰胺与溴反应产生溴代酰胺，在碱的作用下同原子上消除溴化氢得到氮卡宾。

$$RCONH_2 \xrightarrow[NaOH]{Br_2} R-N=C=O \xrightarrow{H_2O} R-NH_2$$

反应机理：

$$RCONH_2 + Br_2 \longrightarrow RCONHBr \xrightarrow{OH^-} RCO\underset{-}{N}-Br \xrightarrow{-Br^-} [RCO\ddot{N}]$$

$$\longrightarrow R-N=C=O \xrightarrow{H_2O} [R-N=C(OH)OH] \rightleftharpoons R-\underset{H}{N}-C(=O)OH \xrightarrow{-CO_2} R-NH_2$$

反应实例：

(1) $(CH_3)_3CCH_2CONH_2 \xrightarrow{NaOBr} (CH_3)_3CCH_2NH_2$

(2) 邻苯二甲酰亚胺 $\xrightarrow[NaOH]{NaOCl} \xrightarrow{H^+}$ 邻氨基苯甲酸（COOH, NH_2）

7.4.2 乌尔夫(Wolff)重排

重氮酮在银、银盐或铜存在条件下，用光照射或热分解消除氮分子重排为烯酮，生成的烯酮进一步与羟基或胺类化合物作用得到酯类、酰胺或羧酸的反应称为乌尔夫重排反应。

$$R-\overset{O}{\overset{\|}{C}}-\overset{N_2}{C}-R \xrightarrow{\triangle} R-\overset{O}{\overset{\|}{C}}-\ddot{C}-R \longrightarrow R_2C=C=O \xrightarrow{R'OH} R_2CH-\overset{O}{\overset{\|}{C}}-OR'$$

问题：写出下述两反应的机理。

$$Br(H_2C)_9COCHN_2 \xrightarrow{NH_3 \cdot H_2O/AgNO_3} Br(CH_2)_9CH_2CONH_2$$

$$\text{(diazo bicyclic ketone, } N_2\text{)} \xrightarrow[CH_3OH]{h\nu} \text{(H, } H_3COOC\text{ bicyclic ester)}$$

反应机理：

$$Br(H_2C)_9COCHN_2 \xrightarrow[-N_2]{Ag_2O} Br(H_2C)_9CO\ddot{C}H \longrightarrow Br(H_2C)_9CH=C=O \xrightarrow{NH_3}$$

$$Br(H_2C)_9\overset{-}{C}HC(O)\overset{+}{N}H_3 \longrightarrow Br(H_2C)_9CH_2C(O)NH_2$$

$$\text{(diazo ketone, } N_2\text{)} \xrightarrow[-N_2]{h\nu} \text{(carbene)} \longrightarrow \text{(ketene, } O=C=\text{)} \xrightarrow{CH_3OH}$$

$$\text{(} O=C(\overset{+}{O}CH_3H)\text{, carbanion)} \longrightarrow \text{(H, } H_3COOC\text{ product)}$$

Arndt-Eistert 合成是将一个酸变成它的高一级同系物或转变成同系列酸的衍生物，如酯或酰胺的反应。该反应可应用于脂肪族酸和芳香族酸的制备。

$$RCOOH \longrightarrow \longrightarrow RCH_2COOR'$$

反应包括下列三个步骤。

(1) 酰氯的形成。

(2) 酰氯和重氮甲烷作用生成重氮酮。

(3) 重氮酮经 Wolff 重排变为烯酮，再转变为羧酸或衍生物。

$$RCOOH \longrightarrow RCOCl \xrightarrow{CH_2N_2} RCOCHN_2 \longrightarrow RHC{=}C{=}O \xrightarrow{H_2O} RCH_2COOH$$

$$\text{1-萘甲酰氯 (COCl)} \xrightarrow[(2)PhCOOAg/EtOH/TEA]{(1)CH_2N_2} \text{1-萘基-}CH_2COOC_2H_5$$

7.4.3 库尔提斯 (Curtius) 重排

酰基叠氮化合物在惰性溶液中加热分解为异氰酸酯的反应，称为库尔提斯重排反应。

$$RCON_3 \xrightarrow[-N_2]{\triangle} R{-}N{=}C{=}O$$

反应机理：

$$RC(=O){-}\bar{N}{-}\overset{+}{N}{\equiv}N \longrightarrow O{=}C{\cdots}N{-}N{\equiv}N\ (R\ 桥连) \xrightarrow{-N_2} R{-}N{=}C{=}O$$

烃基迁移与脱氮同时发生，重排不影响迁移基的光学活性。例如：通过 Curtius 重排反应可以引入氨基。

$$\text{1-Ph-环戊基-}COOH \xrightarrow[(2)\ NaN_3]{(1)\ ClCOOC_2H_5} \text{1-Ph-环戊基-}CON_3 \xrightarrow[(2)\ H_3^+O]{(1)\ \triangle} \text{1-Ph-环戊基-}NH_2 \cdot HCl$$

7.4.4 罗森(Lossen)重排

异羟肟酸重排为少一个碳的胺通过中间体，称为罗森重排。

氮烯

$$RC(=O)\ddot{N}:$$

$$RC(=O)N(H)OH \xrightarrow[P_2O_5/SOCl_2\,(或\,Ac_2O),\ \triangle]{-H_2O} R{-}NH_2 + H_2O + CO_2$$

反应机理：

$$RC(=O)N(H)OH + SOCl_2 \longrightarrow RC(=O)N(H)Cl \xrightarrow{-HCl} RC(=O)\ddot{N}: \longrightarrow$$

$$R{-}N{=}C{=}O + H_2O \longrightarrow R{-}\bar{N}{-}C(=O){-}\overset{+}{O}H_2 \longrightarrow R{-}NH{-}C(OH){=}O \xrightarrow[\triangle]{-CO_2} R{-}NH_2 + CO_2\uparrow$$

或：

$$RC(=O)N(H)OH \xrightarrow[-H_2O]{P_2O_5,\ \triangle} RC(=O)\ddot{N}: \longrightarrow R{-}N{=}C{=}O + H_2O \longrightarrow R{-}\bar{N}{-}C(=O){-}\overset{+}{O}H_2$$

$$\longrightarrow R{-}NH{-}C(OH){=}O \xrightarrow[\triangle]{-CO_2} R{-}NH_2 + CO_2\uparrow$$

7.4.5 施密特(Schmidt)重排

酸、醛或酮在酸催化下和叠氮酸反应，生成胺或酰胺的反应称为施密特重排。包括三类反应。

(1) 羧酸和叠氮酸在硫酸或 Lewis 酸的催化下，得到比原来羧酸少一个碳原子伯胺，机理与 Curtuis 重排类似。

$$RCOOH + HN_3 \xrightarrow{H_2SO_4} RNH_2 + CO_2 + N_2$$

(2) 醛类和叠氮酸在硫酸的催化作用下生成腈类和胺类的甲酰基衍生物。

$$RCHO + HN_3 \xrightarrow{H_2SO_4} RCN \text{ 和 } RNHCHO + H_2O + N_2$$

(3) 酮类和叠氮酸在硫酸的催化作用下生成酰胺。

$$RCOR' + HN_3 \xrightarrow{H_2SO_4} RCONHR' + N_2$$

反应实例：

(1) 环丁烷甲酸（COOH） $\xrightarrow[(2)\ OH^-]{(1)\ NaN_3/H_2SO_4}$ 环丁胺（NH_2）

(2) HOOC—(2,6-二甲基苯)—COOH $\xrightarrow[25℃, 2.5h]{NaN_3/H_2SO_4/CHCl_3}$ HOOC—(3,5-二甲基苯)—NH_2

(位阻大者易反应)

(3) 2-氧代环己烷甲酸 + HN_3 $\xrightarrow{H_2SO_4}$ 己内酰胺甲酸（NH, COOH） $\xrightarrow{H_2O}$ $HOOC(H_2C)_4-\underset{\overset{|}{N^+H_3}}{CHCOO^-}$

$\xrightarrow[H_2SO_4]{HN_3}$ $H_3\overset{+}{N}(H_2C)_4-\underset{\overset{|}{N^+H_3}}{CHCOO^-}$

Hofmann 重排、Curtius 重排和 Schimidt 重排对比如下。

Hofmann 重排：

$$RCONH_2 + Br_2 + 4OH^- \longrightarrow RNH_2$$

Curtius 重排：

$$RCON_3 \xrightarrow[-N_2]{\triangle} R-N=C=O \xrightarrow{H^+} RNH_2$$

Schimidt 重排：

$$RCOOH + HN_3 \xrightarrow{H^+} RNH_2$$

7.5 协同重排

协同重排是指不饱和键分子中，以前沿分子轨道理论为基础讨论分子在受热或光照条件下分子的双键迁移，协同断裂旧键，协同生成新键的过程。如 Claisen 重排和 Cope 重排等均属于这类重排。

7.5.1 克莱森(Claisen)重排

烯醇或酚的烯丙基醚加热，重排成 γ-，δ-不饱和醛，酮或邻烯丙基酚的反应称为克莱森重排。

烯丙基芳基醚在高温（200℃）下可以重排，生成烯丙基酚。

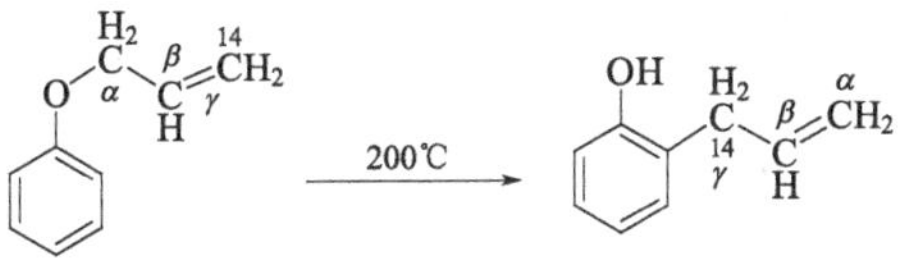

当烯丙基芳基醚的两个邻位未被取代基占满时，重排主要得到邻位产物，两个邻位均被取代基占据时，重排得到对位产物。对位、邻位均被占满时不发生此类重排反应。

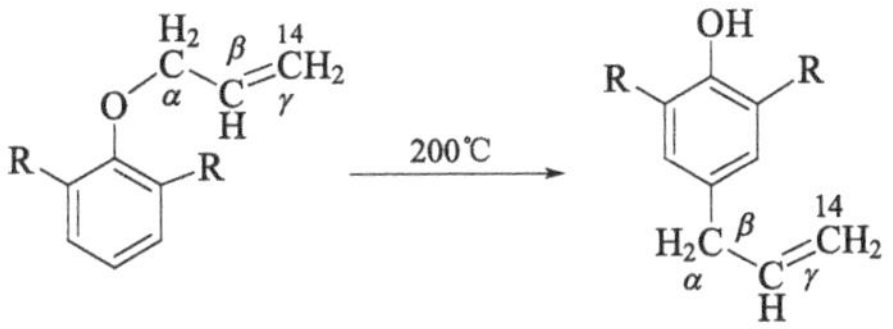

交叉反应实验证明：Claisen 重排是分子内的重排。采用 ^{14}C 标记的烯丙基醚进行重排，重排后 ^{14}C 标记的碳原子与邻位苯环相连，碳-碳双键发生位移。两个邻位都被取代的芳基烯丙基酚，重排后则仍是 α-碳原子与苯环相连。

反应机理：Claisen 重排是个协同反应，中间经过一个环状过渡态，所以芳环上取代基的电子效应对重排无影响。

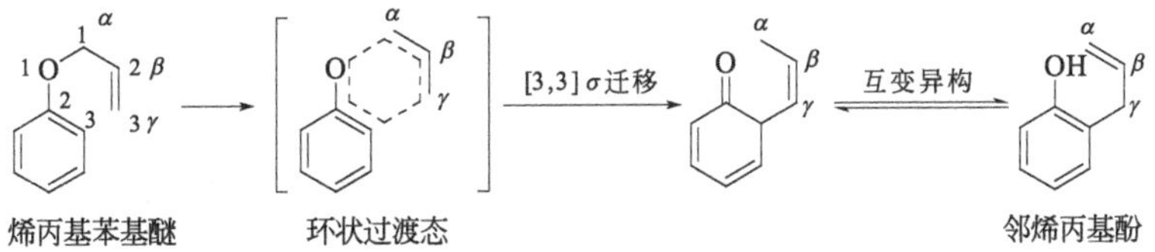

烯丙基苯基醚　　环状过渡态　　[3,3] σ 迁移　　互变异构　　邻烯丙基酚

从烯丙基芳基醚重排为邻烯丙基酚经过一次 [3,3] δ 迁移和一次由酮式到烯醇式的互变异构；两个邻位都被取代基占据的烯丙基芳基酚重排时先经过一次 [3,3] δ 迁移到邻位（Claisen 重排），由于邻位已被取代基占据，无法发生互变异构，接着又发生一次 [3,3] δ 迁移（Cope 重排）到对位，然后经互变异构得到对位烯丙基酚。

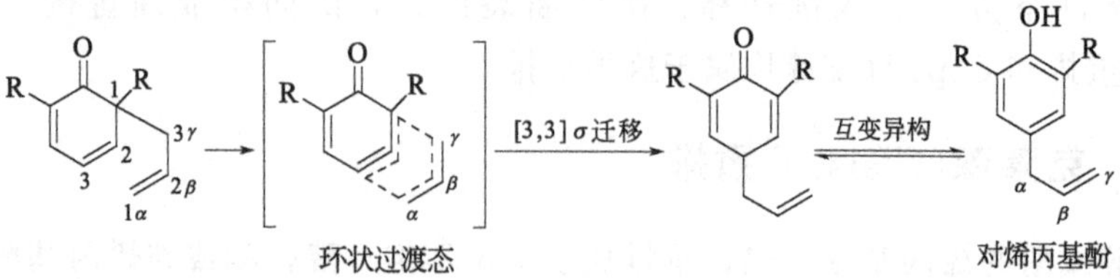

R　O　1　R　3γ　2　3　2β　1α　→　[R　O　R　γ　β　α]　环状过渡态　[3,3] σ迁移　R　O　R　互变异构　OH　R　R　α　β　γ　对烯丙基酚

取代的烯丙基芳基醚重排时，无论原来的烯丙基双键是 Z-构型还是 E-构型，重排后的新双键的构型都是 E-构型，这是因为重排反应所经过的六元环状过渡态具有稳定椅式构象的缘故。

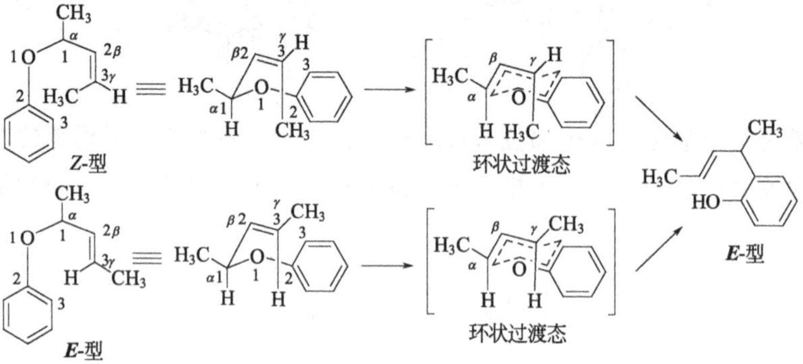

CH_3　α　1O　1　2β　3γ　2　H_3C　H　3　Z-型　≡　β2　γ 3　H　H_3C　O　3　α1　1　2　H　CH_3　→　[H_3C　β　γ　H　α　O　H　H_3C]　环状过渡态

CH_3　α　1O　1　2β　3γ　2　H　CH_3　3　E-型　≡　β 2　γ 3　CH_3　H_3C　O　3　α1　1　2　H　H　→　[H_3C　β　γ　CH_3　α　O　H　H]　环状过渡态

CH_3　H_3C　HO　E-型

反应实例：

(1) 200℃　OH

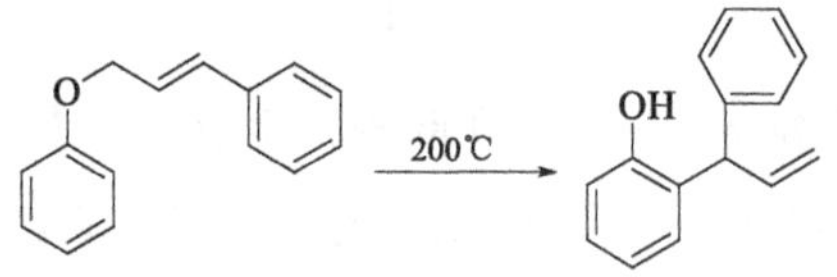

(2) 250℃　OH　Cl　Cl

(3) H_3C　CH_3　200℃　OH　H_3C　CH_3

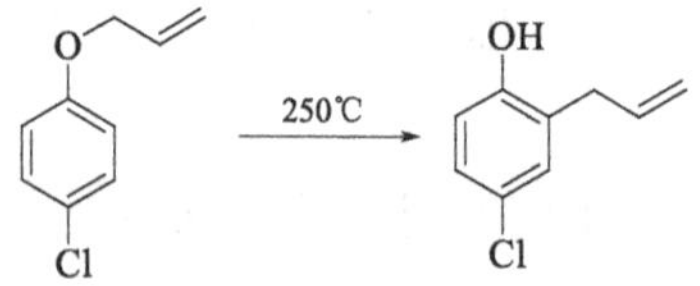

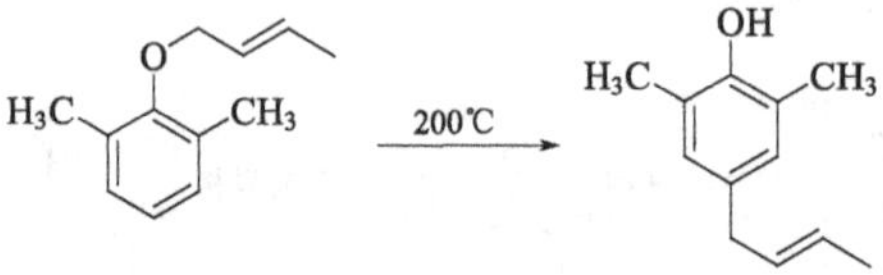

Claisen 重排具有普遍性，在醚类化合物中，如果存在烯丙氧基与碳-碳相连的结构，就有可能发生 Claisen 重排。

例如：

(1) O　△　O　H

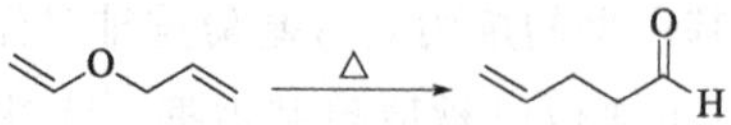

(2) O　COOEt　NH_4Cl　△　O　COOEt

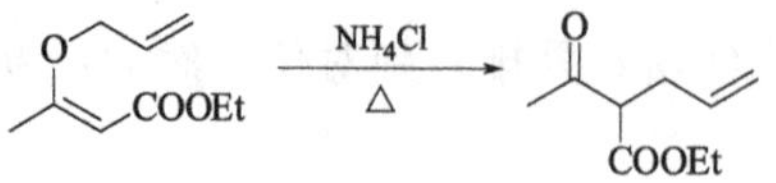

7.5.2 库伯（Cope）重排

1,5-二烯类化合物受热时发生类似于 *O*-烯丙基重排为 *C*-烯丙基的反应称为库伯重排。这个反应多年来引起了人们的广泛注意。1,5-二烯在 150～200℃单独加热短时间容易发生重排，并且产率非常好。

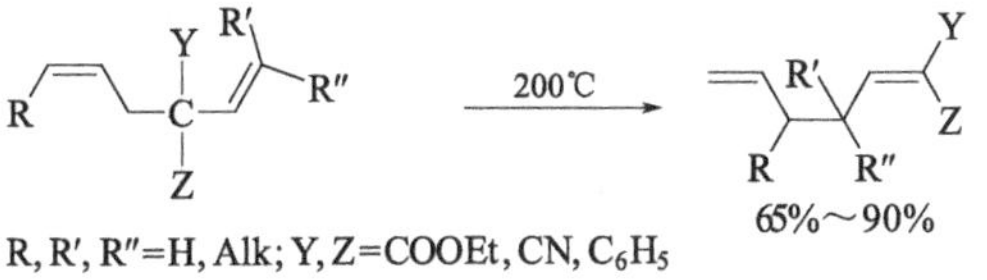

200℃

65%～90%

R, R′, R″=H, Alk; Y, Z=COOEt, CN, C_6H_5

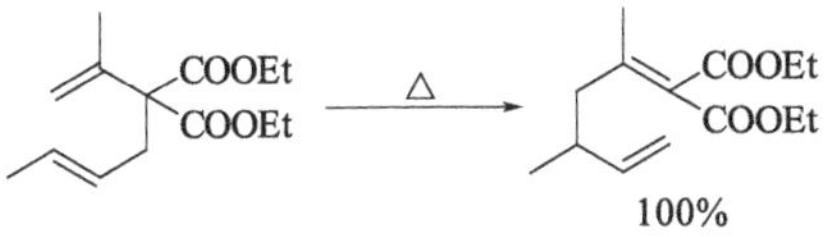

△

100%

Cope 重排属于周环反应，它和其他周环反应的特点一样，具有高度的立体选择性。例如：内消旋-3，4-二甲基-1,5-己二烯重排后，得到的产物几乎全部是 (*Z*,*E*)-2,6 辛二烯。

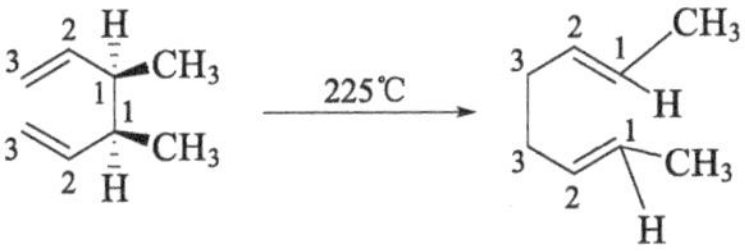

225℃

反应机理：Cope 重排是［3,3］δ 迁移反应，反应过程是经过一个环状过渡态进行的协同反应。

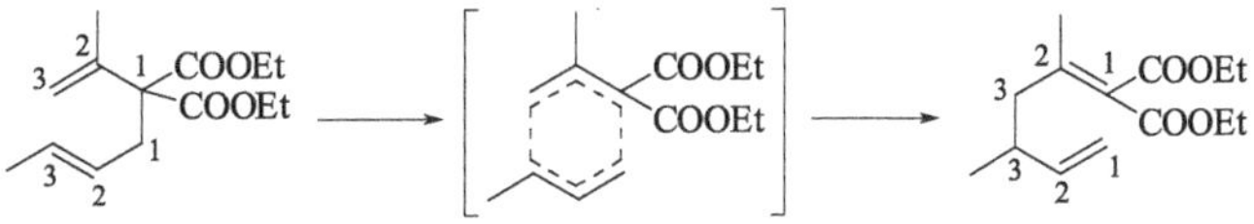

在立体化学上，表现为经过椅式环状过渡态。

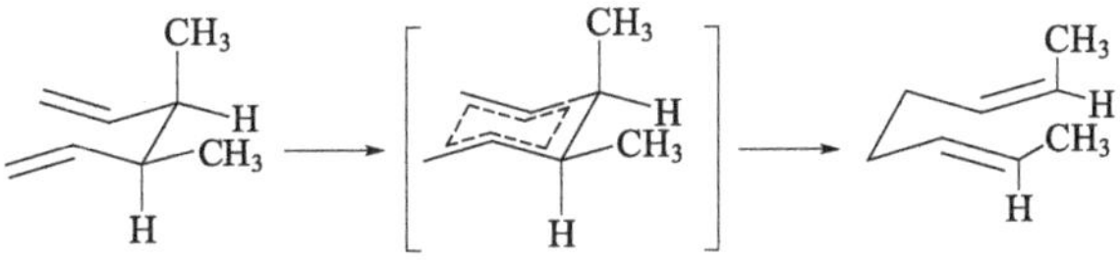

反应实例：

(1) 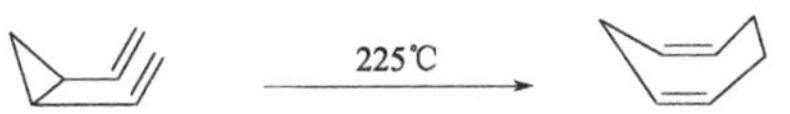 顺-二乙烯基环丙烷 —225℃→ 1,4-环庚二烯

(2) 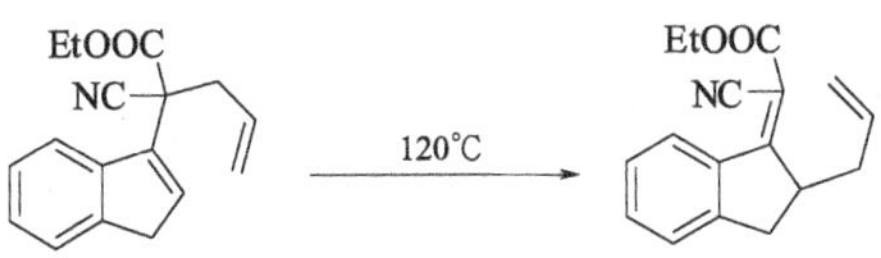 —120℃→

(3) 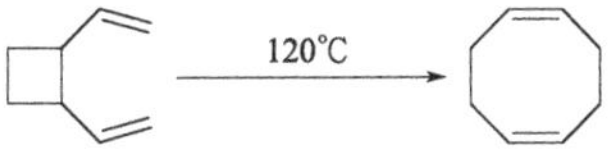 —120℃→

思考题

1. 重排反应与互变异构的主要区别特征是什么？重排有哪几种类型？举例说明。

2. 碳正离子的重排为亲核重排，试分析亲核重排同时有二个基团可以迁移时，重排的选择性如何？如果是甲氧基苯和硝基苯重排时更容易迁移的是哪个？

3. 联苯胺的重排为亲电重排，这类反应重排时也有重排基团从分子本身分离再发生亲电取代的例子，如何判断这类重排反应是分子内重排还是分子间重排？试设计联苯胺的重排反应对此进行判断。

4. 亲电重排是向带负电荷基团重排，在什么条件下可发生此类重排？重排过程的中间体是什么？举例说明。

5. 自由基重排中一定产生自由基或双自由基，双自由基也称为卡宾，卡宾是同个原子上消除一个分子产生的，试举例说明氮卡宾的产生。

6. 什么叫协同反应？协同反应从分子轨道理论来讲有哪几种反应条件，为什么？试从分子轨道理论解释周环协同反应。

习 题

1. 完成下列反应方程式。

(1) 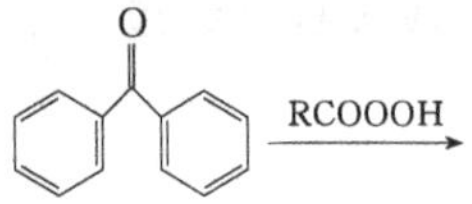 O (diphenyl ketone) $\xrightarrow{RCOOOH}$

(2) 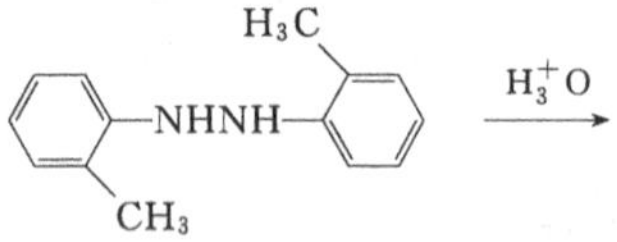 H_3C, —NHNH—, CH_3 $\xrightarrow{H_3^+O}$

(3) OH OH $\xrightarrow{H_3^+O}$

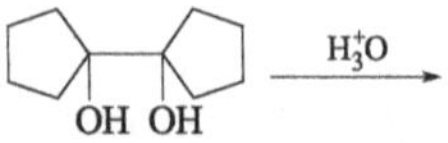

(4) 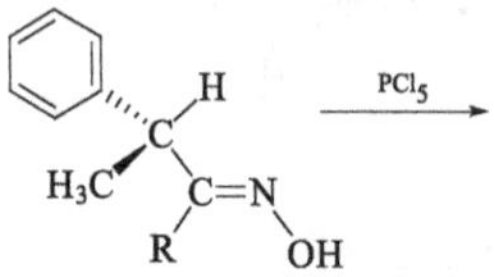 H, C, H_3C, C=N, R, OH $\xrightarrow{PCl_5}$

(5) $OCH_2CH{=}CHCH_3$ $\xrightarrow{\triangle}$

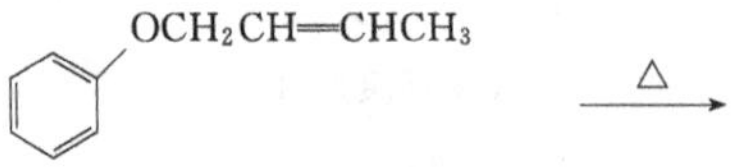

(6) 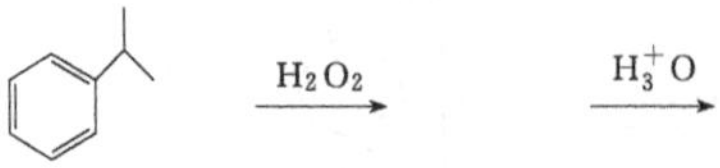 $\xrightarrow{H_2O_2}$ $\xrightarrow{H_3^+O}$

(7) 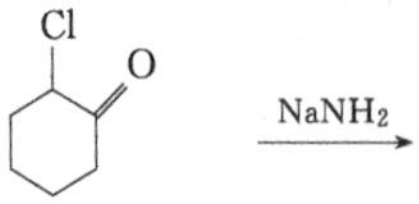 Cl, O $\xrightarrow{NaNH_2}$

(8) 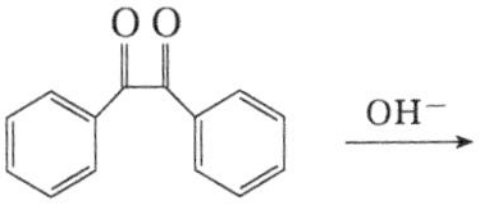 二苯乙二酮 $\xrightarrow{OH^-}$

(9) 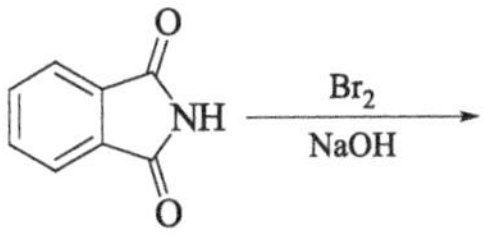 邻苯二甲酰亚胺 $\xrightarrow[NaOH]{Br_2}$

(10) 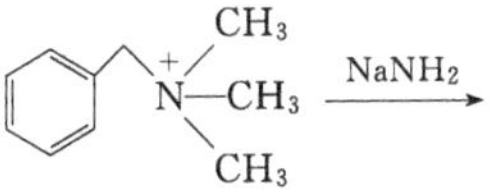 $C_6H_5CH_2\overset{+}{N}(CH_3)_3$ $\xrightarrow{NaNH_2}$

(11) 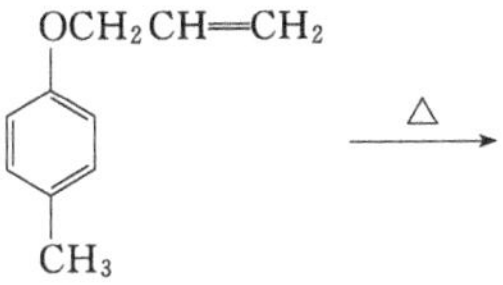 p-$CH_3C_6H_4OCH_2CH{=}CH_2$ $\xrightarrow{\triangle}$

(12) 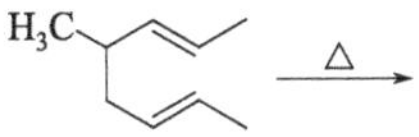 H_3C $\xrightarrow{\triangle}$

2. 写出下列反应机理。

(1) 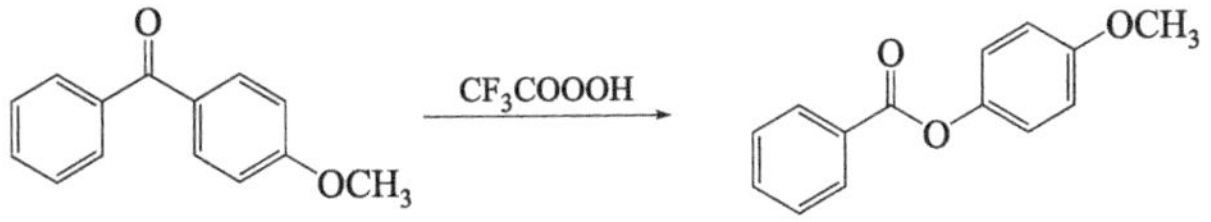 $\xrightarrow{CF_3COOOH}$ OCH_3 / OCH_3

(2) 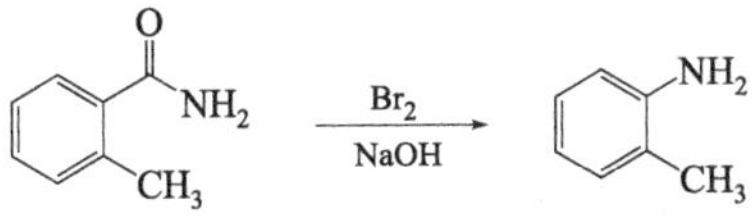 NH_2 CH_3 $\xrightarrow[NaOH]{Br_2}$ NH_2 CH_3

(3) OH OH $\xrightarrow{H^+}$ O

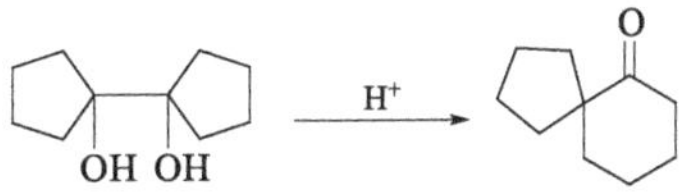

(4) 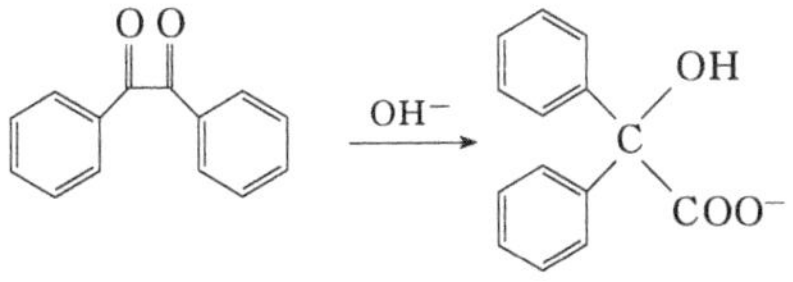 O O $\xrightarrow{OH^-}$ OH C COO^-

(5) 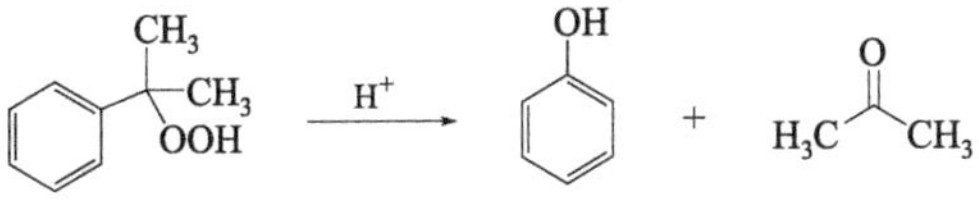 CH_3 CH_3 OOH $\xrightarrow{H^+}$ OH + H_3C O CH_3

(6) 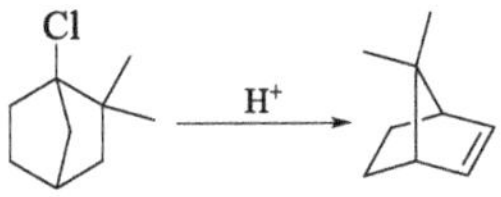 Cl $\xrightarrow{H^+}$

3. 写出合成下列化合物的过程。

(1) 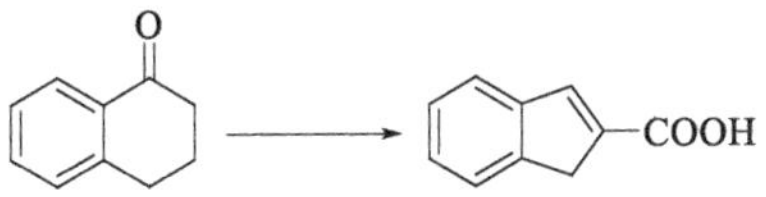 O $\longrightarrow$ COOH

(2)

(3) $CH_2CH_2CH_2OH$ H_3C

(4) OH OH N=N N=N

(5)

参考文献

[1] 胡跃飞，林国强．现代有机反应［M］．北京：化学工业出版社，2013.
[2] 胡宏纹．有机化学．第4版．［M］．北京：高等教育出版社，2013.
[3] 陈依萍，郑土才，芮迪，郑建霖，况庆雷．Willgerodt-Kindler重排反应的研究进展［J］．化学试剂，2014，(2)：136-142.
[4] 刘涛，严语波，马海燕，丁凯．碳正离子重排反应合成Cyclocitrinol核心骨架［J］．有机化学，2014，(9)：1793-1799.
[5] 许家喜．联苯胺重排的反应机理［J］．大学化学，2013，(5)：34-38.
[6] 叶盼盼，郑土才，李静观，过海斌，陈盛．Hofmann重排反应的应用进展［J］．化工生产与技术，2013，(3)：22-27.
[7] 任文杰，李识寒，孙超伟，张恒超，庞向川，胡莹莹．浅谈己内酰胺工业贝克曼重排反应［J］．广州化工，2013，(18)：44-45.
[8] 孙昌俊．重排反应原理与应用［M］．北京：化学工业出版社，2013.
[9] 闫杰，时蕾，张立科．有机化学反应及其进展研究［M］．北京：中国水利水电出版社，2014.
[10] 于世钧．有机化学［M］．北京：化学工业出版社，2014.
[11] 梁静．有机合成路线设计［M］．北京：化学工业出版社，2014.
[12] 纪顺俊．现代有机合成新技术［M］．北京：化学工业出版社，2014.
[13] 孔祥文．基础有机合成反应［M］．北京：化学工业出版社，2014.
[14] 金星，孟凡会，王书海，王亚权．S-1催化环己酮肟气相Beckmann重排反应动力学［J］．化工学报，2 013，(3)：924-930.
[15] 武宁，孙晓云，岳爽，臧树良．Baeyer-Villiger重排反应的研究进展［J］．当代化工，2012，(2)：152-155.
[16] 李倩，严罗一，夏定，申永存．贝克曼重排反应研究进展［J］．有机化学，2011，(12)：2034-2042.
[17] 边延江，彭晓霞，武晓松，刘志良．频哪醇重排反应的研究进展［J］．化学通报，2011，(9)：810-816.
[18] 刘青锋，张贵生．Ferrier重排反应研究进展［J］．有机化学，2009，(2)：1890-1898.
[19] 寿凯胜．分子重排反应探析［J］．河北化工，2006，(12)：23-26.

第8章　杂环的形成

本章学习要点

1. 单杂原子五元环的合成方法。
2. 单杂原子六元环的合成方法。
3. 稠杂环的合成方法。
4. 喹啉及其衍生物的合成方法。

含有杂原子（除碳以外的成环原子）的环状化合物称为杂环化合物。杂环化合物广泛存在于自然界中，种类繁多，约占全部已知有机化合物的三分之一。如植物中的叶绿素和动物中的血红素都含有杂环结构；止痛的吗啡、抗菌消炎的黄连素、抗癌的喜树碱和不少维生素等都是杂环化合物。杂环化合物可按环的大小分类，其中最重要的是五元杂环和六元杂环两大类；也可按杂原子的数目多少分为含一个杂原子的杂环和含有两个或两个以上杂原子的杂环；还可按环的形式分为单杂环和稠杂环等。

8.1 杂环成环反应类型

杂环化合物的合成方法通过缩合反应得到，反应类型主要包括：亲核取代、亲核加成、1,3-偶极环加成，[2+2] 环加成和 [2+4] 环加成。

由开链化合物闭环形成杂环的方式有：第一种方式，C—Z 键形成；第二种方式，C—Z 键，C—C 键同时形成；第三种方式，C—C 键形成。

第一种成环方式为 C—Z 键形成，主要通过亲核取代和失去小分子的缩合反应得到；第二种成环方式为 C—Z 键，C—C 键同时形成，主要通过亲核取代和亲核加成反应得到；第三种成环方式为 C—C 键形成，主要通过 1,3-偶极环加成、[2+2] 环加成和 [2+4] 环加成反应得到。

8.2 五元杂环化合物的成环

五元杂环化合物包含单杂原子五元杂环如呋喃、吡咯、噻吩和多杂原子五元环如咪唑、吡唑等重要杂环化合物。五元杂环化合物中，由于杂原子的孤对电子参与共轭是富电子环，芳香性比苯弱，如呋喃环具有部分共轭烯烃的性质，吡咯在卤代时发生多卤代等。

8.2.1 含一个杂原子的五元杂环化合物的成环

(1) 吡咯及其衍生物的合成

1,4-二羰基化合物与氨（胺）按第一种方式成环。

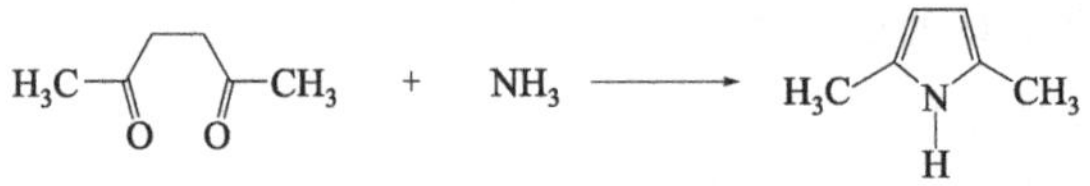

H_3C—CO—CH_2CH_2—CO—CH_3 + NH_3 ⟶ 2,5-二甲基吡咯（N-H）

1,3-二羰基化合物与 α-氨基酮按第二种方式成环。

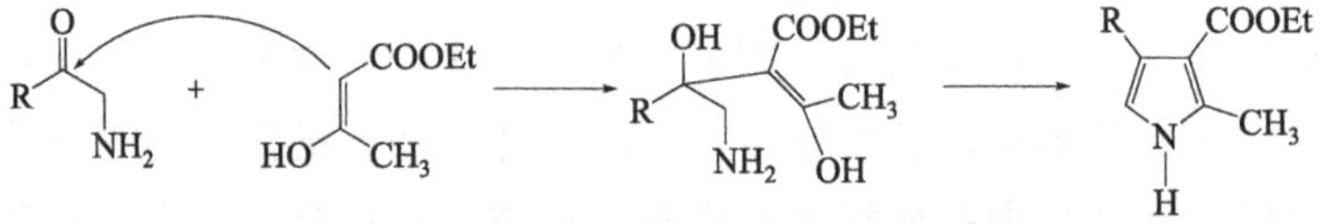

烯胺与 α-卤代酮按第二种方式闭环。

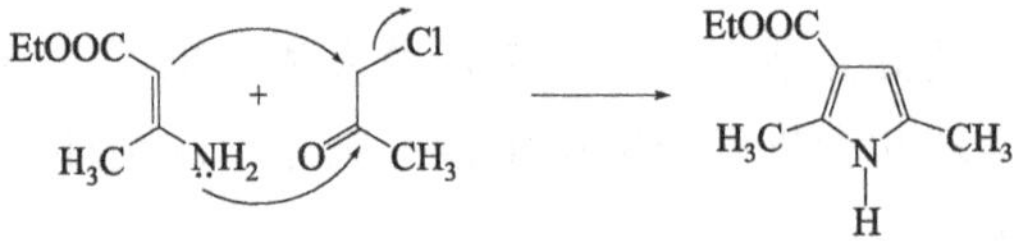

异腈与 α,β-不饱和羧酸酯进行环加成，按第三种方式成环。

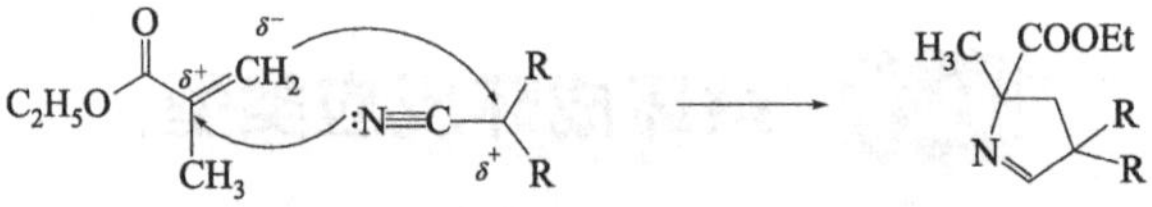

从一种杂环转化为另一种杂环，杂环转化的原则是生成更稳定的杂环。

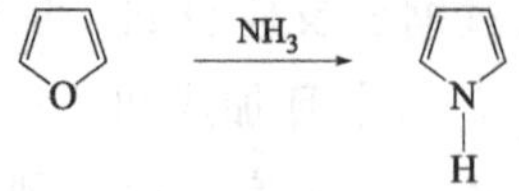

呋喃 $\xrightarrow{NH_3}$ 吡咯

(2) 呋喃及其衍生物的合成

1,4-二羰基化合物按第一种方式闭环。

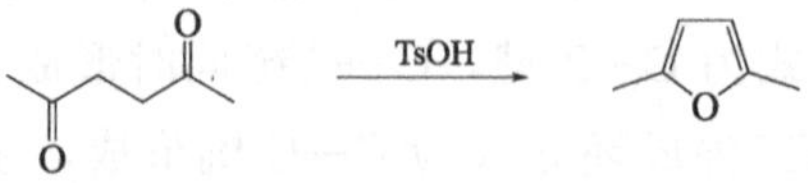

2,5-己二酮 $\xrightarrow{TsOH}$ 2,5-二甲基呋喃

多羟基化合物脱水也可以生成呋喃环。如戊糖脱水得到糠醛。

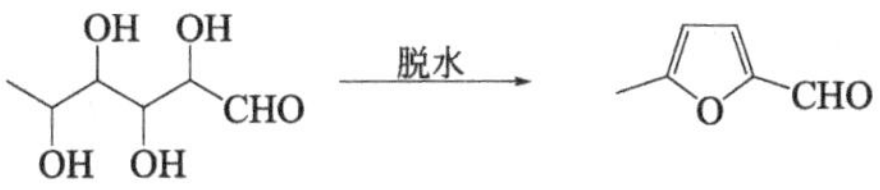

1,3-二羰基化合物与 α-卤代酮按第二种方式成环。

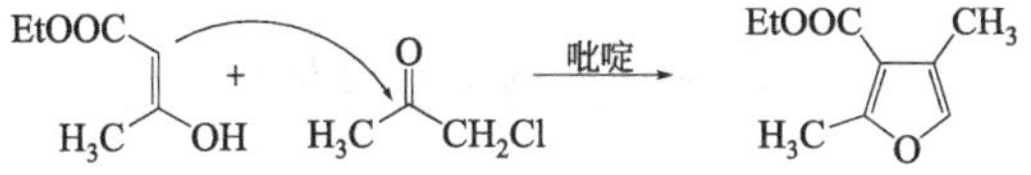

1,3-二羰基化合物与 α-羟基酮按第二种方式闭环。

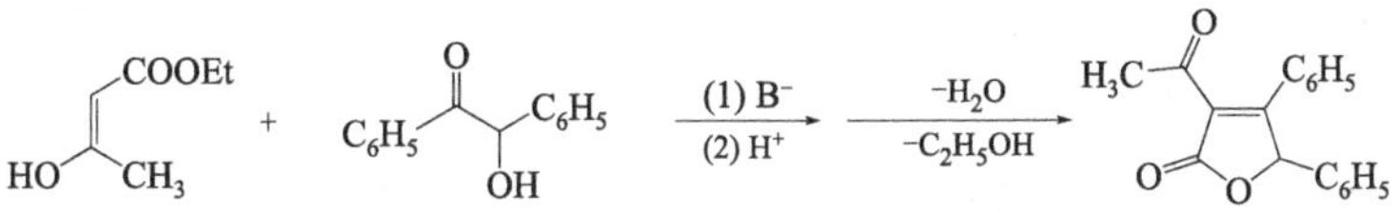

糠醛脱羰基可以生成呋喃。

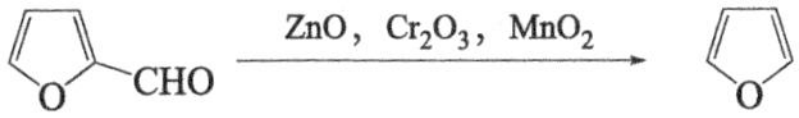

(3) 噻吩及其衍生物的合成

噻吩及其衍生物采用 1,4-二羰基化合物按第一种方式闭环。

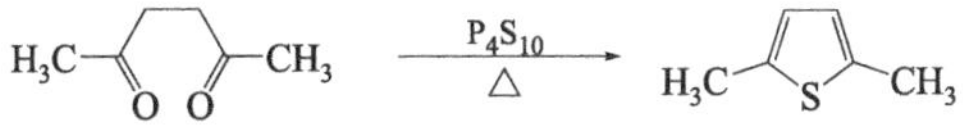

噻吩及其衍生物的其他合成方法与呋喃及其衍生物相同，只要将羰基或羟基硫代即可。噻吩比呋喃更稳定，呋喃、吡咯均可转化为噻吩。

8.2.2 含二个杂原子的五元杂环化合物的成环

咪唑衍生物的合成，利用亲核加成和取代的性质将二个氮原子引入杂环。如 α-卤代酮与脒按第一种闭环方式成环，在反应中脒的二个氨基分别与羰基亲核加成和与卤代烃亲核取代得到。

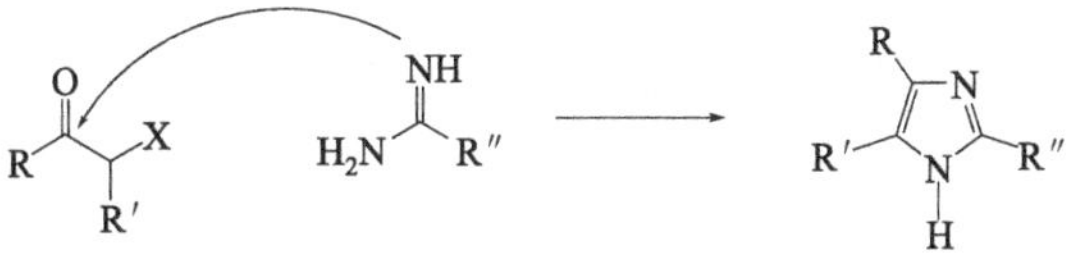

咪唑衍生物的合成也可利用氨基与腈的加成得到，该反应使用 α-氨基羰基化合物与硫氰酸酯成环得到咪唑衍生物。

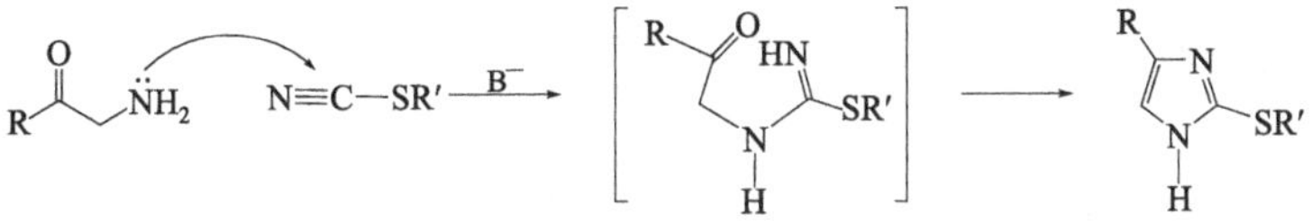

使用 1,2-二胺与羧酸或醛、酮成环和与腈加成成环得到咪唑衍生物。

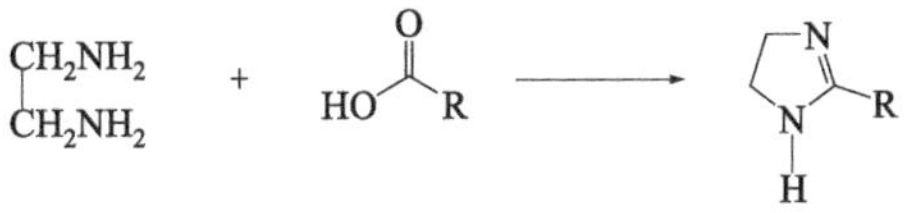

$$CH_2NH_2-CH_2NH_2 + N\equiv C-R \longrightarrow$$ (2-R-咪唑啉)

8.3 六元杂环化合物的成环

以吡啶环为代表的六元杂环是一类缺电子体系，它们的芳香性大于苯，稳定性好，易合成。本节中重点探讨含氮杂原子的六元环化合物的成环方法。

8.3.1 含一个杂原子的六元杂环化合物的成环

吡啶及其衍生物是一类常见的含一个氮原子的六元杂环化合物，从杂原子在碳原子的相对位置分析，它也属于1,5-二氧化合物。采用1,5-二羰基化合物与氨（胺）按第一种方式成环。

由于1,5-二羰基化合物易于获得，可通过上述方法方便地获得吡啶及其衍生物。

$$RCO(CH_2)_3COR' + NH_3 \xrightarrow{-2H_2O} \text{(二氢吡啶)} \xrightarrow{(脱氢)} \text{2-R-6-R'-吡啶}$$

通过两分子乙醛缩合制得α,β-不饱和羰基化合物，再与一分子乙醛缩合可制得4-甲基吡啶。

$$2CH_3CHO \xrightarrow[羟醛缩合]{-H_2O} H_3CHC=CHCHO \xrightarrow{CH_3CHO} OHC-CH_2-CH(CH_3)-CH_2-CHO \xrightarrow[-H_2O]{NH_3} \text{4-甲基吡啶}$$

利用1,3-二氧化化合物与氨基乙酰胺缩合成环，如采用乙酰乙酸乙酯与甲醛反应制得1,5-二氧化产物，在氯的存在下可以得到1,4-二氢吡啶，利用这种方法可合成一类非常有用的药物。

$$H_3CCOCH_2COCH_3 + H_2NCOCH_2CN \xrightarrow[-H_2O]{哌啶/乙醇} \text{3-氰基-4,6-二甲基-2-吡啶酮} \rightleftharpoons \text{3-氰基-4,6-二甲基-2-羟基吡啶}$$

乙炔与氨或腈在催化剂下进行成环反应。

$$3HC\equiv CH + NH_3 \xrightarrow[420℃]{ZnSO_4-H_3BO_3-Al_2O_3} \text{4-甲基吡啶}$$

$$2HC\equiv CH + RCN \xrightarrow[加压，加热]{Co催化剂} \text{2-R-吡啶}$$

其他杂原子杂环在胺作用下转化为氮杂环。将吡喃类杂环化合物在一定条件下转化为吡啶类杂环化合物。

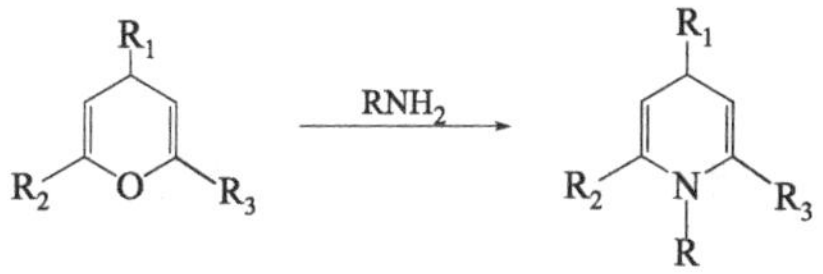

8.3.2 含二个杂原子的六元杂环化合物的成环

含两个氮原子的六元杂环化合物主要包括嘧啶、吡嗪、对嗪及其衍生物。下面以嘧啶及其衍生物为例，介绍其成环方法。

1,3-二羰基化合物与尿素按第一种方式成环。

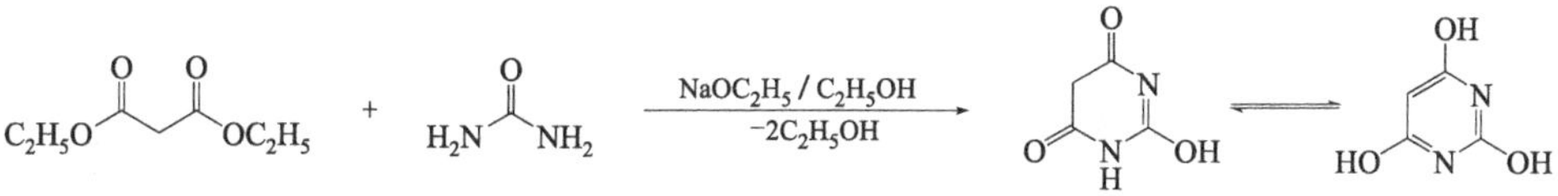

1,3-二羰基化合物与胍按第一种方式成环。

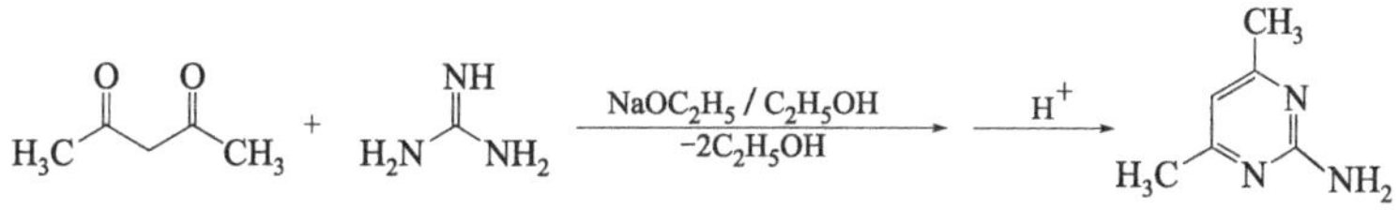

8.4 苯并杂环化合物的形成

苯并杂环化合物主要包括苯并五元环化合物和苯并六元环化合物，其中苯并五元环化合物中有代表性的化合物为吲哚及其衍生物、苯并咪唑及其衍生物和苯并噻唑及其衍生物等，苯并六元环化合物中有代表性的化合物为喹啉及其衍生物、苯并对嗪及其衍生物和苯并三嗪及其衍生物等。

8.4.1 苯并五元环化合物的形成

以吲哚及其衍生物为例，介绍苯并五元环类化合物的形成。

邻溴乙基苯胺受热或与碱作用按第一种方式闭环。

α-苯胺基乙酸在氨基钠存在下按第三种方式闭环。

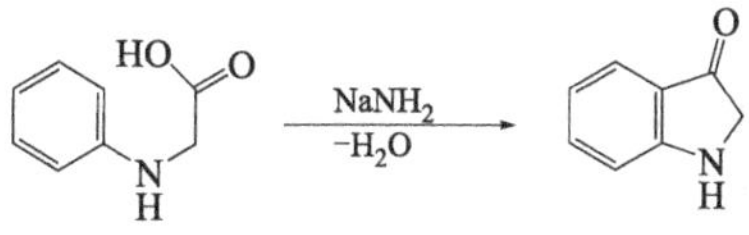

N-酰基-邻甲苯胺在强碱（氨基钠等）存在下按第三种方式闭环。

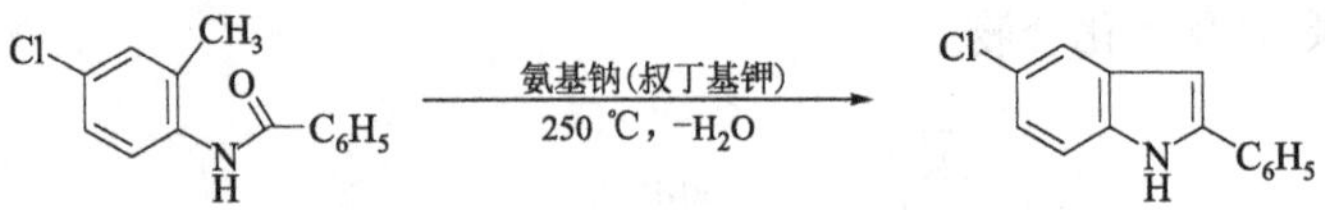

氨基钠(叔丁基钾)
250 ℃，$-H_2O$

N-酰基-邻氯苯胺在强碱（氨基钾等）存在下按第三种方式闭环。

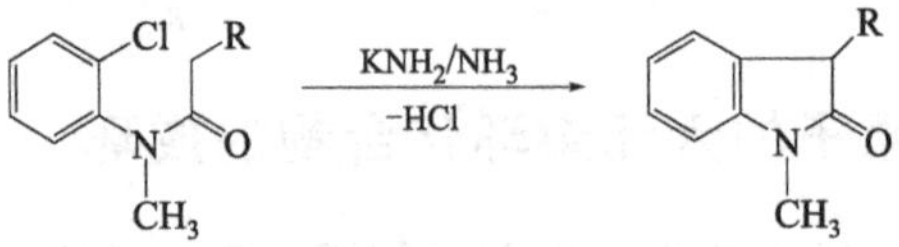

KNH_2/NH_3
-HCl

8.4.2 苯并六元环化合物的形成

本节以最有代表性的苯并六元环化合物喹啉及其衍生物为例，介绍苯并六元环类化合物的形成。

苯胺与甘油在浓硫酸存在下，经加成反应和脱水反应，按第二种方式闭环。

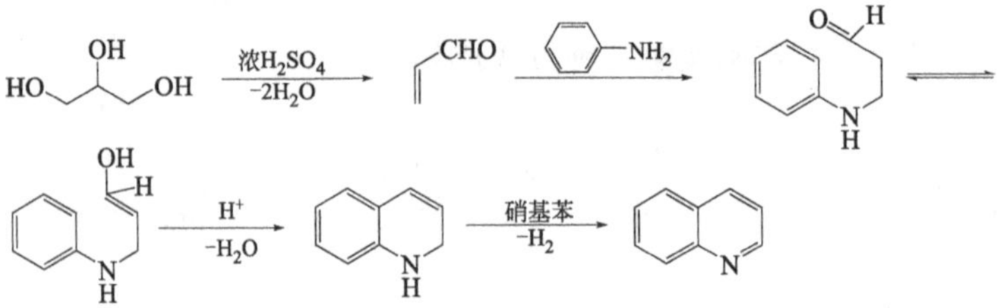

浓H_2SO_4
$-2H_2O$

H^+
$-H_2O$

硝基苯
$-H_2$

芳胺与1,3-二羰基化合物在浓硫酸存在下脱水，按第二种闭环方式成环。

$-C_2H_5OH$
100℃

H_2SO_4，100℃
$-H_2O$

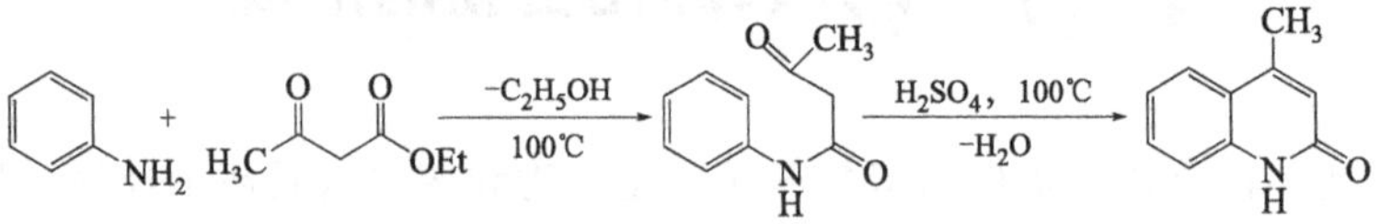

邻氨基苯甲醛与丙酮在酸或碱催化下，按第二种闭环方式成环。

H^+
$-H_2O$

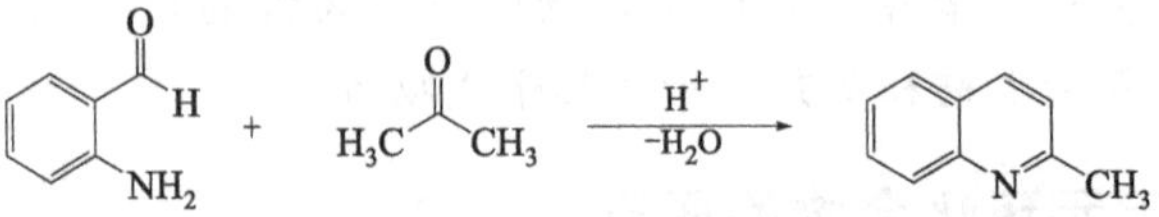

邻氨基苯乙酮酸（即靛红酸）与酮按第二种闭环方式成环。

B^-
$-2H_2O$

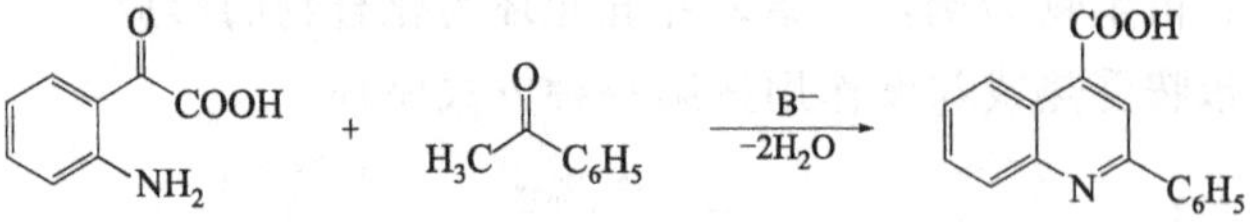

思考题

1. 杂环成环有哪几种方式？
2. 第一种成环方式的反应机理是什么？
3. 第二种成环方式的反应机理是什么？

习 题

写出下列化合物的合成过程。

(1)

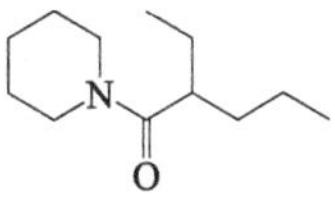

(2)

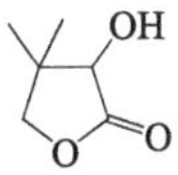

(3)

(4)

(5)

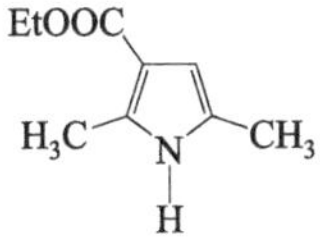

(6)

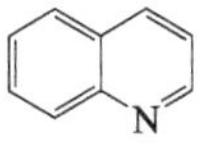

参考文献

[1] 花文廷．杂环化学［M］．北京：北京大学出版社，1991.

[2] 焦耳，米尔斯．杂环化学［M］．北京：科学出版社，2004.

[3] 邹明强．杂环农药：除草剂［M］．北京：科学出版社，2014.

[4] 苏策，夏淑娇．种新型 3-芳基咪唑卡宾前体的合成［J］．精细化工，2013，(11)：1312-1315.

[5] 杨志勇．一些含氮杂环化合物及其衍生物的合成［D］．湖南大学，2014.

[6] 胡玉林，陆明，刘小兵．离子液体中氮杂环化合物的合成研究进展［J］．盐城工学院学报（自然科学版），2014，(3)：6-12.

[7] 宋宝安，吴剑．新杂环农药：除草剂［M］．北京：化学工业出版社，2011.

[8] 李晓莲．新型萘系氮杂环化合物合成及其生物活性研究［D］．大连理工大学，2012.

[9] 李和，李佩文，于振华．食品香料化学——杂环香味化合物［M］．北京：中国轻工业出版社，1992.

[10] 赵雁来．杂环化学导论［M］．北京：高等教育出版社，1992.

[11] 何良年．生物活性磷杂环化学［M］．武汉：华中师范大学出版社，2000.

[12] 丁明武．杂环合成中的维悌希反应［M］．武汉：华中师范大学出版社，1997.

[13] 陈敏为，甘礼雅．有机杂环化合物［M］．北京：高等教育出版社，1990.

[14] 王永江．绿色化学及其在有机合成设计中的应用［J］．丽水师范专科学校学报，2003，(5)：

47-49.
[15] 康艳芳，徐本坡，汪敦佳，刘婷，皮芳．含氮杂环羧酸乙酯的微波合成 [J]．化学世界，2012，(12)：740-742.
[16] 黄爱萍．含吡咯及咪唑类杂环化合物的合成方法研究 [D]．山东大学，2014.
[17] 崔莹．杂环酰胺类衍生物除草活性的研究进展 [J]．西安文理学院学报（自然科学版），2014，(4)：17-20.
[18] 夏永根，陆明．吡啶并吡嗪/咪唑杂环化合物的合成研究 [J]．精细化工中间体，2014，(5)：49-64.

第9章 有机合成设计

本章学习要点

1. 含1,2-二氧化官能团化合物的拆分方法。
2. 含1,3-二氧化官能团化合物的拆分方法。
3. 含1,4-二氧化官能团化合物的拆分方法。
4. 含1,5-二氧化官能团化合物的拆分方法。
5. 含1,6-二氧化官能团化合物的拆分方法。
6. Mannich 反应及其应用。
7. 设计合成路线的例行程序和方法。

9.1 概 述

“逆向合成法”（retrosynthetic approach）的含义是将目标分子通过官能团之间的关系进行合理的切断，成为合成子，通过对合成子的解读找出对应的等效试剂，再从逆向设计出合成路线的方法。简单地说“逆向合成法”就是与合成路线相反的推断方法，从产物开始，由后倒推，逐步回复，直至推出“适当的原料”为止。其过程如图 9-1 所示。

目标分子 $\Longrightarrow$ 合成子 $\Longrightarrow$ 起始原料

图 9-1 “逆向合成法”图

“逆向合成法”可以通过有规律性的方法，从产物回推原料。每步的原料与中间体的合成均可以通过文献查到相应的合成工艺。对有机合成工作者来说学会“逆向合成法”可以得到更简单的合成路线。

用“逆向合成法”设计合成路线，是通过分子结构的中官能团的关系、有机化学机理和分子的极性分析等方法对分子进行拆分，也称为“分子的切断”

(disconnection of molecules) 法，或称“合成子法”(synthon approach) 等。其目的在于：会运用“合成子”和“分子拆开”的方法设计合成路线；可熟练掌握所介绍的几类分子拆开的方法及涉及的重要有机反应。

9.1.1 “分子拆开”的原理和方法

目标分子的骨架为逆向分析的主线，因为用小分子合成较大分子是合成的基本原理，合成的反应使碳-碳成键，分子变大。反过来通过碳-碳键的拆开能把较大的分子变成它的原料和中间体。根据已知的反应原理，将目标分子中把某些价键逐一打开，从而推导出合成它应使用的较小的“碎片”(fragments)——合成子，对带电的合成子的解读可得到等效试剂。表示式如下。

G $\xRightarrow{\text{拆开}}$ F + E $\xRightarrow{\text{拆开}}$ D + C $\xRightarrow{\text{拆开}}$ B + A

G：目标大分子；F：小分子；E：较大；D：小分子；C：较大；B：试剂；A：原料

（F、E、D、C、B、A 统称为：碎片）

分子拆分方程中关系符号用双箭头表示“⟹”，符号左边的物质由右边的碎片合成，碎片是带正负电荷的合成子，合成子有对应等效试剂。目标大分子拆开键的部位，是随后合成时的连接部位，断裂方式一般为异裂。断裂是合成的逆向，逆向分析必须了解合成反应的机理，才能拆分得到正确的合成子。

9.1.2 “分子拆开”应遵循的原则

(1) 骨架的形成

“逆向合成法”分析目标分子，并对其拆分，主要考虑分子的骨架和官能团两方面因素。目标分子的骨架为逆向分析的主线，首先考虑目标分子的骨架形成，分子骨架决定它们的合成方向，而官能团可以通过添加或去除达到合成的要求。

例如：1-丙基双环［4,4,0］癸烷的合成从分子骨架上分析，它是一个环烷烃，碳链的增长可以选择活性亚甲基与 α,β-不饱和酮进行缩合得到，但是该目标分子没有相应的官能团，设计时可通过添加官能团 (FGA) 得到化合物 (Ⅰ)，然后将化合物 (Ⅰ) 拆分得到化合物 (Ⅱ)，化合物 (Ⅱ) 与溴化正丙基镁反应可以得到化合物 (Ⅰ)。因此，分子骨架是合成设计中的主要因素。

1-丙基双环[4,4,0]癸烷 $\xRightarrow{\text{FGA}}$ (Ⅰ) $\Longrightarrow$ (Ⅱ) $\Longrightarrow$

(Ⅲ) $\Longrightarrow$ +

(2) 官能团的形成

官能团在形成骨架中的作用重大，在碳-碳键形成中没有官能团也就没有相应的反应，受官能团的影响而产生的活泼部位是反应的中心，思考骨架形成的同时要考虑官能团的存在和变化。

例如：

$$R-CH_2-\underset{OH}{\underset{|}{CH}}-\underset{R}{\underset{|}{CH}}-CHO$$

分析：①分子骨架是怎样形成的？②大骨架又是通过小分子的什么官能团反应形成的？

拆开：

$$R-CH_2-\underset{O-H}{\underset{|}{CH}}-\underset{R}{\underset{|}{CH}}-CHO \xRightarrow[\text{(醇醛缩合)}]{} R-CH_2-CHO + H-\underset{R}{\underset{|}{CH}}-CHO$$

"逆向合成法"将该化合物中的二个官能团之间的关系，称为 1,3-二氧化官能团，设计合成路线把握住 1,3-二氧化官能团的拆分重点，然后再从碳链为偶数或奇数去分析。偶数碳链可能是相同的醛、酮缩合，否则可能是其他缩合。

例如：利用格氏试剂与酮反应合成叔醇。

$$R^1MgX + (R^2)(R^3)C{=}O \xrightarrow{\text{绝对乙醚}} (R^1)(R^2)(R^3)C-OMgX \xrightarrow{H_3^+O} (R^1)(R^2)(R^3)C-OH$$

格氏反应应当把握的重点是：叔醇中官能团—OH 基所在的叔碳原子是由酮原料中提供的，而不是格氏试剂所提供；应用此法可以制备三个烃基不同的叔醇。所以，叔醇的拆开可有三种不同的方法。

$$(R^1)(R^2)(R^3)C-OH \Longrightarrow \begin{cases} \xRightarrow{a} R^1MgX + (R^2)(R^3)C{=}O \\ \xRightarrow{b} R^2MgX + (R^1)(R^3)C{=}O \\ \xRightarrow{c} R^3MgX + (R^1)(R^2)C{=}O \end{cases}$$

在讨论合成的问题时常常碰到以下一些术语，对它们的含义简单介绍如下。

(1) 合成子

合成子最早是由美国哈佛大学科里教授提出的，是作为一个分子之内的结构单元来定义的。它是带正、负电荷的碎片，相应的合成子有对应的合成等价物(或称等效试剂)，如碳正离子所对应的等效试剂往往是连有吸电子基的卤代烃，而碳负离子所对应的等效试剂则可能是格氏试剂或含多个吸电子基团活性亚甲基，分析合成子对应的等效试剂是逆向合成法的重要环节。例如：

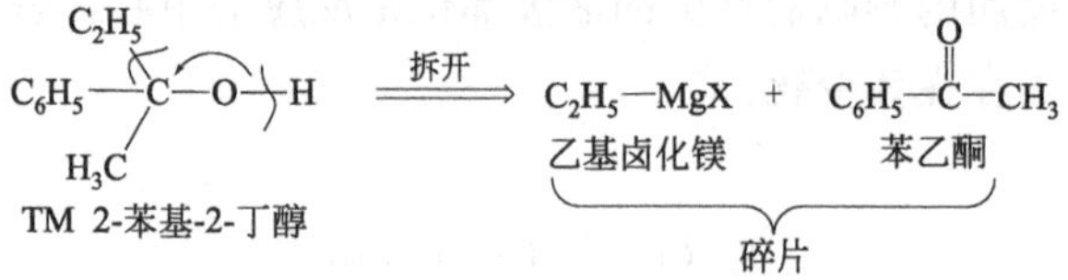

$$C_6H_5-C(C_2H_5)(CH_3)-O-H \xrightarrow{\text{拆开}} C_2H_5-MgX + C_6H_5-CO-CH_3$$

TM 2-苯基-2-丁醇 乙基卤化镁 苯乙酮 碎片

(2) 合成等价物

合成等价物也称等效试剂，是指那些带正负电荷的合成子所对应的稳定试剂。

(3) 逆向合成分析或逆向合成

从目标分子出发，对其结构进行分析、切断，最终找出起始原料，以制定合成路线的方法与过程，称为逆向合成分析或逆向合成。

(4) 官功能团互换

逆向合成分析时需要将目标分子中的官能团转变成另一官能团，更利于逆向切断，这样的转变，称为官能团互换（functional group interconversion，FGI）。例如：

FGI

(5) 官能团添加

逆向合成分析优先考虑骨架时，为了活化下一步合成操作需要的某个位置，分子需添加官能团更利于逆向切断，这种处理称为官能团添加（functional group addition，FGA）。例如：

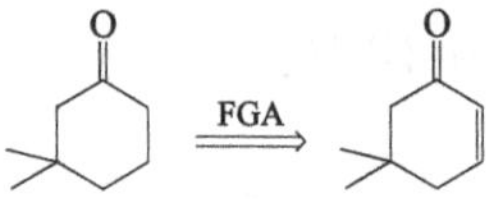

FGA

(6) 官能团消除

在逆向合成分析，除去目标分子中的某个官能团，更便于拆开，其结果就称之为官能团消除（functional group removal，FGR）。例如：

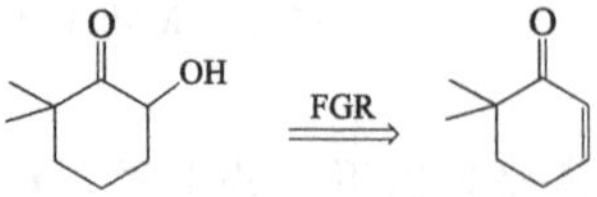

OH FGR

(7) 逆向切断

逆向切断（disconnetion，dis），是合成反应的逆过程，用符号$\xrightarrow{dis}$和穿过切断价键的“s线”来表示。例如，2-乙基戊酸，通过添加官能团或官能团变换，可以推出10条路线。

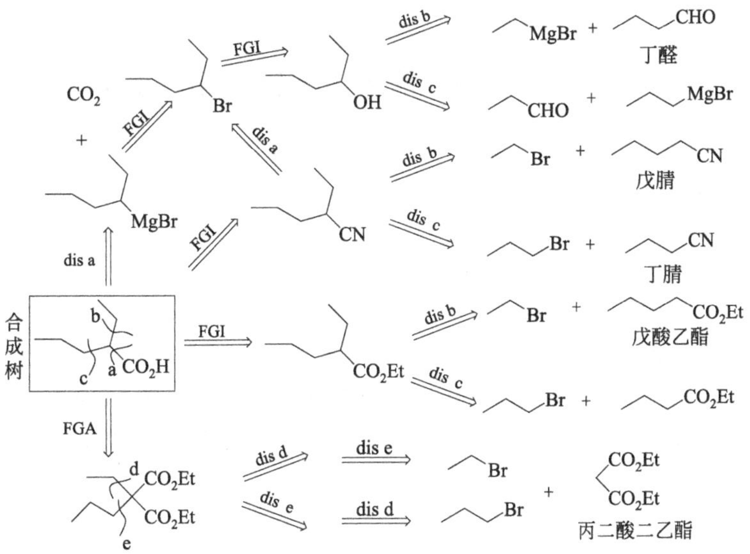

(8) 电子接受体

电子接受体（electron acceptor）是能接受电子的体系，一般广义上为酸，缩写为 a 或 A。

(9) 电子给予体

电子给予体（electron donor）是能给予电子的体系，一般广义上为碱，缩写为 d 或 D。例如：

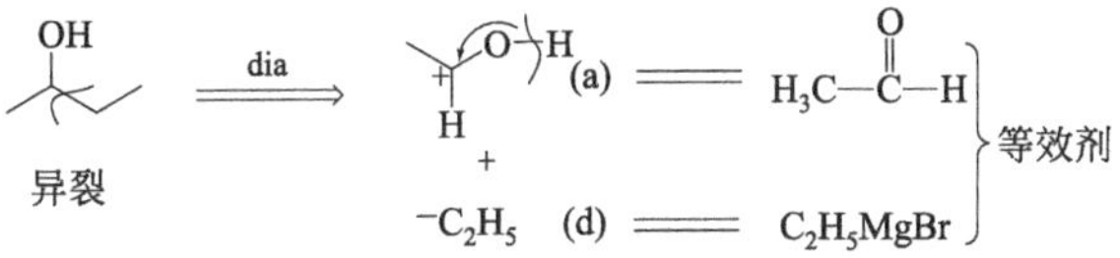

(10) 逆向连接

逆向连接（connection，Con），是合成反应的逆过程，在 1,6-二氧化中将己二酸或己二醛逆向连接为环己烯，用符号$\xrightarrow{\text{Con}}$来表示。

例如：

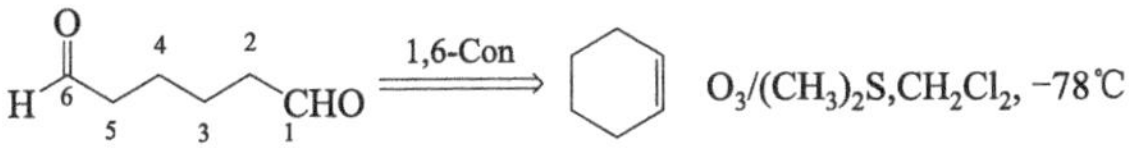

9.1.3 “分子拆开”的一般方法

逆向切断目标分子，并且有规律地找出相应切断产生的等效试剂，这是有机合成的关键。通过有机碳-碳键的生成反应可找出官能团与切断的关系。本节讨论二个官能团之间的关系，碳上连接官能团后碳的氧化数提高，也称为被氧化的碳。被氧化的碳之间的相对位置，分别用 1,2-二氧化、1,3-二氧化、1,4-二氧化、1,5-二氧化、1,6-二氧化等碳氧化的相对关系表述。

9.2 1,3-二氧化的化合物的拆开

典型的1,3-二氧化的化合物如下。

OH O | O O | CHO | O O OEt | O O

β-羟基酮　　β-二酮　　α,β-不饱和醛　　β-羰基酯　　1,3-环己二酮

1,3-二氧化的化合物是缩合反应的主要产物，如羟醛缩合、酯缩合、酮酯缩合、腈酯缩合等，也是官能团相对关系分析中最重要的一种。它们的切断是由上述缩合反应得到，因此，在多种关系并存时，1,3-二氧化的切断是优先考虑的切断。

【案例 9-1】 1,3-丁二醇的合成路线的逆向分析如下。

$$\underset{\text{1,3-丁二醇}}{H_3C-\underset{H}{\overset{OH}{C}}-\overset{H_2}{C}-\overset{OH}{C}H_2} \xRightarrow[\text{(还原)}]{FGI} \underset{\text{3-羟基丁醛}}{H_3C-\underset{O-H}{\overset{H}{C}}-\overset{H_2}{C}-\overset{O}{\overset{\|}{C}}-H} \xRightarrow[\text{(羟醛缩合)}]{dia} 2\,H_3C-\overset{O}{\overset{\|}{C}}-H$$

合成路线：

$$H_3C-\overset{O}{\overset{\|}{C}}-H + H-\overset{H_2}{C}-\overset{O}{\overset{\|}{C}}-H \xrightarrow{\text{稀 NaOH}} H_3C-\underset{H}{\overset{OH}{C}}-\overset{H_2}{C}-\overset{O}{\overset{\|}{C}}-H \xrightarrow{NaBH_4} \underset{\text{1,3-丁二醇}}{H_3C-\underset{H}{\overset{OH}{C}}-\overset{H_2}{C}-\overset{OH}{C}H_2}$$

9.2.1 *β*-羟基羰基化合物的拆开

含有活性α-H的醛（酮），在稀碱（常用）或稀酸的催化作用下，发生缩合生成β-羟基（醇）醛（酮）的反应，称为“醇（羟）醛（酮）型”缩合反应。此类反应是可逆反应。

乙醛碱催化的缩合反应历程如下。

夺取α-H

$$OH^- + H-\overset{H_2}{C}-\overset{O}{\overset{\|}{C}}-H \overset{-H_2O}{\rightleftharpoons} \left[H_2\bar{C}-\overset{O}{\overset{\|}{C}}-H \rightleftharpoons H_2C=\overset{O^-}{\overset{|}{C}}-H \right]$$

亲核进攻

$$H_3C-\overset{\overset{\delta^-}{O}}{\overset{\|}{\underset{\delta^+}{C}}}-H + H_3\bar{C}-\overset{O}{\overset{\|}{C}}-H \rightleftharpoons H_3C-\underset{H}{\overset{O^-}{C}}-\overset{H_2}{C}-\overset{O}{\overset{\|}{C}}-H$$

水解

$$H{-}OH + H_3C{-}\underset{H}{\overset{O^-}{C}}{-}\overset{H_2}{C}{-}\overset{O}{\overset{\|}{C}}{-}H \rightleftharpoons H_3C{-}\underset{H}{\overset{OH}{C}}{-}\overset{H_2}{C}{-}\overset{O}{\overset{\|}{C}}{-}H + OH^-$$

若为酮（如丙酮），则有

$$(H_3C)_2C{=}O + H{-}CH_2{-}CO{-}CH_3 \xrightarrow[\text{回流}]{Ba(OH)_2} (H_3C)_2C(OH){-}CH_2{-}CO{-}CH_3$$

丙酮酸催化下的缩合反应历程如下。

烯醇式重排

$$H_3C{-}CO{-}CH_3 \xrightleftharpoons{H^+} H_3C{-}C(=\overset{+}{O}H){-}CH_2{-}H \xrightleftharpoons{-H^+} H_3C{-}C(OH){=}CH_2$$

亲核进攻

$$H_3C{-}C(OH){=}CH_2 + H_3C{-}\overset{\delta^+}{C}(=O^{\delta^-}){-}CH_3 \rightleftharpoons H_3C{-}C(=\overset{+}{O}H){-}CH_2{-}C(OH)(CH_3){-}CH_3$$

脱去 H$^+$

$$H_3C{-}C(=\overset{+}{O}H){-}CH_2{-}C(OH)(CH_3){-}CH_3 \xrightleftharpoons{-H^+} H_3C{-}CO{-}CH_2{-}C(OH)(CH_3){-}CH_3$$

醛、酮的交叉缩合反应，产率不太高。原因是醛或酮自身都有缩合反应。例如：

$$H_3C{-}CHO + H{-}CH_2{-}CO{-}CH_3 \xrightarrow[-H_2O]{\text{稀 }OH^-\text{,低热}} H_3C{-}CH(OH){-}CH_2{-}CO{-}CH_3 \quad 75\%$$

碱催化反应的机理是碱首先夺取 α-C 上氢形成碳负离子，接着碳负离子同另一分子碳基发生亲核加成反应，生成 β-羟基羰基化合物。通常用的碱有：氢氯化钠、乙醇钠、叔丁醇铝等。酸催化反应使羰基氧质子化，增加羰基碳正电性，从而增加活性。

β-羟基羰基化合物的逆向拆分，从羰基起，将 α,β-C—C 键打开，β-羟基回到 α-C 上，β-C 恢复为原来的羰基。

$$CH_3CH_2CH_2\overset{\beta}{C}H(OH){-}\overset{\alpha}{C}H(CH_2CH_3){-}CHO \xRightarrow{dis} CH_3CH_2CH_2CHO + CH_3CH_2CH_2CHO$$

$$CH_3CH_2\overset{\alpha}{C}H(CHO){-}\overset{\beta}{C}H_2OH \xRightarrow{dis} CH_3CH_2CH_2CHO + HCHO$$

能使 α-H 活化的基团，除了醛、酮的碳基外，还有其他的强吸电子基，如：$—NO_2$、$—CN$、$—CO_2H$、$—CO_2R$，甚至卤原子、不饱和键等也有致活作用。

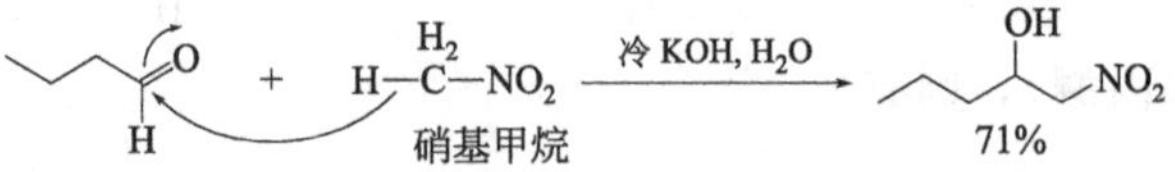

O H + $H—\overset{H_2}{C}—NO_2$ —冷 KOH, H_2O→ OH NO_2

硝基甲烷 71%

因此，可以推而广之，把这类化合物叫做β-羟基-α-吸电子基化合物。

【案例 9-2】 设计［α-(1-羟基）环戊基］环戊酮的合成路线。

分析：从骨架、官能团及官能团间的位置分析，即从整体来看，该物质显然为β-羟基羰基化合物。

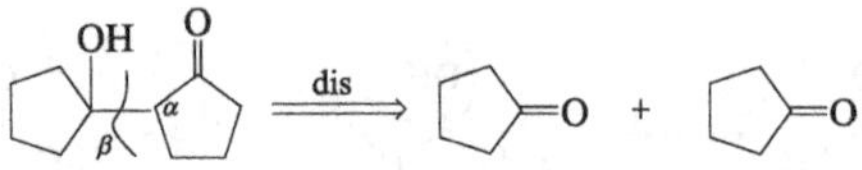

OH O α β ⇒(dis) O + O

合成路线：

O —(1) $LiN(iso\text{-}C_3H_7)_2$，乙醚; (2) H_3^+O→ OH O

40%

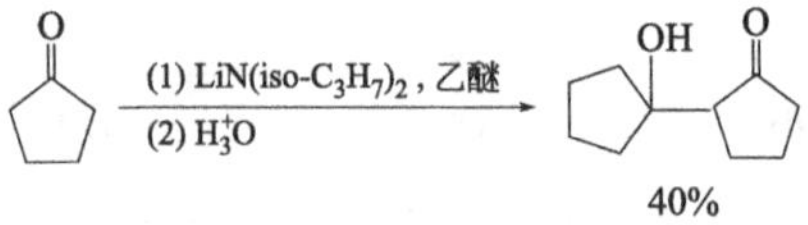

【案例 9-3】 设计 2-(α-环己酮)基-2-羟基二苯乙酮的合成路线。

分析：从羰基着手，向外推移找到β位有羟基的羰基，按β-羟基羰基化合拆开。

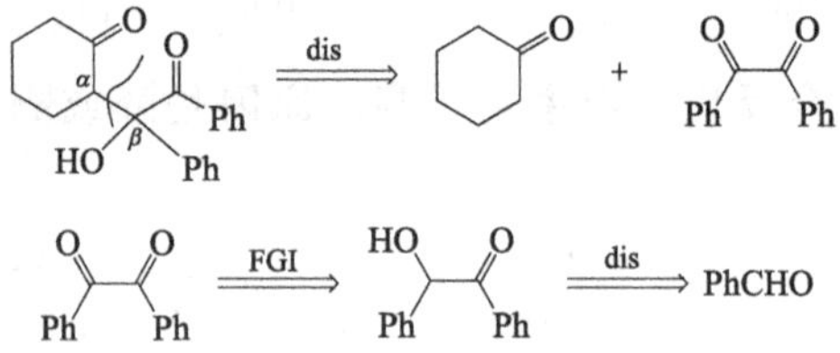

O α O Ph β HO Ph ⇒(dis) O + O O Ph Ph

O O Ph Ph ⇒(FGI) HO O Ph Ph ⇒(dis) PhCHO

合成路线：

PhCHO —KCN, 水/乙醇→ HO O Ph Ph 83% —稀 HNO_3→ O O Ph Ph 96% —稀 OH^-, 环己酮→ O O Ph HO Ph

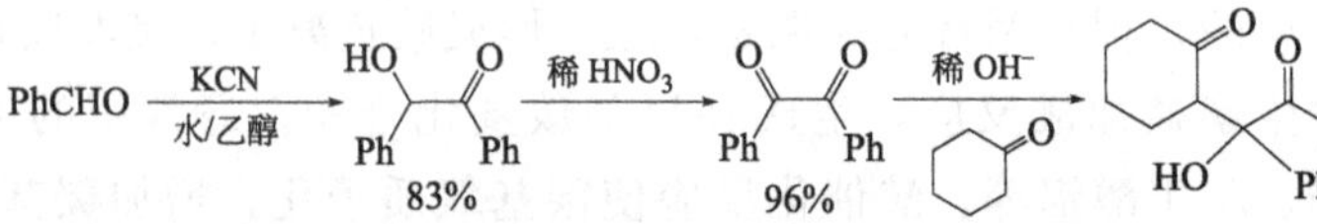

讨论：因 KCN 或 NaCN 剧毒，使用不便，近年来有人采用广泛存在的生物辅酶——盐酸硫胺作为催化剂。材料易得，价格便宜，操作方便，效果良好。

【案例 9-4】 设计 5-硝基-4-辛醇的合成路线。

分析：这是一种β-羟基-α-吸电子基（$—NO_2$）化合物。

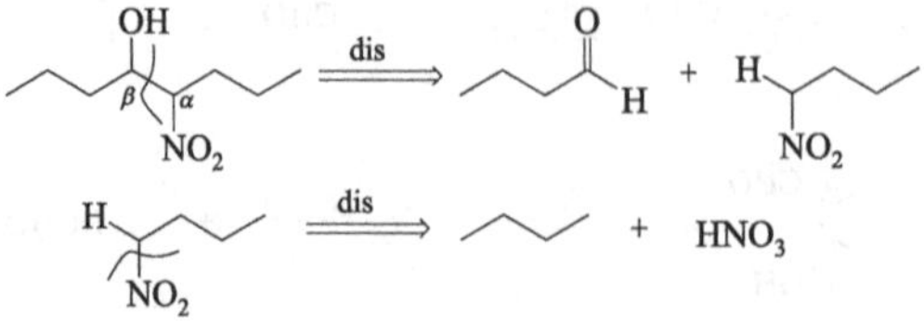

OH β α NO_2 ⇒(dis) O H + H NO_2

H NO_2 ⇒(dis) + HNO_3

合成路线：

(1) HNO_3, 420~450℃；(2) 分离 → NO_2；丁醛，KOH / 乙醇 → OH，NO_2

在基础有机化学中已了解到，羟基醛（酮）一个突出的性质，在受热时易失水生成 α,β-不饱和醛（酮）。因此 β-羟基醛（酮）与 α,β-不饱和醛（酮）有着紧密联系。

9.2.2 α,β-不饱和羰基化合物的拆开

（1）α,β-不饱和羰基化合物的形成

β-羟基醛、酮的脱水反应，可以制备 α,β-不饱和羰基化合物，如下列反应方程是开链 α,β-不饱和羰基化合物的制备。易脱水的原因：①β-羟基和羰基之间 α-H 受二者吸电子的影响更为活泼；②脱水后形成 π-π 共轭体系很稳定。

OH H，H^+，$\overset{+}{O}H_2$ H，$-H_2O$，H，$-H^+$，—C=C—C=O

从上面反应中，可得出这样的规律：缩合后碳原子数大于 6 时，反应要求温度较高，该缩合反应能自动脱水生成 α,β-不饱和羰基化合物；若酸催化，就容易进一步发生不可逆的失水反应，得到 α,β-不饱和羰基化合物。

2 丙酮，$Ba(OH)_2$ → OH O

2 丙酮，HCl，$-H_2O$ → O；CH_3COCH_3, HCl，$-H_2O$ → O

OH H，OH^-，$-H_2O$，OH，O^-，$-OH^-$，O

环状 α,β-不饱和酮的制备反应，二元酮或醛在酸或碱的催化下发生缩合反应，生成 α,β-不饱和的环酮或醛。

O，O，(单键旋转)，(分子围拢)，O，H，CH_2，O，OH^-，回流，H_3C OH，H，H，O，△，$-H_2O$，CH_3，O，42%

O，O，热运动，O，O，稀 OH^-，△，O

当用醇醛型缩合反应进而脱水制备 α,β-不饱和醛、酮时，若其分子内仍含 γ-H 原子，在足量强碱的作用下，仍能继续进行缩合反应，甚至最终导致缩聚物的生成。所以，这类反应不能使用太浓的强碱。

Claisen-Schmidt 反应，在稀的强碱存在下，含有 α-H 的脂肪醛、酮与芳醛进行交叉缩合反应，生成 α,β-不饱和醛、酮。其历程为：

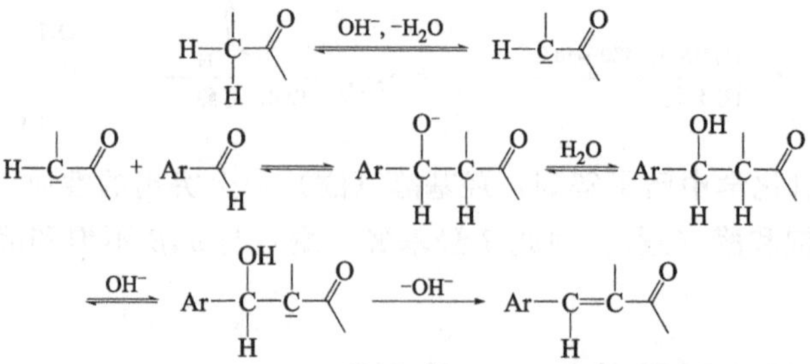

Claisen-Schmidtt 反应在有机合成上应用广泛。其规律如下：芳醛与甲基酮或环酮反应最终产物为脱水生成 α,β-不饱和酮。芳醛与不对称酮缩合，总是取代基较少的 α-C 参加反应，取代基较多的 α-C 不易进行缩合反应。

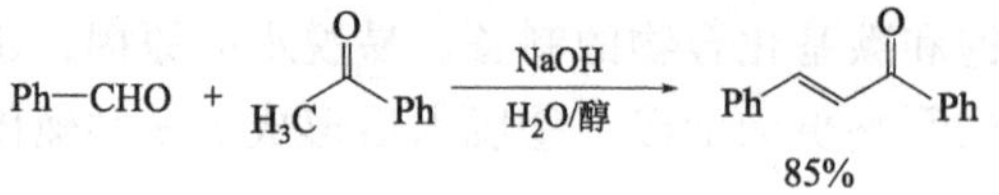

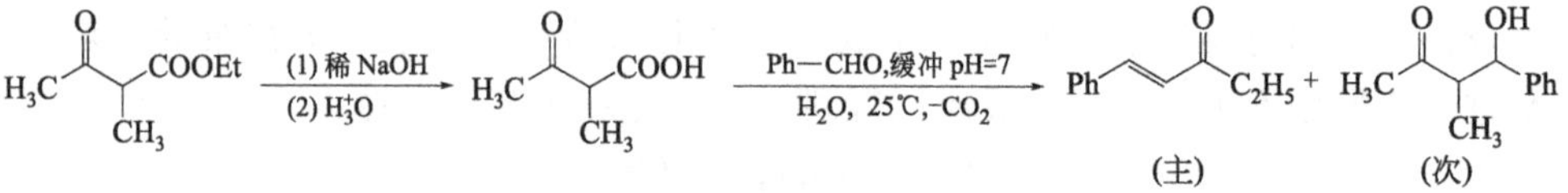

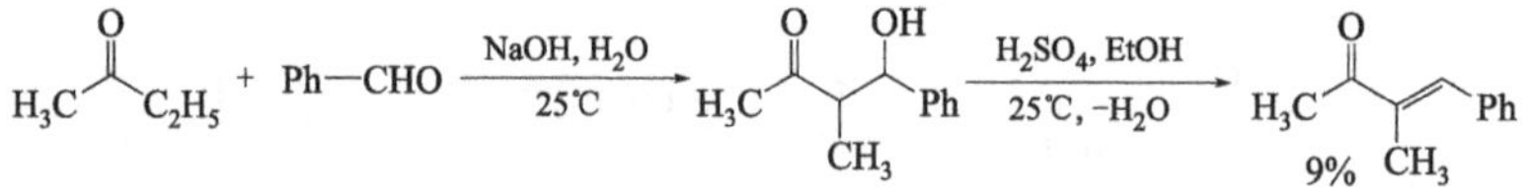

Claisen-Schmidt 反应总是生成反式构型的烯，Claisen-Schmidt 反应芳醛与不对称酮反应，酮取代基较少的 α-C 参加反应。

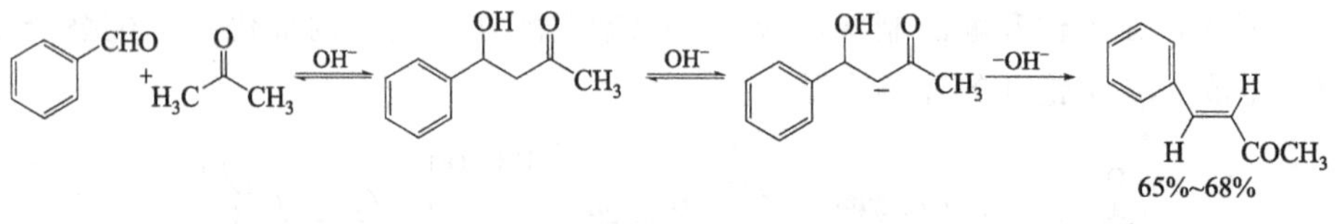

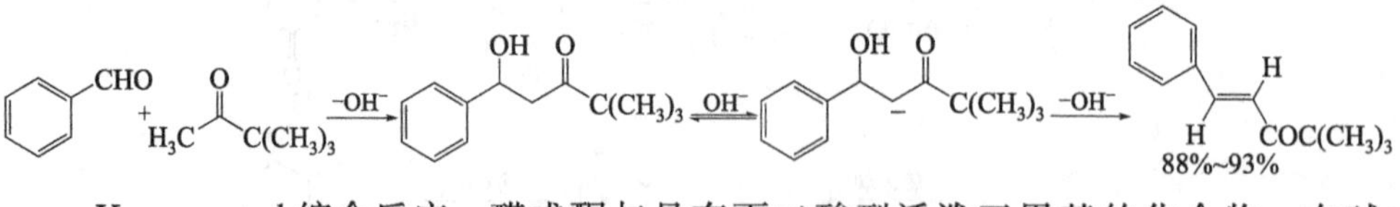

Knoevengel 缩合反应，醛或酮与具有丙二酸型活泼亚甲基的化合物，在碱性催化剂作用下，缩合成为 α,β-不饱和羧酸衍生物的反应。简化之可用下面通式表示。

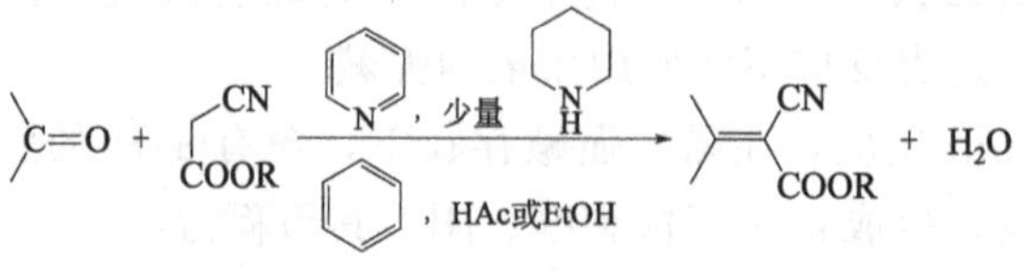

反应机理：

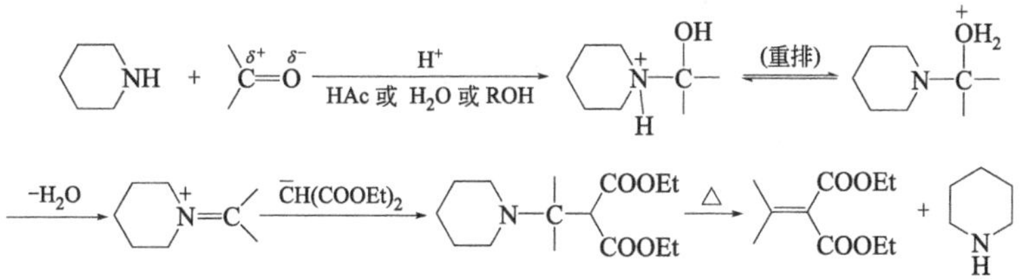

Claisen 缩合反应，无 α-H 的醛与含两个 α-H 的酯在碱性条件下发生缩合反应，生成 α,β-不饱和酯。

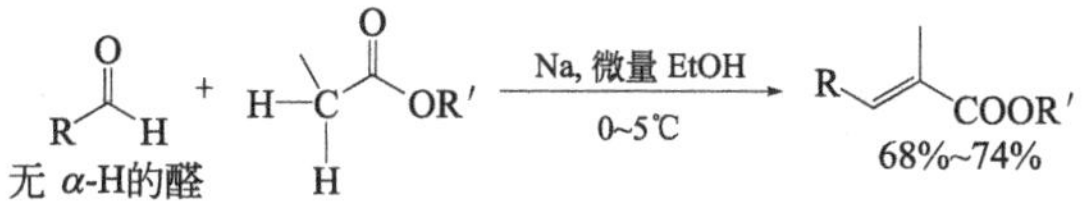

Perkin 反应，芳醛与含两个 α-H 的脂肪酸酐及其相应的羧酸钾（或钠）盐一起加热，发生类似醇醛缩合反应，生成 α,β-芳基取代的丙烯酸及其衍生物的反应。例如：

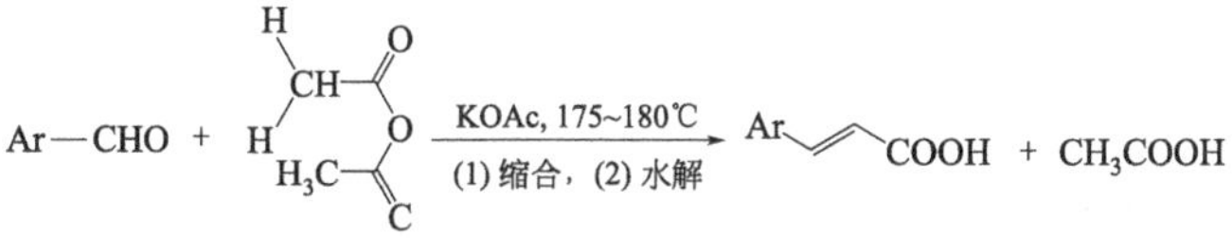

羧酸盐在反应中起碱的作用。反应首先是羧酸盐负离于夺取酸酐中的 α-H，使之形成碳负离子，后者与芳醛亲核加成。机理如下：

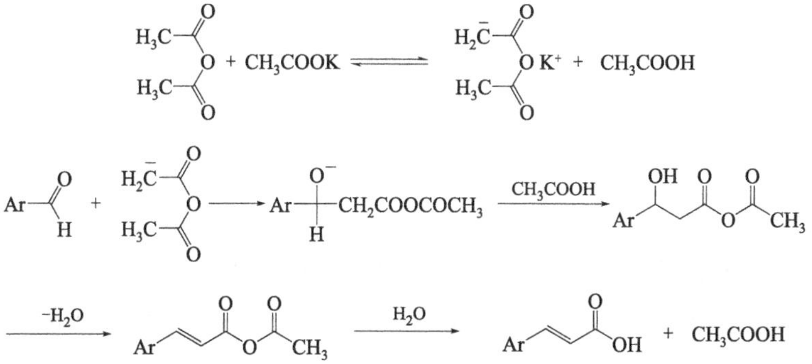

总结以上讨论的缩合反应，合成 α,β-不饱和羰基化合物的方法。即

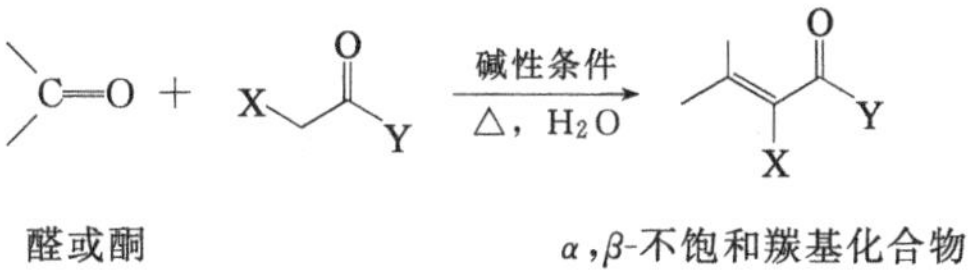

醛或酮　　　　α,β-不饱和羰基化合物

X 为 H 或吸电子基，—OH，—OR、—OAc 等。所以，α,β-不饱和羰基化合物的拆开就容易理解了。

(2) α,β-不饱和羰基化合物的拆开

$$>C=C(-)-C(=O)- \overset{dis}{\Longrightarrow} >C=O + -CH_2-C(=O)-$$

如果是有 α,β-H 且为饱和的羰基化合物，也能按上式那样拆开，但需要多几步。

$$-CH-CH-C(=O)- \overset{FGA}{\Longrightarrow} -C=C-C(=O)- \overset{dis}{\Longrightarrow} >C=O + H-CH-C(=O)-$$

(3) 合成实例

【案例 9-5】 目标分子对硝基苯丙烯醛含有 α,β-不饱和醛，无 α-芳醛与乙醛缩合的逆向分析如下。

$$O_2N-C_6H_4-CH=CH-CHO \overset{dis}{\Longrightarrow} CH_3CHO + O_2N-C_6H_4-CHO$$

合成路线：

$$C_6H_5CH_3 \xrightarrow[浓 H_2SO_4]{浓 HNO_3} p\text{-}O_2N-C_6H_4-CH_3 \xrightarrow[CCl_4]{CrO_2Cl_2} p\text{-}O_2N-C_6H_4-CHO \xrightarrow[KOH/CH_3OH]{CH_3CHO} p\text{-}O_2N-C_6H_4-CH=CH-CHO$$

【案例 9-6】 设计：$Ph-CH=CH-CO-CH=CH-Ph$ 的合成路线。

分析：目标分子中含有两个双键的羰基化合物，可以当作双 α,β-不饱和酮。拆开如下。

$$Ph-CH=CH-CO-CH=CH-Ph \overset{dis}{\Longrightarrow} Ph-CHO + H_3C-CO-CH_3 + Ph-CHO$$

合成路线：

$$2\ Ph-CHO + H_3C-CO-CH_3 \xrightarrow[20\sim25℃]{稀 NaOH/醇} Ph-CH=CH-CO-CH=CH-Ph$$

【案例 9-7】 设计 β-(α-呋喃基) 丙烯酸的合成路线。

目标分子为 α,β-不饱和羰基化合物，与案例 9-5 相同，呋喃甲醛与丙二酸二乙酯缩合，故拆开如下：

$$\text{呋喃基}-CH=CH-COOH \overset{dis}{\Longrightarrow} \text{呋喃基}-CHO + CH_3COOH$$

$$CH_3COOH \overset{FGA}{\Longrightarrow} CH_2(COOEt)_2$$

合成路线：

$$\text{呋喃基}-CHO + CH_2(COOEt)_2 \xrightarrow[100℃,\ 1h]{吡啶，哌啶} \text{呋喃基}-CH=CH-COOH + H_2O + CO_2$$

【案例 9-8】 设计 (5,5-二甲基-5,6-二氢-2H-吡喃-2-酮结构式) 的合成路线。

目标分子 4,4-二甲基-5-羟基-2-戊烯酸内酯，属于 α,β-不饱和羰基化合物，选择无 α-氢 3-羟基-2,2-二甲基丙醛与丙二酸二乙酯缩合，逆向分析如下。

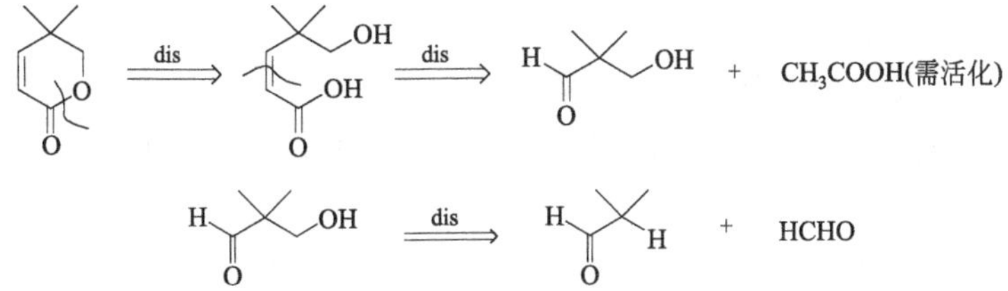

合成路线：

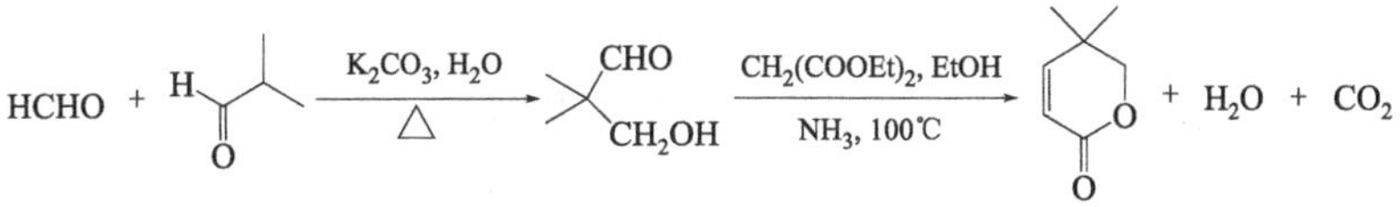

最后一步反应——缩合、脱羧、脱水成内酯为连续自动进行。

【案例 9-9】 设计 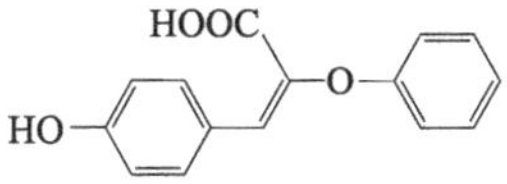 的合成路线。

α-苯氧基-β-(对羟基苯基) 丙烯酸，从骨架及官能团来看，为 α,β-不饱和羰基化合物的逆向分析。

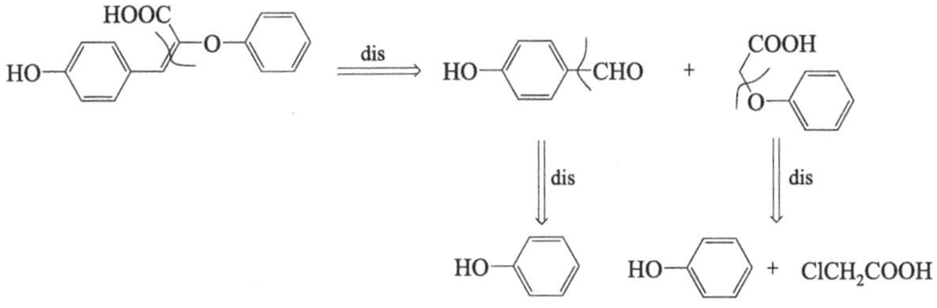

合成路线：

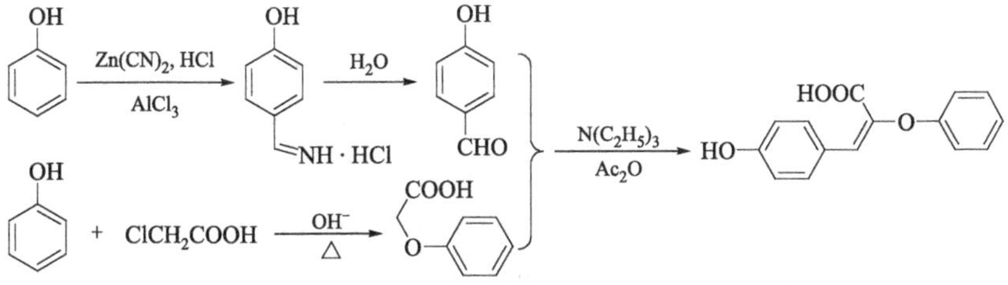

9.2.3 1,3-二羰基化合物的拆开

1,3-二羰基化合物的骨架可看作有两部分构成：α-C 归于右边的羰基，该片断看作母体，α-C 左边的羰基看作残基。1,3-二羰基骨架是酰基取代了 α-H 形成的，拆开的方法应当是从酰基和 α-C 之间的键断开，分成酰化试剂和带有活泼 α-H 的羰基衍生物。即：

$$RCOCH(R')COY \xRightarrow{dis} RCOX + R'CH_2COY$$

1,3-二羰基化合物　　X=Cl, Br, RCOO, RO　酰化试剂　　Y=H, R, OH, OR, RCOO

1,3-二羰基化合物的合成反应中常用的合成方法是 Claisen 酯缩合反应。即一种具有 α-H 的酯和另一分子相同或不相同的酯在碱性试剂存在下进行的缩合反应。反应的结果是脱掉一分子醇形成 β-羰基酸酯。现在把提供酰基的化合物，如酯、酰氯、酸酐与酯、醛、酮、腈（提供 α-H）的反应都称为 Claisen 缩合反应。即：

$$RCOX + H\text{—}CH(R')COY \xrightarrow{碱} RCOCH(R')COY$$

常用的碱性试剂有醇钠、氨基钠、三苯甲基钠等。

相同酯间的结合——Claisen 酯缩合反应，典型的反应以二分子乙酸乙酯在乙醇钠作用下，自身缩合生成乙酰乙酸乙酯。

反应历程：

(1) $$\underset{pK_a\approx 24}{H_3CCOOC_2H_5} + C_2H_5O^- \rightleftharpoons H_2\bar{C}COOC_2H_5 + \underset{pK_a\approx 16}{C_2H_5OH}$$

(2) $$H_3CCOOC_2H_5 + H_2\bar{C}COOC_2H_5 \rightleftharpoons H_3C\text{—}C(O^-)(OC_2H_5)CH_2COOC_2H_5$$

(3) $$H_3C\text{—}C(O^-)(OC_2H_5)CH_2COOC_2H_5 \rightleftharpoons H_3CCOCH_2COOC_2H_5 + C_2H_5O^-$$

(4) $$H_3CCOCH_2COOC_2H_5 + C_2H_5O^- \longrightarrow H_3CCO\bar{C}HCOOC_2H_5 + C_2H_5OH$$

$$H_3CCO\bar{C}HCOOC_2H_5 \xrightarrow{H^+} H_3CCOCH_2COOC_2H_5$$

乙酰乙酸乙酯中活泼亚甲基上的氢受两个羰基的影响，酸性比乙醇强，是一个较强的酸（$pK_a\approx 11$），能与 $C_2H_5O^-$ 作用形成稳定的负离子，反应是不可逆的。因此，体系中浓度虽然很低，一旦形成就不断反应，从而使反应能趋于完成。

若酯的碳上只有一个氢，则缩合反应不能在 $C_2H_5O^-$ 的作用下进行。只有使用更强的碱，如三苯甲基钠，才能使缩合反应顺利进行。

$$2\,(CH_3)_2CHCOOC_2H_5 \xrightarrow[(2)\ H_3^+O]{(1)\ C_2H_5O^-/C_2H_5OH} \underset{0\%}{(CH_3)_2CHCOC(CH_3)_2COOC_2H_5}$$

$$2\,(CH_3)_2CHCOOC_2H_5 \xrightarrow[(2)\ H_3^+O]{(1)\ Ph_3C^-} (CH_3)_2CHCOC(CH_3)_2COOC_2H_5$$

二元或多元酯的分子内缩合称为 Dieckmann 环化缩合反应。含有 α-H 的二元酯在强碱 EtONa 等存在下，分子内发生酯缩合反应，形成一个环状 β-酮酸酯。再经水解加热脱羧反应得到五元或六元环状酮。

$$CH_3CH(COOEt)CH_2CH_2CH_2COOEt \xrightarrow[\triangle]{NaOEt} \text{2-乙氧羰基-5-甲基环戊酮} \xrightarrow[(2)\ H^+,\ \triangle]{(1)\ OH^-} \text{2-甲基环戊酮}$$

酯的缩合反应也可在不同的酯之间进行，当二个酯都有 α-氢时无实用意义。选择无 α-氢的酯与另一含 α-氢的酯缩合，可以得到有实用意义的酯缩合产物。

草酸二乙酯的酰化反应及其应用，草酸二乙酯为无 α-氢的酯与含 α-氢的酯可以酯缩合，用于活化含一个吸电子基的亚甲基，该反应在有机合成中有其特殊用途。例如，草酸二乙酯与苯乙酸乙酯的反应。

$$Ph-CH_2COOEt + EtOOC-COOEt \xrightarrow{NaOEt} Ph-CH(COOEt)-CO-COOEt$$

α-草酰酯直接受热脱去羰基放出 CO。例如：

$$Ph-CH(COOEt)-CO-COOEt \xrightarrow[\text{软玻璃粉}]{170℃} \underset{80\%}{Ph-CH(COOEt)_2} + CO_2\uparrow$$

这是制备 α-苯基丙二酸二乙酯的合理方法，因为直接在丙二酸二乙酯的 α-碳上引入苯基或其他芳基是不可能的。

α-草酰酯先通过酸水解，再受热时，羰基的 β 位羧基失去，生成 α-羰基羧酸，这也是 α-羰基酸的常用制法。此反应既可以用作 α-羰基酸的制备，也可用来制备含有羰基的二元羧酸。

$$Ph-CH(COOEt)-CO-COOEt \xrightarrow[\text{回流}]{10\%\ H_2SO_4} Ph-CH_2-CO-COOH + CO_2 + 2\ EtOH$$

【案例 9-10】设计 α-羰基戊二酸的合成路线。

分析：

$$HOOC-CH_2CH_2-CO-COOH \xRightarrow{FGA} HOOC-CH_2-CH(COOH)-CO-COOH \xRightarrow{FGA} EtOOC-CH_2-CH(COOEt)-CO-COOEt$$

$$\xRightarrow{dis} EtOOC-COOEt + EtOOC-CH_2CH_2-COOEt$$

合成路线：

$$EtOOC-COOEt + EtOOC-CH_2CH_2-COOEt \xrightarrow{KOEt} EtOOC-CH_2-CH(COOEt)-CO-COOEt$$

$$\xrightarrow[\triangle]{H_3^+O} HOOC-CH_2CH_2-CO-COOH + CO_2 + 3\ EtOH$$

甲酸酯酰化反应中，甲酸乙酯与含 α-氢的酯在强碱作用下反应，常用于含 α-氢的酯的 α 位引入一个醛基。

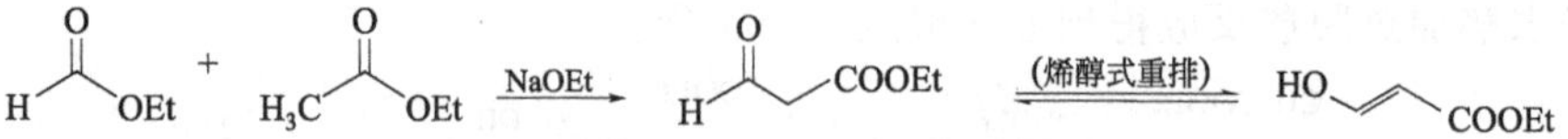

碳酸二乙酯酰化反应中，用碳酸二乙酯可直接在含 α-氢酯的 α 位引入酯基，但与草酸二乙酯相比，碳酸二乙酯活性较低。一般不常用，但有时必须用。例如：

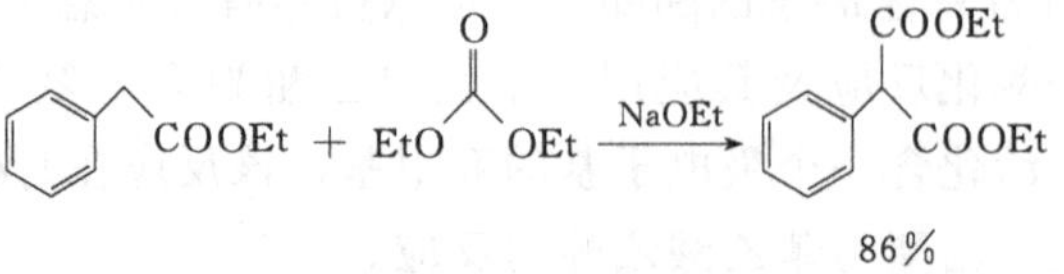

异丁酸酯酰化反应中，异丁酸酯和异戊酸酯虽然都含有 α-氢，但由于醇钠存在下不能发生自身缩合反应，因此，可以用作具有活泼 α-氢酯的酰化剂。例如：

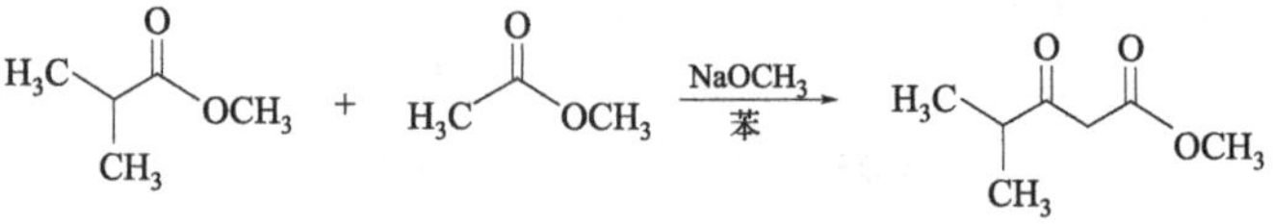

上面讨论了不同酯的缩合反应，利用草酸二乙酯引入分子内乙草酰基；利用甲酸酯引入甲酰基；利用碳酸二乙酯引入酯基，都起到了活化亚甲基的作用。

【案例 9-11】 设计 2,3-二氧代环戊烷-1,4-二羧酸二乙酯的合成路线。

把环戊烷看作母体，在环上分别引入 4 个官能团很麻烦：从官能团的关系分析，它们是 1,3-二氧化的化合物；从 TM 结构的特点——对称分子双 1,3-二羰基化合物拆开如下。

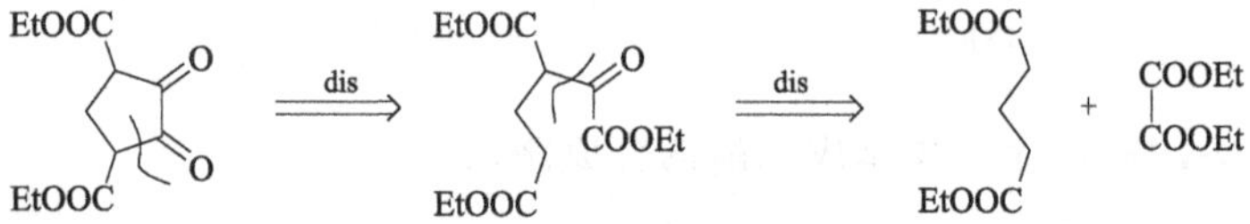

合成路线：

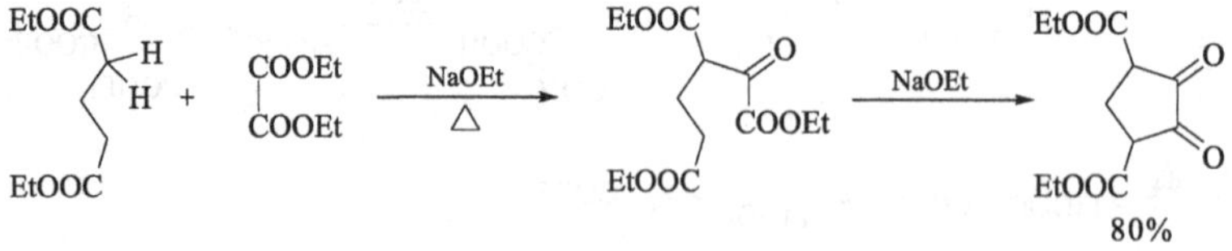

甲基和羰基之间被一个或多个共轭的双键隔开时，甲基的活性不变，称为“插烯规律”。

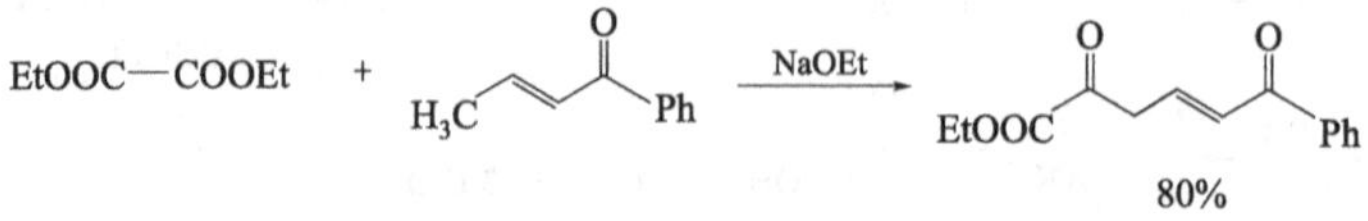

多种环酮的亚甲基，也可以草酰化。

EtOOC—COOEt + 樟脑酮 $\xrightarrow{Na}$ (3-乙氧草酰基樟脑) 50%~63%

需注意的是，用草酸二乙酯酰化酮来制备乙草酰酮时，碱试剂用甲醇钠作催化剂比用乙醇钠进行得更顺利，收利更高；由于酯交换反应，产物变成了甲酯。

$$EtOOC{-}COOEt + (H_3C)_3CCOCH_3 \xrightarrow[MeOH]{NaOMe} (H_3C)_3CCOCH_2COCOOMe$$

$$\xrightarrow[175^\circ C]{软玻璃粉} (H_3C)_3CCOCH_2COCOOMe + CO \quad 80\%$$

甲酸酯与酮的酰化反应——脂肪酮优先发生在亚甲基上。

$$H_3CCOCH_2CH_3 + HCOOEt \xrightarrow[(2)\ H^+]{(1)\ NaOEt} H_3CCOCH(CH_3)CHO \xrightleftharpoons{(重排)} H_3C(C{=}O\cdots H{-}O{-}CH{=})C(CH_3)$$

【案例 9-12】设计天然产物白屈菜酸的合成路线的逆向分析如下。

HOOC–(4-吡喃酮-2,6-二基)–COOH $\xRightarrow{dis}$ HOOC–C(OH)=CH–CO–CH=C(OH)–COOH $\xRightarrow{Rearr}$ HOOC–CO–CH₂–CO–CH₂–CO–COOH

$\xRightarrow{dis}$ 2 COOEt–COOEt + H_3CCOCH_3

合成路线：

$$2\ \begin{matrix}COOEt\\|\\COOEt\end{matrix} + H_3CCOCH_3 \xrightarrow{NaOEt} EtOOCCOCH_2COCH_2COCOOEt \xrightarrow[(1)\ 水解\ (2)\ 烯醇化\ (3)\ 失水]{HCl,\ \triangle} \text{HOOC–(4-吡喃酮-2,6-二基)–COOH}\quad 76\%\sim79\%$$

【案例 9-13】设计庚二酸的合成路线。

利用酯缩合的逆反应，在环己酮上添加甲酸酯，然后开环得到庚二酸酯，水解为庚二酸。逆向分析如下。

HOOC—(CH₂)₄CH₂COOH $\xRightarrow{Con}$ 2-羧基环己酮 (COOH) $\xRightarrow{FGA}$ 2-乙氧羰基环己酮 (COOEt)

$\xRightarrow{FGA}$ 2-(乙氧草酰基)环己酮 (COCOOEt) $\xRightarrow{dis}$ 环己酮 + COOEt–COOEt

合成路线：

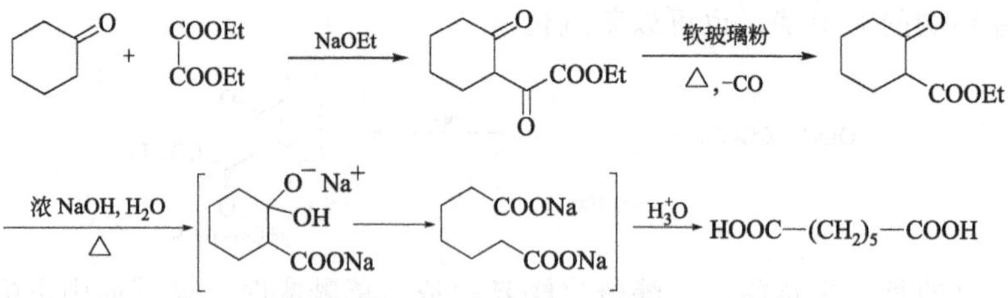

COOEt
COOEt
NaOEt
COOEt
软玻璃粉
△,-CO
COOEt
浓 NaOH, H2O
△
O⁻ Na⁺
OH
COONa
COONa
COONa
H3O+
HOOC—(CH2)5—COOH

【例 9-14】设计 2-苯基色酮的合成路线。

目标分子为稠杂环的衍生物，利用氧环的缩合，开环后可以得到 1,3-二氧化的结构，然后通过 1,3-二氧化的切断方式，合成为酯缩合模式。逆向分析如下。

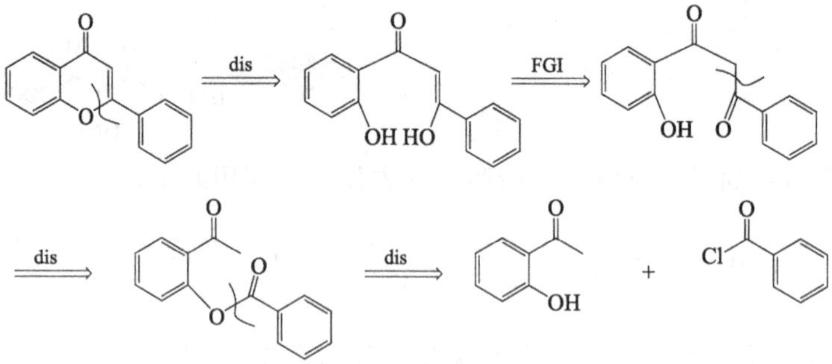

dis
FGI
OH HO
OH
dis
dis
Cl
OH

合成路线：

Cl
OH
吡啶
-HCl
KOH, 吡啶
30℃
HOAc, H2SO4
(1) 烯醇化, (2) 失水
OH
H2O

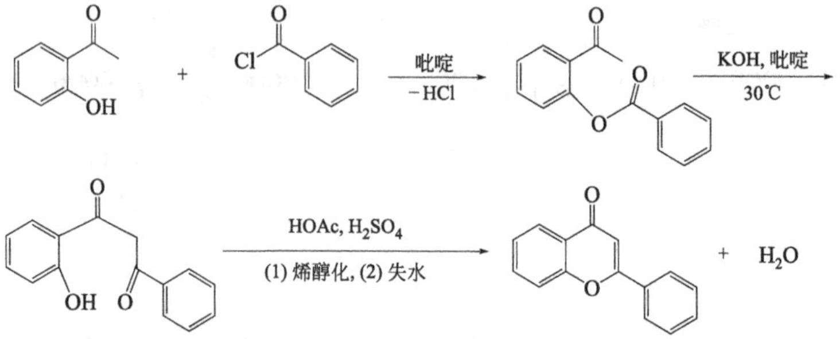

【案例 9-15】设计 2-丁基-3-酮苯丙酸乙酯的合成路线。

目标分子属于 1,3-二氧化的化合物。拆开从羰基入手，也可以将酯基官能团转化为腈基。逆向分析如下。

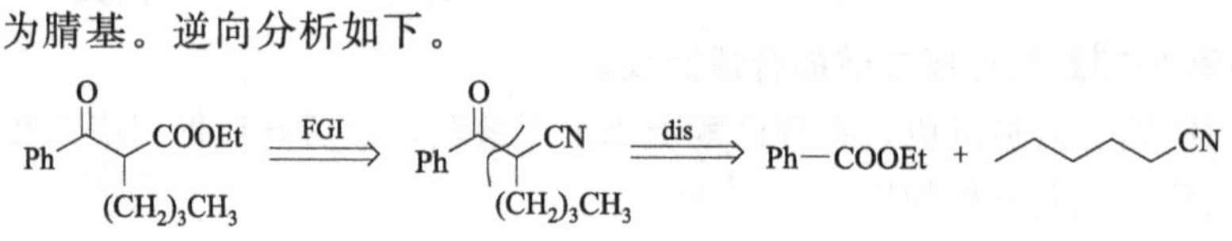

Ph
COOEt
(CH2)3CH3
FGI
CN
dis
Ph—COOEt
CN

合成过程：

Ph—COOEt
CN
NaOEt
Ph
(CH2)3CH3
HCl, EtOH
NH
OEt
H3O+
△
COOEt

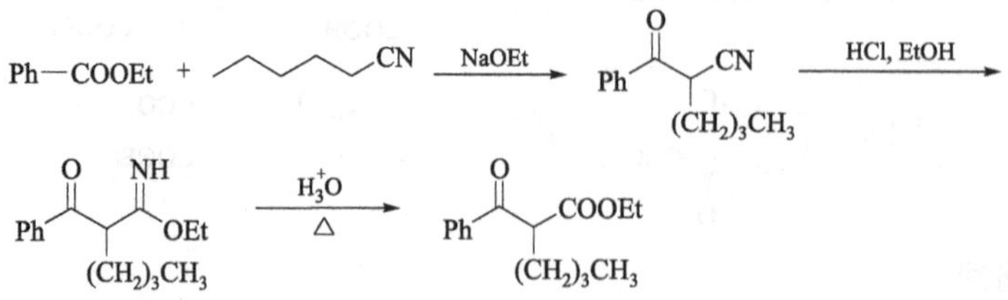

9.3 1,5-二羰基化合物的拆开

9.3.1 1,5-二羰基化合物的合成——迈克尔加成

含活泼亚甲基的化合物与 α,β-不饱和共轭体系的化合物在碱性催化剂存在下发生 1,4-亲核加成反应，称为迈克尔（Michael）加成。不饱和化合物通常称为 Michael 受体，活泼亚甲基的化合物为亲核试剂。其通式如下。

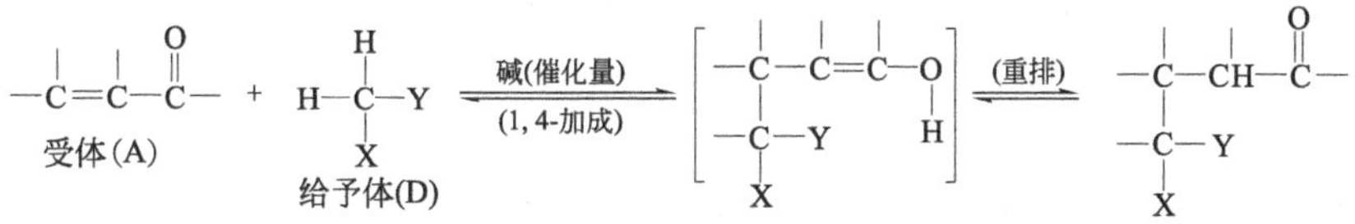

受体(A) 给予体(D) 碱(催化量) (1,4-加成) (重排)

运用范围：受体可以是 α,β-不饱和醛、酮、酯、酰胺、腈、硝基物、砜等；给予体中的 X、Y 为吸电子的活化基，其中之一很强时反应即可进行。常见的给予体中的 X 或 Y 为：—COOR，—COR，—CN，—$CONH_2$，—NO_2，—CHO，—SO_2R 等基团。

常用的催化剂都是较强的碱，如六氢吡啶、醇钠、二乙胺、氢氧化钠（钾）、叔丁醇钾（钠）、三苯甲基钠、氢化钠等。

产物如为 1,5-二羰基化合物，合成正反应为如下。

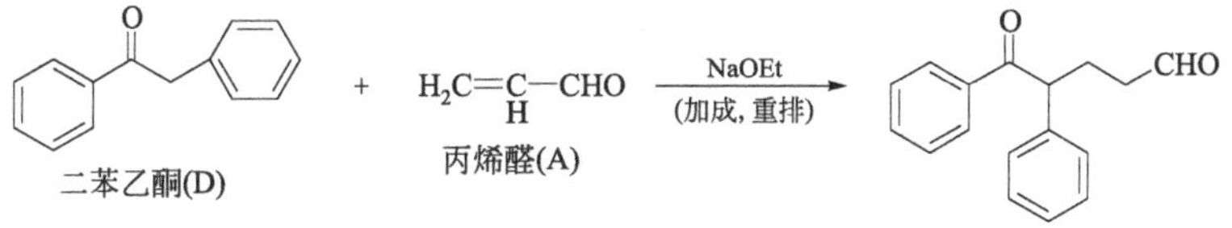

二苯乙酮(D) + $H_2C=CH-CHO$ 丙烯醛(A) $\xrightarrow[\text{(加成, 重排)}]{\text{NaOEt}}$

Michael 反应的选择性，如果给予体为不对称的酮时，Michael 反应发生在含活泼氢较少的碳原子上（或者说受体主要引入到取代较多的 α-碳原子上）。即活性：次甲基>亚甲基>甲基。例如：

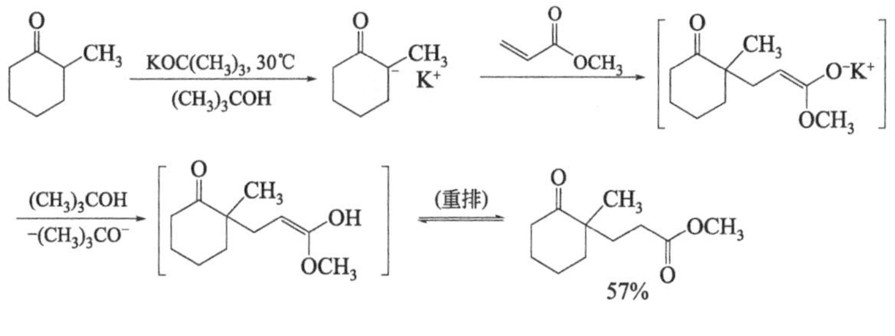

$\xrightarrow[(CH_3)_3COH]{KOC(CH_3)_3,\ 30℃}$ K^+ OCH_3 O^-K^+ OCH_3

$\xrightarrow[-(CH_3)_3CO^-]{(CH_3)_3COH}$ (重排) 57%

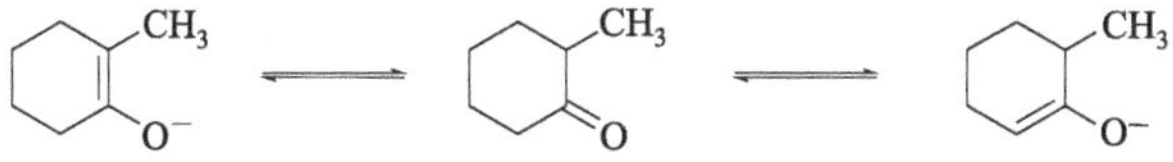

在条件允许的情况下，可进一步缩合，得到环状化合物，例如：2-辛酮与丙烯酸乙酯的反应。

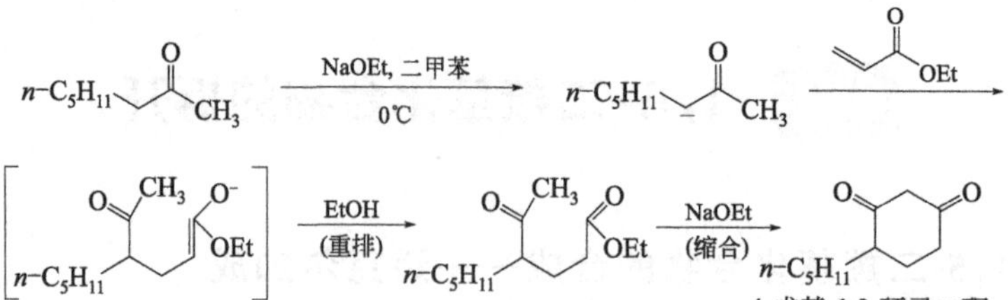

n-C_5H_{11} O CH_3 —NaOEt, 二甲苯 / 0℃→ n-C_5H_{11} O CH_3 —(O, OEt)→

[O CH_3 O^- OEt n-C_5H_{11}] —EtOH (重排)→ O CH_3 O OEt n-C_5H_{11} —NaOEt (缩合)→ O O n-C_5H_{11}

4-戊基-1,3-环己二酮

Michael反应是一种可逆反应，因此在强碱催化下一般得到混合产物；催化剂用量1/6mol NaOEt时反应正常，当碱用量大于1mol时，则得到反常的加成产物。

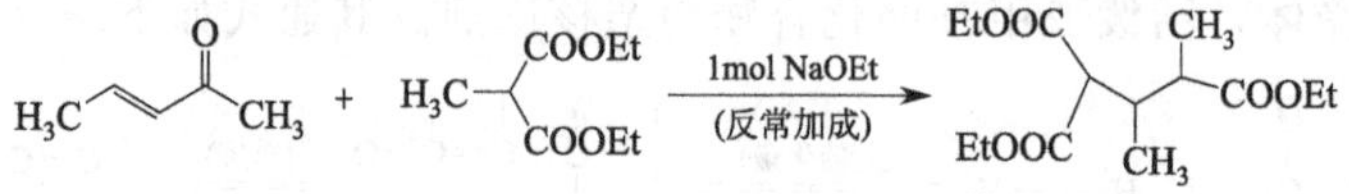

H_3C O CH_3 + H_3C COOEt COOEt —1mol NaOEt (反常加成)→ EtOOC CH_3 COOEt EtOOC CH_3

(其反应机理未见报道)

9.3.2 1,5-二碳基化合物的拆开

【案例9-16】设计5，5-二甲基-1,3-环己二酮的合成路线。逆向分析如下。

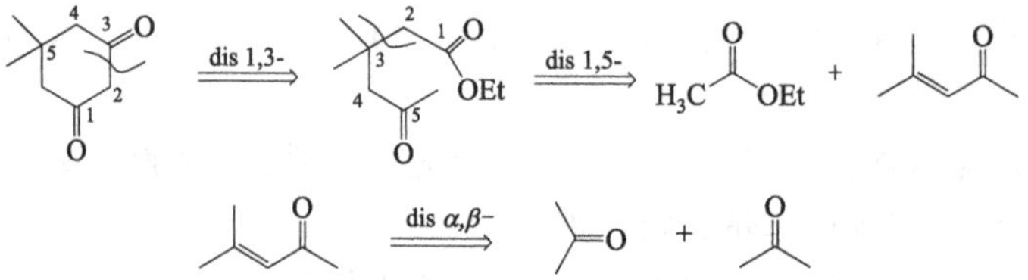

(4, 3, O, 5, 2, 1, O) —dis 1,3-⟹ (2, 1, O, 3, OEt, 4, 5, O) —dis 1,5-⟹ H_3C O OEt + O

O —dis α,β-⟹ O + O

合成路线：

2 O —H_2O^- / $-H_2O$→ O —$CH_2(COOEt)_2$, 1/6mol NaOEt / EtOH, 回流→ COOEt COOEt O

—NaOEt / △→ COOEt O O —(1) KOH, H_2O, △ (2) H^+, △, $-CO_2$→ O O

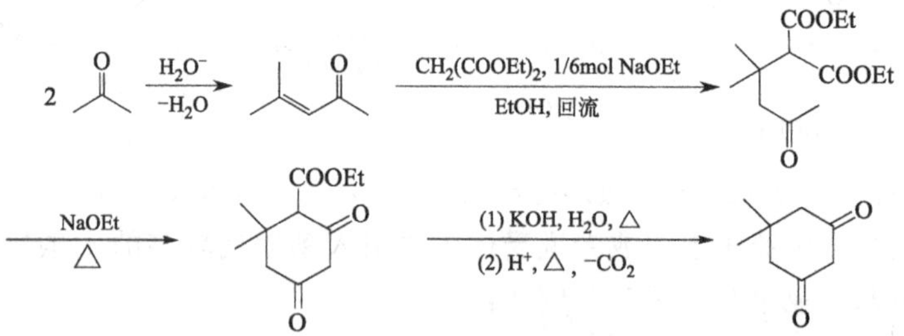

【案例9-17】设计3-氧代-6-乙氧羰基二环［4,3,0］-1-壬烯的合成路线。

目标分子中有1,5-二羰基和α,β-不饱和和羰基骨架，最好先从α,β-不饱和羰基处拆开，再按1,5-羰基化合物拆开。逆向分析如下。

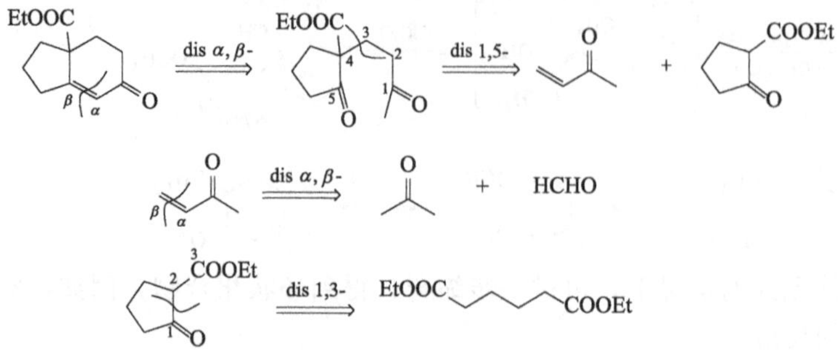

EtOOC (β, α, O) —dis α,β-⟹ EtOOC (3, 2, 4, 1, 5, O, O) —dis 1,5-⟹ O + COOEt O

O (β, α) —dis α,β-⟹ O + HCHO

(3) COOEt (2, 1, O) —dis 1,3-⟹ EtOOC COOEt

合成路线：

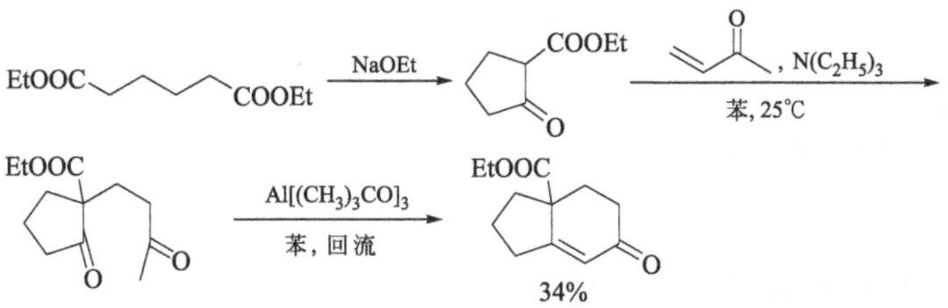

【案例 9-18】设计9-甲基-3,5,6,7,8,9-六氢化-3-萘酮的合成路线。逆向分析如下。

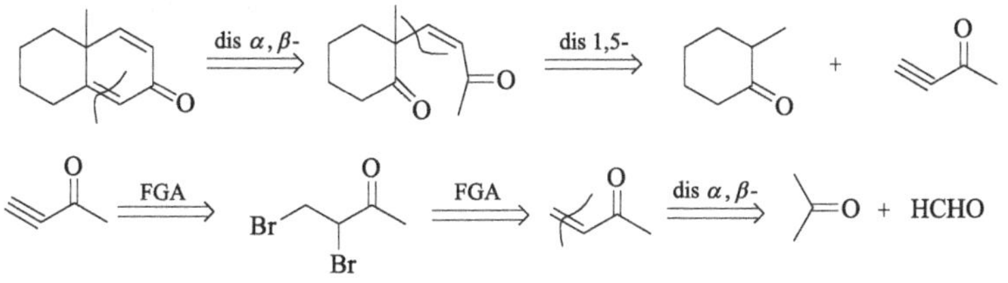

合成路线：

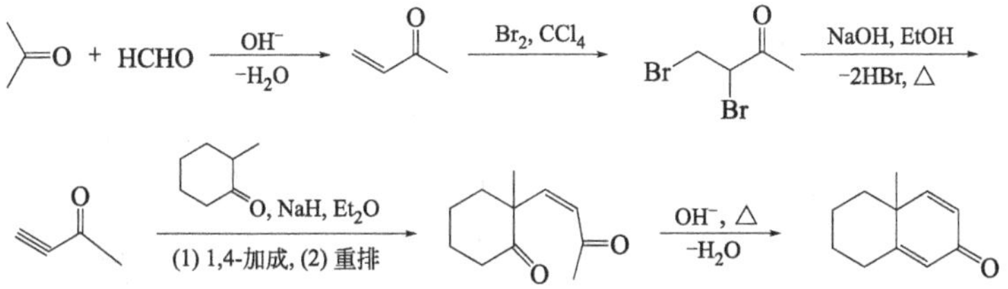

【案例 9-19】设计1,4-二苯基-3-乙氧羰基-2,6-二氧代哌啶的合成路线。

目标分子既是1,3-二羰基化合物又是1,5-二羰基化合物，先从哪拆开？必须注意优先拆开的部位之一C—N杂原子键；氮杂原子处，可看为*N*-苯基取代的双酰胺。酰胺的合成方法有：有机羧酸胺盐脱水；胺的直接酰化；酰卤、酯、酸酐的氨（或胺）解等。逆向分析如下。

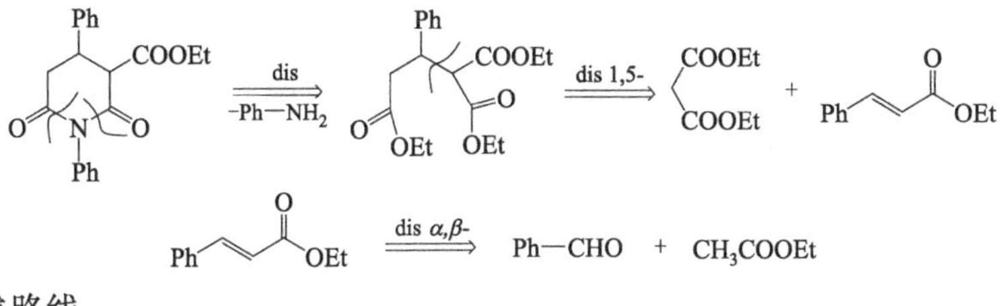

合成路线：

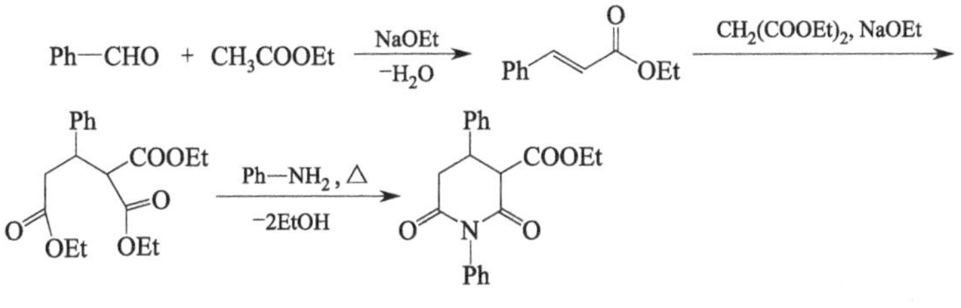

受体烯酮（如甲基乙烯基酮）的制备，常需用甲醛。而甲醛在碱性条件下又可发生聚合或其他副反应，也会降低产率。综上考虑，可以将含 α-H 的活泼羰基化合物、甲醛（或其他醛）、含氢的胺（或氨）制成曼尼希（Mannich）碱。再利用其受热分解成为烯酮的特性，就可以将烯酮应用于迈克尔反应中以获得较高的产率。

9.3.3 迈克尔反应及其应用

Mannich 是指含有活泼氢的化合物，如含有 α-H 的醛（或甲醛）、酮与脂族伯胺或仲胺（一般为仲胺）的缩合反应，得到活泼氢原子被取代的胺甲基化合物——Mannich 碱。

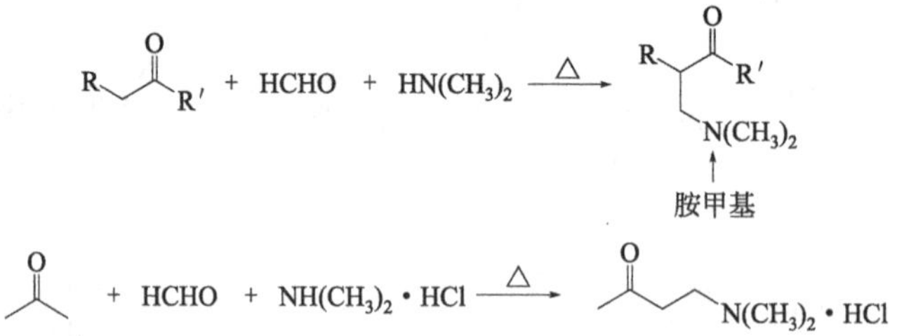

R、R′ + HCHO + $HN(CH_3)_2$ —△→ R、R′、$N(CH_3)_2$

胺甲基

+ HCHO + $NH(CH_3)_2 \cdot HCl$ —△→ $N(CH_3)_2 \cdot HCl$

Mannich 碱受热立即发生 β-消除分解反应生成 α,β-不饱和化合物（烯酮）、仲胺等。所得的烯酮直接用于 Michael 反应。但是，如果分解生成烯酮反应过快而迈克尔反应跟不上时，活泼烯酮仍有可能聚合。进一步研究发现：将 Mannich 碱制成溴化季铵盐，则分解缓慢，且在较低的温度下可析出不饱和酮。

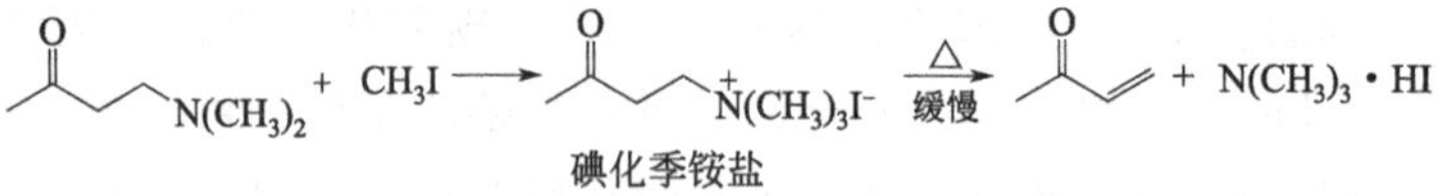

$N(CH_3)_2$ + CH_3I ⟶ $\overset{+}{N}(CH_3)_3I^-$ —△/缓慢→ + $N(CH_3)_3 \cdot HI$

碘化季铵盐

【案例 9-20】设计 3-甲基-2,3,4,5,6,7,8,10-八氢化-2-萘酮和 3-甲基-1,2,3,4,5,6,7,8-八氢化-2-萘酮的合成路线。

目标分子从骨架、官能团来看，两者是同分异构体，相关联处 C・连两种双键，可视为两个双键同出一辙。逆向分析如下。

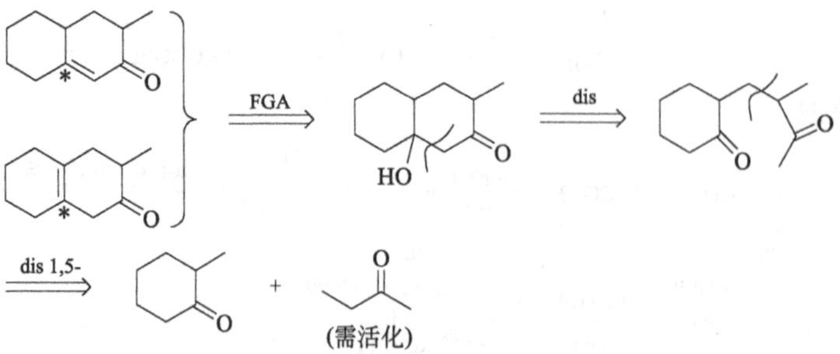

O * O * ⟹FGA HO O ⟹dis O O

⟹dis 1,5- O + O

(需活化)

合成路线：先制成 Mannich 碱的碘化季铵盐。

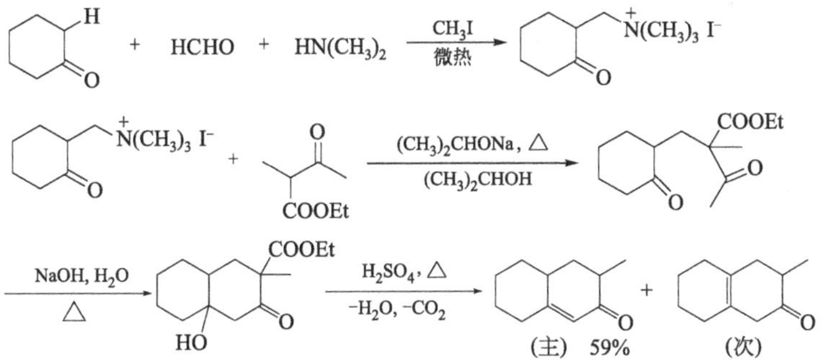

CH₃I 微热 / (CH₃)₂CHONa, △ (CH₃)₂CHOH / NaOH, H₂O △ / H_2SO_4, △ $-H_2O$, $-CO_2$ (主) 59% (次)

9.4 1,2-二氧化的化合物的拆开

1,2-二氧化化合物分别有邻位二醇，α-羟基酮，α-羟基腈等。

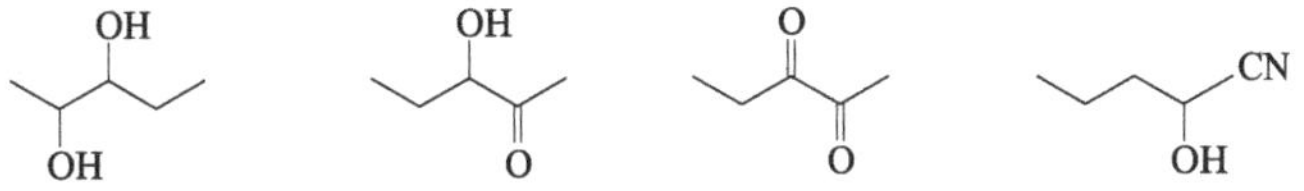

邻位二醇　α-羟基酮　α-二羰基　α-羟基腈

9.4.1 邻位二醇的拆开

对称邻位二醇，考虑以二羰基化合物在无质子溶液剂中还原得到；不对称邻位二醇可以通过烯烃与过氧化物反应或高锰酸钾冷稀条件得到。

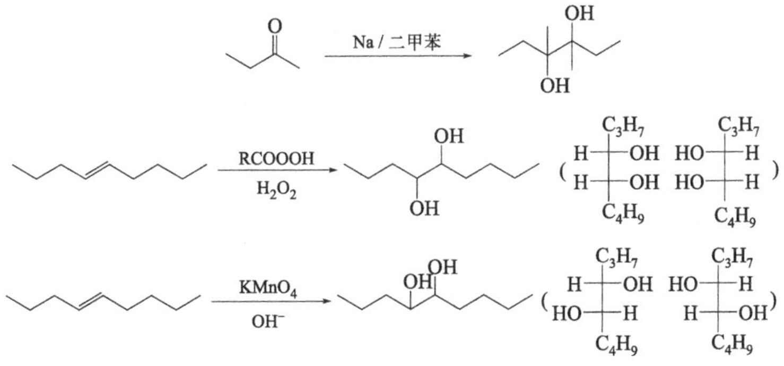

Na / 二甲苯

RCOOOH H_2O_2

KMnO₄ OH^-

9.4.2 α-羟基腈，α-羟基酸，α-羟基炔的拆开

醛或酮与氢氰酸反应得到 α-羟基腈，再水解可得到 α-羟基酸；醛或酮与炔钠反应得到 α-羟基炔。

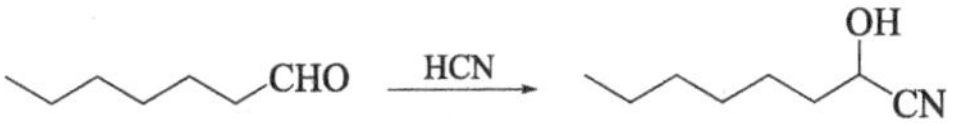

CHO HCN → OH CN

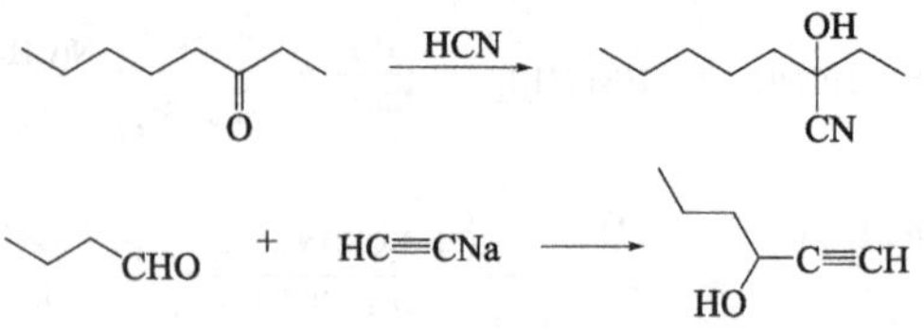

α-羟基酮可利用二分子酯在无质子溶剂下还原得到，或使芳醛进行安息香缩合得到。

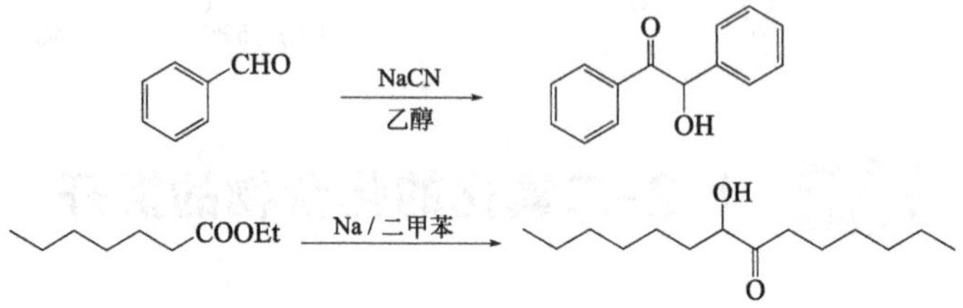

α-二羰基可以通过酮的氧化得到。

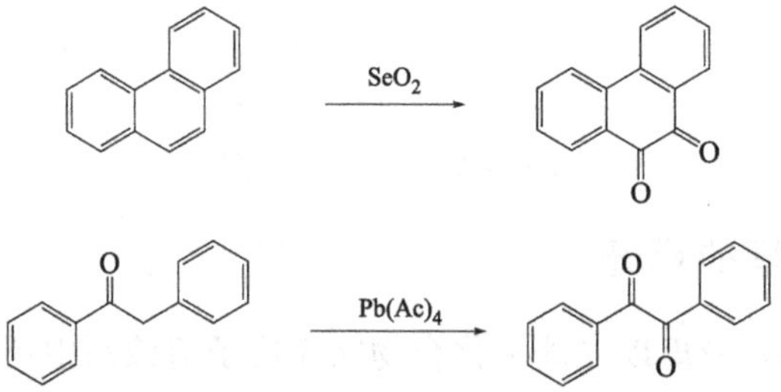

目标分子经过逆向切断得到合成子，找出对应的等效试剂为原料进行合成。

【案例 9-21】设计 2-苯基-3-炔-2-丁醇合成路线。逆向分析如下。

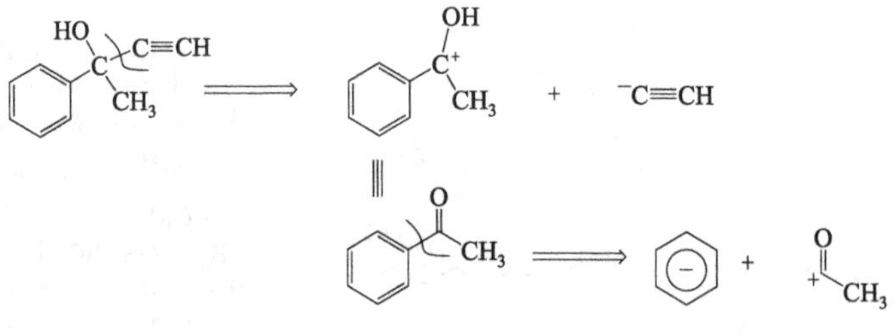

经逆向合成分析得到合成该化合物的原料为：苯、乙酰氯或乙酐、乙炔。

合成路线：

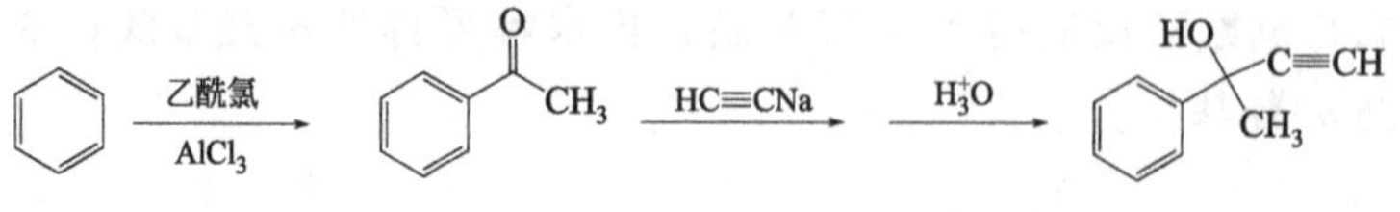

【案例 9-22】3-甲基-2-氨基丁酸，氨基可以通过氰基加成过程中加入氨得到。逆向分析如下。

$$(CH_3)_2CHCH(NH_2)COOH \Longrightarrow (CH_3)_2CHCH(OH)COOH \Longrightarrow (CH_3)_2CHCH(OH)CN \Longrightarrow (CH_3)_2CH\overset{+}{C}HOH + CN^- \quad (\overset{+}{C}HOH \equiv (CH_3)_2CHCHO)$$

经逆向合成分析得到合成该化合物的原料为：异丁醛、氰化钠、氨。

合成路线：

$$(CH_3)_2CHCHO \xrightarrow[NH_3]{NaCN} (CH_3)_2CHCH(NH_2)CN \xrightarrow{H_3^+O} (CH_3)_2CHCH(NH_2)COOH$$

9.4.3 α-羰基酸的合成与拆开

α-羰基酸的合成常用的方法主要有两种：α-卤代酸的水解；羰基的羟基氰化反应，然后氰基的彻底水解——双官能团变化，该法较常用。

$$\rangle\!\!=O + HCN \xrightarrow[\text{(羟氰化反应)}]{} -\underset{OH}{\overset{|}{C}}-CN \xrightarrow{H_3^+O,\ \triangle 沸} -\underset{OH}{\overset{|}{C}}-COOH$$

α-羰基酸的拆开：

$$-\underset{OH}{\overset{|}{C}}-COOH \overset{FGI}{\Longrightarrow} -\underset{OH}{\overset{|}{C}}-CN \overset{dis}{\Longrightarrow} \rangle\!\!=O + HCN$$

【案例 9-23】 2-羟基-3-异丁基丁二酸的逆向分析如下。

$$(CH_3)_2CHCH_2CH(COOH)CH(OH)COOH \overset{FGI}{\Longrightarrow} (CH_3)_2CHCH_2CH(COOH)CH(OH)CN \overset{dis}{\Longrightarrow} (CH_3)_2CHCH_2CH(COOH)CHO + HCN$$

$$(CH_3)_2CHCH_2\overset{2}{C}H(\overset{1}{C}OOH)\overset{3}{C}HO \overset{dis\ 1,3-}{\Longrightarrow} (CH_3)_2CHCH_2CH_2COOH + HCOOEt$$

$$(CH_3)_2CHCH_2CH_2COOH \overset{FGA}{\Longrightarrow} (CH_3)_2CHCH_2CH(COOH)_2 \overset{dis}{\Longrightarrow} (CH_3)_2CHCH_2Br + CH_2(COOEt)_2$$

合成路线：

$$CH_2(COOEt)_2 \xrightarrow[(CH_3)_2CHCH_2Br]{NaOEt} (CH_3)_2CHCH_2CH(COOEt)_2 \xrightarrow[(2)\ H^+,\ \triangle,\ -CO_2]{(1)\ NaOH,\ H_2O,\ \triangle} (CH_3)_2CHCH_2CH_2COOH \xrightarrow[\triangle]{EtOH,\ H^+}$$

$$(CH_3)_2CHCH_2CH_2COOEt \xrightarrow[(2)\ HCOOEt]{(1)\ NaOEt} (CH_3)_2CHCH_2CH(COOH)CHO \xrightarrow[H^+]{HCN} (CH_3)_2CHCH_2CH(COOH)CH(OH)CN \xrightarrow{H_3^+O} (CH_3)_2CHCH_2CH(COOH)CH(OH)COOH$$

【案例 9-24】 设计 1,1-二苯基-3,3-二甲基-1,2,4-丁三醇的合成路线。

目标分子是三元醇化合物，三个羟基（伯、仲、叔醇），经验告诉我们骨架的交叉点官能团处，常是合成中连接点，从叔醇的羟基连接的碳上是两个相同的烃基，可视为由酯合成的，先从此入手拆分，得到羟基的酯，视为 α-羟基酸的衍生物；酯基转化为氰基后，是 1,2-二氧化的拆分，伯醇视为甲醛与普通醛的缩合。逆向分析如下。

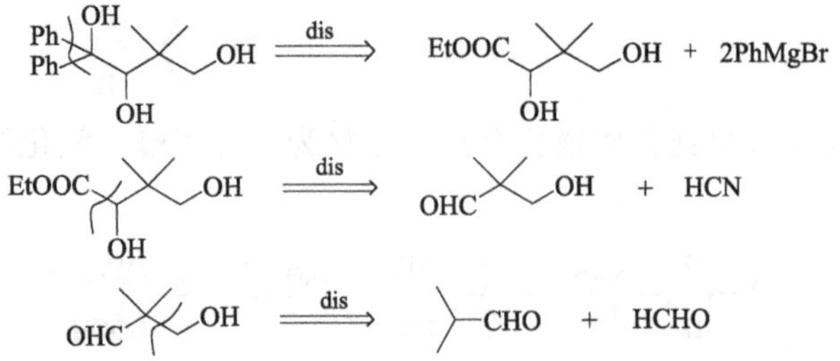

合成路线：

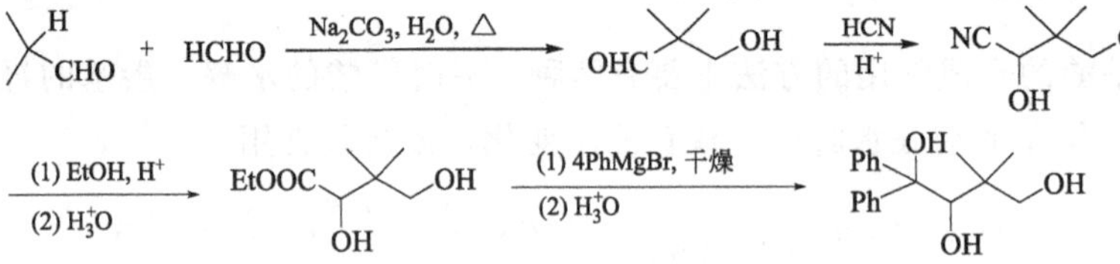

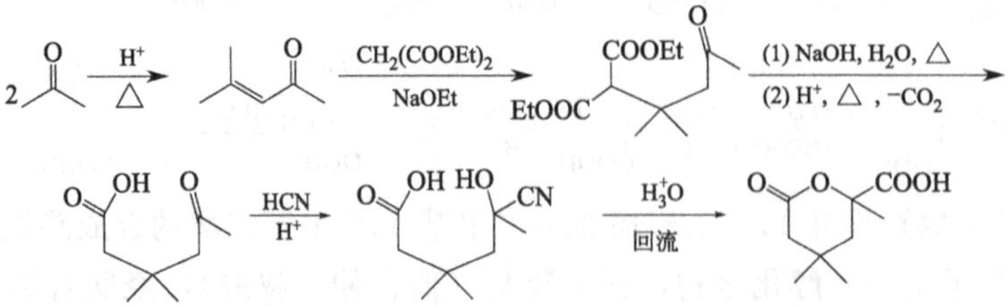

【案例 9-25】设计 2,4,4-三甲基-6-氧代-2-派哺甲酸的合成路线。

从化合物的骨架看到官能团，表面上是一个杂环化合物。但看其本质，更确切地说是一种 δ-内酯-3，3，5-三甲基-1,5-己内酯-5-羧酸。在合成时环上的甲基有无必要一一引入。相反，拆开时可把主链当支链，支链当主链。逆向分析如下。

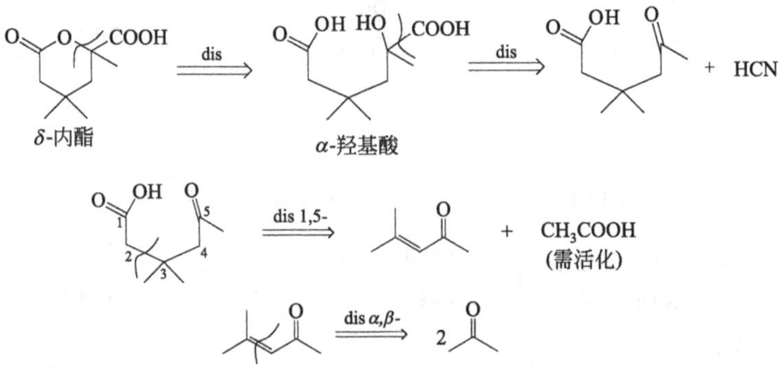

δ-内酯

α-羟基酸

CH_3COOH
(需活化)

合成路线：

一个碳上两个甲基的存在有助于环化；最后一个—CN 的水解、内酯化、缩合过程是一起完成的。

9.4.4 α-羟基酮的拆开

α-羟基酮的合成有两种方法：①酮的α-氢卤代，然后再水解；②炔的金属化合物与羰基化合物的加成，再水解、异构化。

$$—C≡CH + Na \xrightarrow[110℃]{NH_3(l)} —C≡CNa \xrightarrow[(2)\ H_2O]{(1)\ (CH_3)_2C=O} —C≡C—C(OH)<$$

$$\xrightarrow[\triangle]{Hg^{2+}, H_2O, H_2SO_4} \left[—CH=C(OH)—C(OH)<\right] \xrightarrow{Rearr} —CH_2—C(=O)—C(OH)<$$

由上反应的TM看出，此法可用于合成α-羟基酮，α-甲基酮以及α-烷基酮等。

$$—C(OH)<—C(=O)—CH_2—H \overset{FGI}{\Longrightarrow} —C(OH)<—C≡C— \overset{dis}{\Longrightarrow} (CH_3)_2C=O + HC≡C—$$

【案例 9-26】设计2-甲基-2-羟基-5-(α-呋喃)-4-戊烯-3-酮的合成路线。

从化合物表面看，分子内似乎到处都可拆开。根据经验，首先按不饱和羰基进行拆开，逆向分析如下。

$$\text{TM} \overset{dis\ \alpha,\beta-}{\Longrightarrow} \text{呋喃-CHO} + CH_3C(=O)C(CH_3)_2OH$$

$$CH_3C(=O)C(CH_3)_2OH \overset{FGI}{\Longrightarrow} HC≡C—C(CH_3)_2OH \overset{dis}{\Longrightarrow} (CH_3)_2C=O + HC≡CH$$

合成路线：

$$HC≡CH + Na \xrightarrow[110℃]{NH_3(l)} HC≡CNa \xrightarrow[(2)\ H_2O]{(1)\ (CH_3)_2C=O} HC≡C—C(OH)<$$

$$\xrightarrow[\triangle]{Hg^{2+}, H_2O, H_2SO_4} CH_3C(=O)C(CH_3)_2OH \xrightarrow[OH^-, \triangle]{\text{呋喃-CHO}} \text{TM}$$

【案例 9-27】设计2,5-二甲基-2,5-环氯-3-己酮的合成路线。

从骨架到官能团看，该化合物既是一个环醚，又是一个环酮。逆向分析如下。

$$\text{TM} \overset{dis}{\Longrightarrow} (CH_3)_2C(OH)CH_2C(=O)C(CH_3)_2OH \overset{FGI}{\Longrightarrow} (CH_3)_2C(OH)—C≡C—C(CH_3)_2OH \overset{dis}{\Longrightarrow} 2\ (CH_3)_2C=O + HC≡CH$$

合成路线：

$$HC≡CH + 2Na \xrightarrow[110℃]{NH_3(l)} NaC≡CNa \xrightarrow[(2)\ H_2O]{(1)\ 2\ (CH_3)_2C=O} (CH_3)_2C(OH)—C≡C—C(CH_3)_2OH$$

$$\xrightarrow[\triangle]{Hg^{2+}, H_2O, H_2SO_4} \left[(CH_3)_2C(OH)CH=C(OH)C(CH_3)_2OH\right] \longrightarrow (CH_3)_2C(OH)CH_2C(=O)C(CH_3)_2OH \xrightarrow[-H_2O]{H^+, \triangle} \text{TM}$$

从原料和产物的结构对比，结合前边的实例，从中可找出这样的规律：一个连有两个甲基、同时又连有—O—或—OH 的碳结构，视为丙酮的衍生物。

9.5 1,4-二羰基化合物和1,6-二羰基化合物的拆开

9.5.1 1,4-二羰基化合物的拆开

1,4-二羰基化合物的拆分后一个合成子带正电，另一个带负电，带负电连接的 X 或 Y 吸电子能力更大些，使它能产生活性亚甲基，带正电的合成子一般连接卤素。

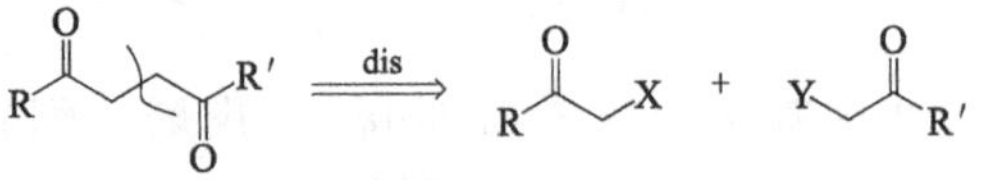

其中 Y 为—H、—COONH、或潜在的—COOH、X 为卤原子。

1,4-二酮常由乙酰乙酸乙酯的羰基衍生物的酮式分解来制得，2，5-己二酮的合成。

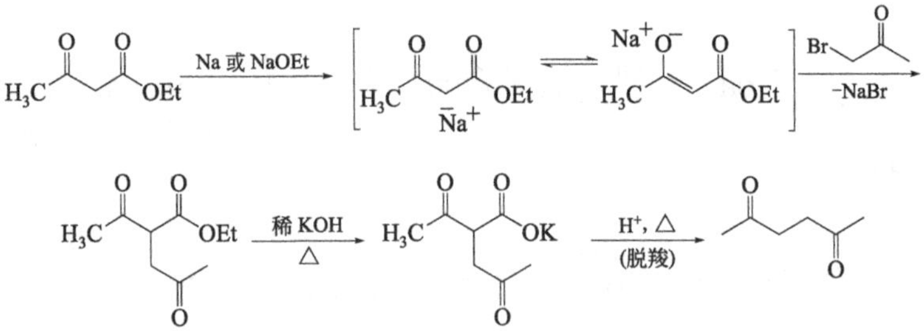

【案例 9-28】设计 3-甲基-2-乙酰基-4-氧代戊酸乙酯的合成路线。

1,4-二氧化的官能团在 2，3 位切断时得到二个合成子，分别为负离子碎片和正离子碎片，负离子碎片可能通过添加活性基成为乙酰乙酸乙酯，正离子碎片可以添加卤素，让碳上产生极性反转。逆向分析如下。

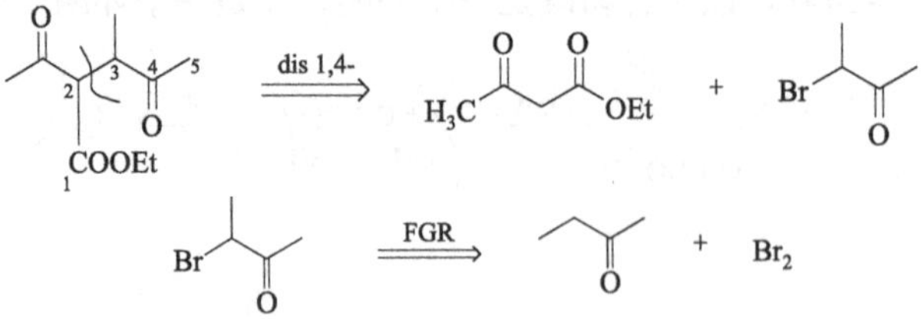

合成路线：

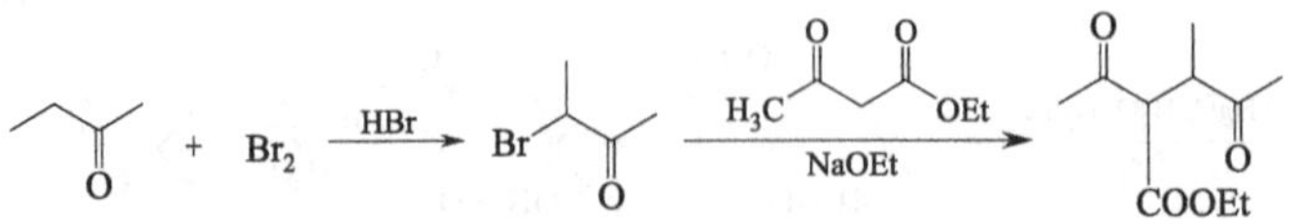

【案例 9-29】 设计 2-(α-环己酮基) 乙酸乙酯的合成路线。

化合物为 1,4-二羰基类化合物，拆开的方法同上法，逆向分析如下。

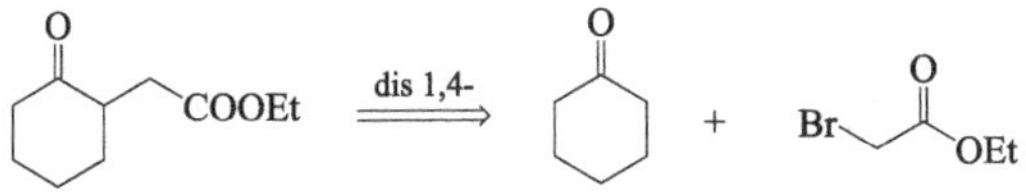

dis 1,4-

但合成时却发生了 Darzens 缩合反应，得到如下产物。

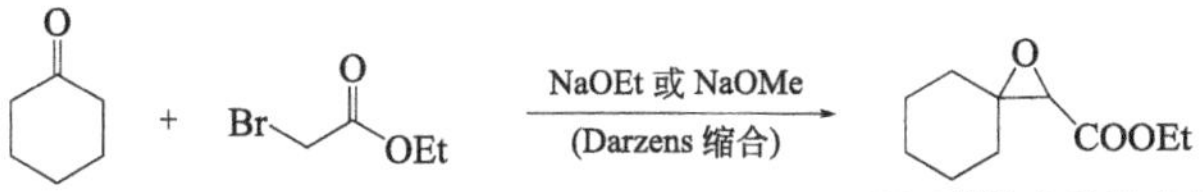

NaOEt 或 NaOMe (Darzens 缩合)

3-环己基缩水甘油酸酯

在分析中，对 TM 分子拆开的出发点和思路都正确，但在合成中得到的产物为 3-环己基缩水甘油酸酯。如对环己酮进行活化，得到活性亚甲基就可以实现 2-(α-环己酮基) 乙酸乙酯的合成。其方法是把环己酮转变成烯胺。

制备烯胺常用的仲胺有：吡啶烷 NH，派啶 NH，吗啉 O NH 等。

烯胺的反应用途很大，作为亲核试剂可发生多种反应；烷基化、酰基化、亲电的烯属化合物的加成等。

烯胺的烷基化反应，案例 9-29 的合成路线如下。

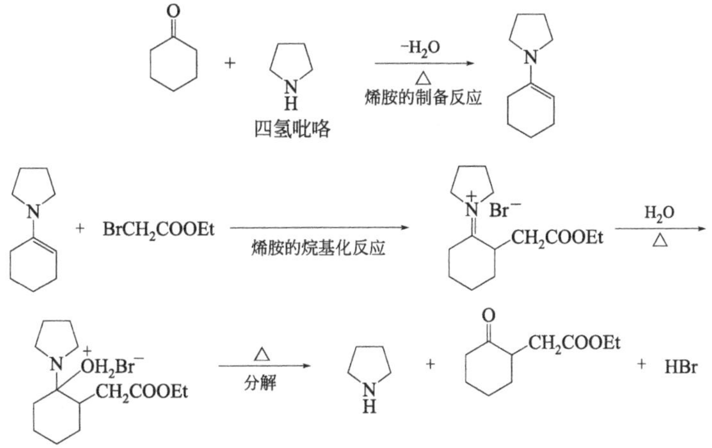

$-H_2O$ △ 烯胺的制备反应

四氢吡咯

+ $BrCH_2COOEt$ 烯胺的烷基化反应 Br^- CH_2COOEt H_2O △

OH_2Br^- CH_2COOEt △ 分解 + CH_2COOEt + HBr

Darzens 缩合反应也开辟了合成其他高级醛、酮的新途径。

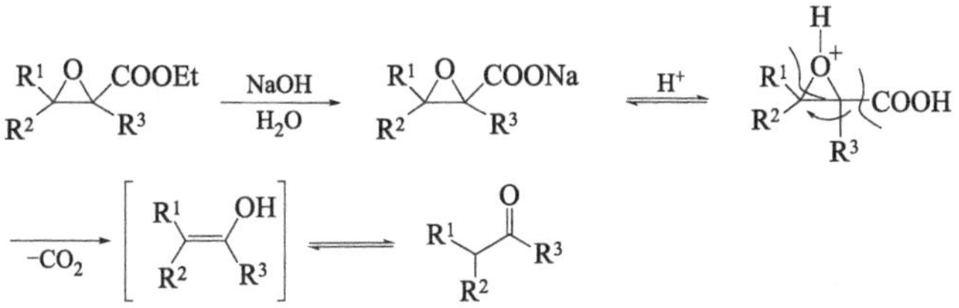

R^1 COOEt R^2 R^3 NaOH H_2O R^1 COONa R^2 R^3 H^+ R^1 COOH R^2 R^3

$-CO_2$ [R^1 OH R^2 R^3] ⇌ R^1 R^3 R^2

产物随 R^3 的不同而不同，当 R^3 = H 时，产物为醛，原料之一为 α-卤代乙酸乙酯。

当 R^3 = R 时，产物为酮，原料为只含有一个 α-H 的卤代羧酸酯。

$$PhCOCH_3 + ClCH_2COOEt \xrightarrow{NaNH_2} \text{Ph(CH}_3\text{)-epoxide-COOEt} \xrightarrow[H_2O]{NaOH} \xrightarrow[\text{(重排)}]{H^+,-CO_2} PhCH(CH_3)CHO\ \ 70\%$$

$$PhCHO + ClCH(Ph)COOEt \xrightarrow{Me_3COK} \text{Ph,H-epoxide-Ph,COOEt} \xrightarrow[\text{(2) 酸化, △, 重排}]{\text{(1) 皂化}} PhCH_2COPh$$

$$\text{环己烷螺环氧-COOEt} \xrightarrow{NaOH} \xrightarrow[\triangle]{H_2SO_4} \text{环己基-CHO}$$

烯胺酰基化反应如下。

$$\text{吗啉} + \text{环己酮} \xrightarrow{-H_2O} \text{1-吗啉基环己烯} \xrightarrow[NEt_3]{RCOCl}$$

$$\text{亚胺盐}(N^+\ Cl^-,\ 2\text{-COR}) \xrightarrow[\text{回流}]{H_2O} \text{2-RCO-环己酮} + \text{吗啉}$$

将产物进一步碱解开环、酸化可制备增加六个碳原子的碳基羧酸或羧酸。

$$\text{2-RCO-环己酮} \xrightarrow{\text{浓 }OH^-} [\text{HO, }O^-\text{ 中间体}] \xrightarrow{H^+} RCO(CH_2)_5COOH \xrightarrow[\text{浓 HCl}]{Zn\text{-}Hg} R(CH_2)_6COOH$$

烯胺与烯属化合物的加成反应如下。

$$\text{1-吡咯烷基-6-甲基环己烯} + \overset{\delta^+}{H_2C}{=}\underset{H}{C}{-}C{\equiv}\overset{\delta^-}{N} \xrightarrow[\text{回流}]{EtOH} [\text{亚胺鎓中间体}, \overset{-}{C}H\text{-CN}]$$

$$\xrightarrow[\text{(重排)}]{H^+\text{ 转移}} \text{烯胺-}CH_2CH_2CN \xrightarrow{H_3^+O} \text{2-甲基-6-(2-氰乙基)环己酮} + \text{吡咯烷}$$

同理，烯胺对开链的不饱和醛、酮、酯也适用。

$$\text{哌啶} + C_2H_5CH_2CHO \longrightarrow \text{哌啶基-}CH{=}CH\text{-}C_2H_5 \xrightarrow{CH_2{=}CHCOOCH_3} \text{加成中间体}(N^+, O^-, OCH_3, C_2H_5)$$

$$\xrightarrow[\text{(2) }H_2O]{\text{(1) }CH_3CN,\text{ 回流}} OHC\text{-}CH(C_2H_5)\text{-}CH_2CH_2COOCH_3$$

【案例 9-30】 设计六氢化茚-2-酮的合成路线。

TM 为稠环 α,β-不饱和羰基化合物，拆开后为 1,4-二羰基化合物。逆向分析如下。

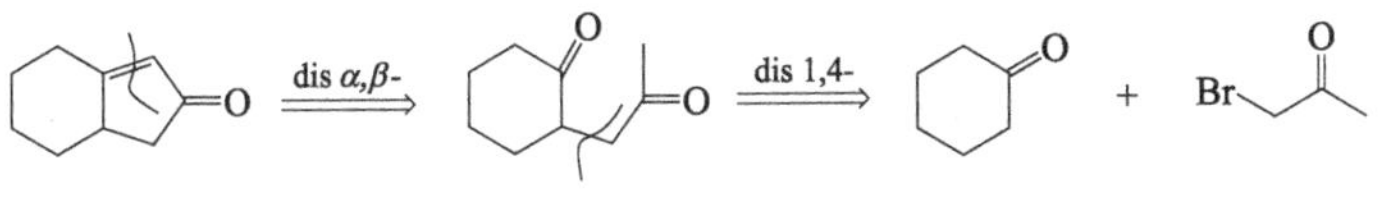

dis α,β-　　=O　　dis 1,4-　　O　　+　Br　O

合成路线：

O　+　N H　$\xrightarrow[-H_2O]{H^+}$　N　$\xrightarrow[(2)\ H_3^+O]{(1)\ Br\text{-}CH_2COCH_3}$　O　O　$\xrightarrow[-H_2O]{OH^-,\ \triangle}$　=O

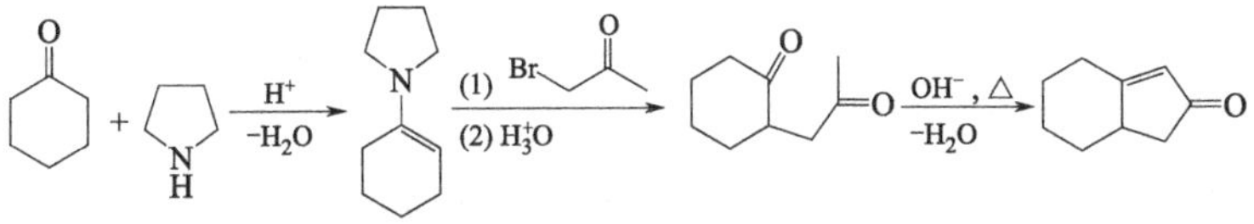

【案例 9-31】设计 1-(对氯苯基)-2,5-二甲基吡咯-3-羧酸的合成路线。逆向分析如下。

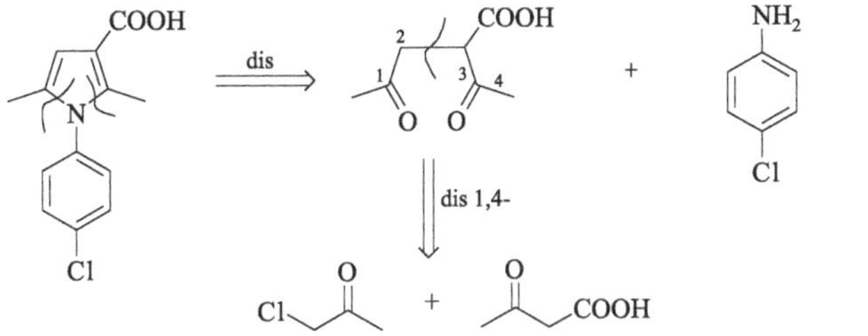

COOH　N　Cl　$\xRightarrow{dis}$　2　COOH　1　3　4　O　O　+　NH_2　Cl

dis 1,4-

Cl　O　+　O　COOH

合成路线：

O　COOEt　$\xrightarrow[Cl\text{-}CH_2COCH_3]{NaOEt}$　COOEt　O　O　$\xrightarrow[(2)\ Cl\text{-}C_6H_4\text{-}NH_2,\ \triangle,\ -2H_2O]{(1)\ H^+}$

Cl—C_6H_4—N　COOEt　$\xrightarrow[(2)\ H_3^+O]{(1)\ NaOH,\ H_2O,\ \triangle}$　Cl—C_6H_4—N　COOH

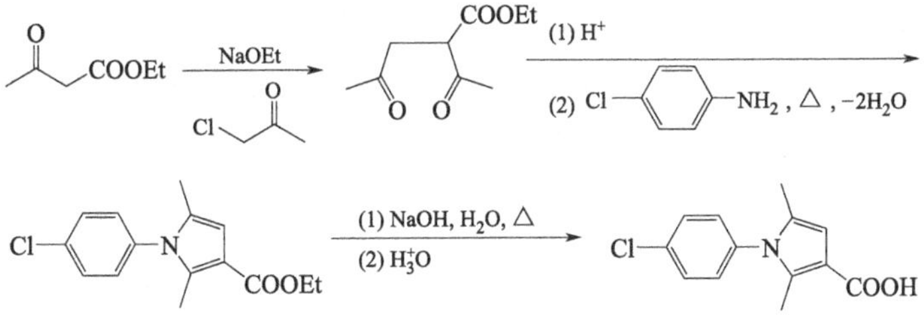

9.5.2　1,6-二羰基化合物的拆开

六元环烯烃的碳-碳双键氧化断裂，即可得到 1,6-二羰基化合物。通式如下。

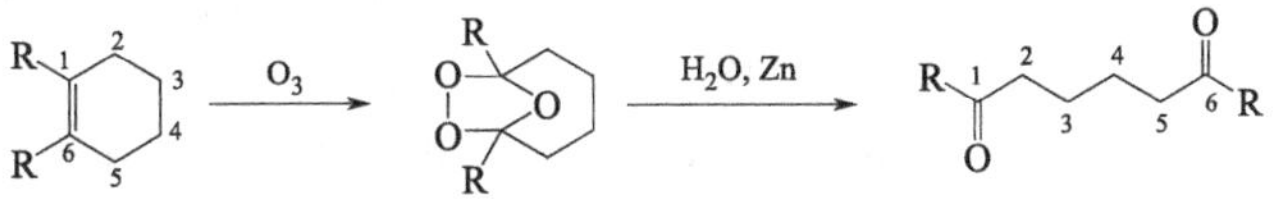

R 1 2 3 4 5 6 R　$\xrightarrow{O_3}$　R O O O R　$\xrightarrow{H_2O,\ Zn}$　R 1 2 3 4 5 6 R O O

其中 R 可以是 H、烃基或其他复杂的碳链基团，其键断裂的方法，可使用臭氧化锌还原水解等方法。

(1) 臭氧化然后还原后处理

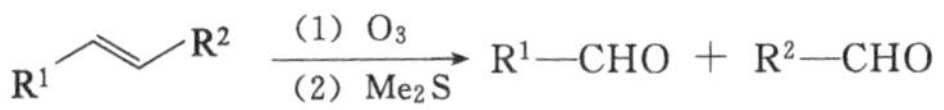

$$R^1CH=CHR^2 \xrightarrow[(2)\ Me_2S]{(1)\ O_3} R^1—CHO + R^2—CHO$$

(2) 臭氧化后继续氧化处理

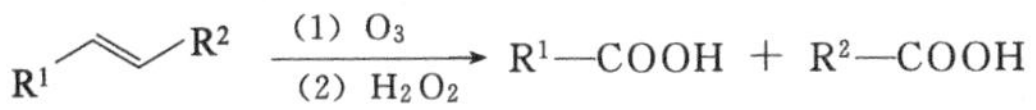

$$R^1CH=CHR^2 \xrightarrow[(2)\ H_2O_2]{(1)\ O_3} R^1—COOH + R^2—COOH$$

(3) 氧化成邻二醇及邻二醇的开裂

$$R^1CH=CHR^2 \xrightarrow[\text{或稀、冷中性 } KMnO_4]{OsO_4} R^1CH(OH)-CH(OH)R^2 \xrightarrow[\text{或 } Pb(OAc)_4]{NaIO_4} R^1-CHO + R^2-CHO$$

(4) 羟基化与二醇断裂相结合

$$R^1CH=CHR^2 \xrightarrow{KMnO_4 \text{ 或 } OsO_4 \text{ 催化剂；过量 } NaIO_4} R^1-CHO + R^2-CHO$$

1,6-羰基化合物的拆开，实质为重接（reconnection），可以用 Recon 表示。即：1,6-二羰基化合物去掉氧，围拢成1,6-环己烯或其衍生物。

【案例 9-32】设计 6-苯基-6-己酮酸（6-苯基-6-氧代己酸）的合成路线。

TM 为1,6-二羰基化合物，逆向分析如下。

$$PhCO(CH_2)_4COOH \xRightarrow{Recon} \text{1-苯基环己烯} \xRightarrow{FGI} \text{1-苯基环己醇} \xRightarrow{dis} \text{环己酮} + PhMgBr$$

合成路线：

$$PhBr + Mg \xrightarrow{\text{无水 } Et_2O} PhMgBr \xrightarrow[(2)\ H_3^+O]{(1)\ \text{环己酮}} \text{1-苯基环己醇}$$

$$\xrightarrow[\triangle]{H_3PO_4} \text{1-苯基环己烯} \xrightarrow[(2)\ H_2O_2]{(1)\ O_3} PhCO(CH_2)_4COOH$$

由上可知，合成1,6-二羰基化合物常常需利用著名的伯奇（Birch）还原反应和 Diels-Alder 反应。其中，芳香族化合物在液氨与己醇（或异丙醇或二级丁醇）用钠（或钾、锂）还原成非共轭的环己二烯（1,4-环己二烯）及其衍生物的反应，称为 Birch 反应。如：

$$\text{萘} \xrightarrow{Na,NH_3(l)} \text{1,4-二氢萘}$$

$$\text{苯甲醚 }(OCH_3) \xrightarrow{Na,NH_3(l)} \text{1-甲氧基-1,4-环己二烯}$$

Birch 还原在有机合成上很重要。它的独到之处是使芳环部分还原，而一般芳环催化氢化做不列这一点。由于 Birch 还原是在液氨中进行，很不方便，后来有人将 Birch 还原作了改进，用锂、甲胺（或乙胺或正丙胺）和醇还原苯甲醚及烷基苯。这种改进的方法与用钠、液氨还原产率差不多，但方便安全得多。

应用 Birch 还原要注意以下几点。

(1) 芳环上带有卤素、硝基、醛或酮羰基等，除了特殊要求外不能进行 Birch 还原。

(2) 酚因与金属成盐也不能进行 Birch 还原。

(3) 烷基苯、芳香羧酸、酰胺、酯、苯胺及其衍生物、芳醚等可进行 Birch 还原。

(4) 供电子基团一般使 Birch 还原速度减慢，吸电子基团一般使 Birch 还原加快。

Birch 还原反应可视为 1,4-加成，生成非共轭环己二烯及其衍生物，都可作为 1,6-二碳基化合物的原料。

【案例 9-33】 设计 4-甲基-6-羟基-3-己烯酸甲酯的合成路线。

从 TM 的骨架看有六个碳原子，从官能团看为一个双键，逆向分析如下。

H_3CO CH_3 OH $\xrightarrow{\text{FGI}}$ H_3CO CH_3 $\xrightarrow{\text{1,6-Recon}}$ OCH_3 CH_3 $\xrightarrow{\text{FGI}}$ OCH_3 CH_3

合成路线：

OCH_3 CH_3 $\xrightarrow[t\text{-BuOH}]{Na,\ NH_3(l)}$ OCH_3 CH_3 $\xrightarrow[(2)\ H_2O/Zn]{(1)\ O_3}$ H_3CO CH_3 $\xrightarrow{NaBH_4}$ H_3CO CH_3 OH

9.6 分子拆开法的总结

9.6.1 应具备的基础知识

运用分子的拆开法设计合成路线，一般应具备下列基本知识。

(1) 运用各种可靠反应的知识。

(2) 对各种反应机理的了解。

(3) 具有鉴别某些易得化合物的能力。

(4) 了解对立体化学并具备立体选择性合成的必要手段。

9.6.2 设计合成路线的例行程序

(1) 分析

认出目标分子中的官能团及其逻辑变化关系；依据已知的可靠方法进行切断，必要时采用 FGI 使产生合适的官能团供切断；必要时重复进行切断，以便获取易得的起始原料。

经验的切断部位应当注意：由两种官能团结合形成的官能团，先拆为原来的官能团；C—X 键处，X 为杂原子或官能团；双官能团相间的碳数（$n=1\sim6$）；链的分支处；连接芳环与分子剩余部分的键；邻接于羰基的键等。

(2) 合成

逆向分析，写出合成计划，加上试剂和反应条件；检查是否安排好一个合理的次序；检查是否把化学选择性的各个方面考虑周到，避免任何不必要的反应发生，必要时应使用保护基或导向基；根据实验失败或成功来修改计划。

9.7 用于合成路线设计的重要参考附表（表 9-1~表 9-14）

表 9-1　1,*n*-dis 合成的合成子

二基团关系	合成子	试剂
1,1	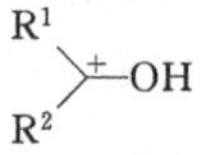 R^1, R^2 —C⁺—OH	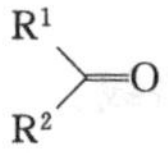 R^1, R^2 —C=O
1,2	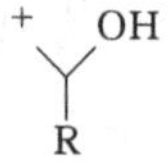 ⁺CH—OH (R)	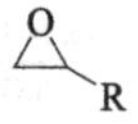 环氧化合物（O, R）
	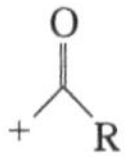 ⁺CH₂—C(=O)—R	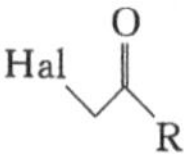 Hal—CH₂—C(=O)—R
1,3	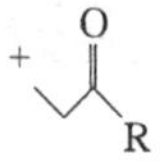 ⁺CH₂—CH₂—C(=O)—R	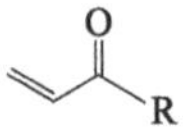 CH₂=CH—C(=O)—R

表 9-2　自然的或合乎逻辑的合成子

亲核试剂（烯醇负离子或烯醇）	亲电试剂：合成子	亲电试剂：试剂
	(a)直接	
O^-, R—CH=C—X (X=H, OEt, AlK, Ar)	R—$\overset{+}{C}H_2$OH	RCHO
	R^1, R^2 —C⁺—OH	R^1, R^2 —C=O
	R—$\overset{+}{C}$=O	RCOX(X=Cl, OR′)
	(b)共轭(迈克尔反应)	
	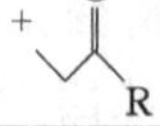 ⁺CH₂—CH₂—C(=O)—R	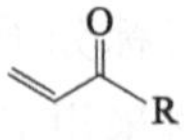 CH₂=CH—C(=O)—R

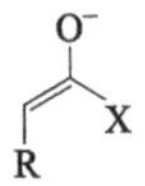

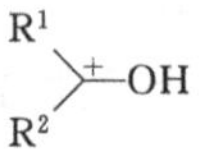

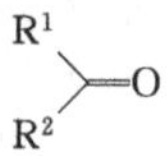

表 9-3　某些易得的 1,2-二官能团化合物

结构	名称	结构	名称	结构	名称
COOH—COOH	草酸（其酯或酰氯）	COOH—CHO	乙醛酸（·H_2O）	COOH—CH_2OH	乙醇酸（·H_2O）

续表

结构	名称	结构	名称	结构	名称
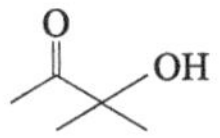 O OH	3-甲基-3-羟基-2-丁酮	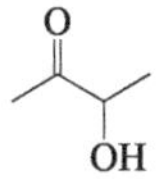 O OH	乙偶姻	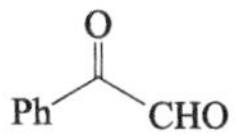 O Ph CHO	苯基乙醛酮
 HO OH	乙二醇	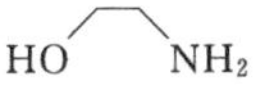 HO NH_2	乙醇胺	 H_2N NH_2	乙二胺
 CHO CHO	乙二醛 （水溶液）	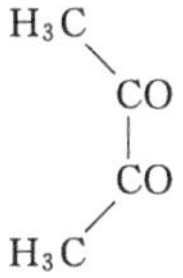 H_3C CO CO H_3C	丁二酮	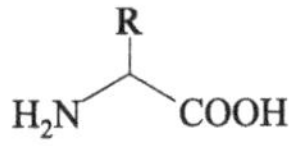 R H_2N COOH	广泛存在于自然界中的 α-氨基酸，R＝烷基、芳基等
 COOH $COCH_3$	丙酮酸	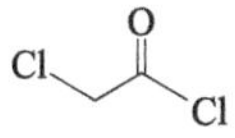 Cl O Cl	氯乙酰氯		
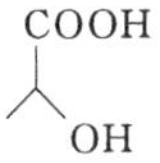 COOH OH	乳酸	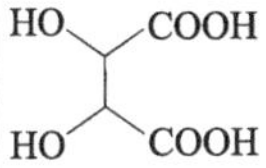 HO COOH HO COOH	酒石酸 （±）内消旋		

表 9-4 某些易得的 1,4-二官能团化合物

结构	名称	结构	名称
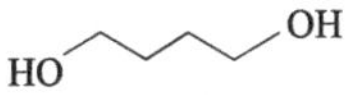 HO OH	1,4-丁二醇	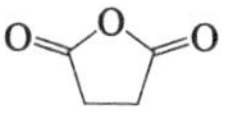 O O O	琥珀酸酐
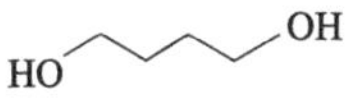 HO OH	1,4-丁二胺	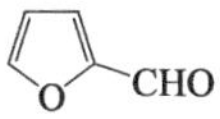 O CHO	糠醛
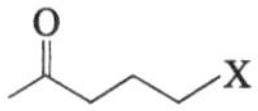 O X (X=Cl, OH)	γ-氯代(羟基)-2-戊酮	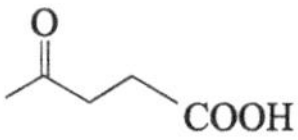 O COOH	乙酰丙酸
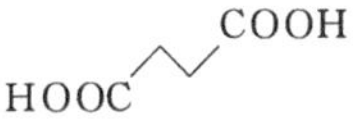 HOOC COOH	琥珀酸	 HO OH	丁炔二醇
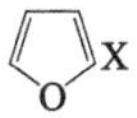 O X	呋喃衍生物	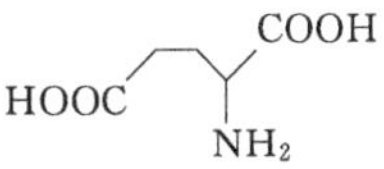 HOOC COOH NH_2	谷氨酸
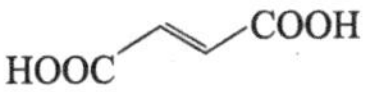 HOOC COOH	富马酸	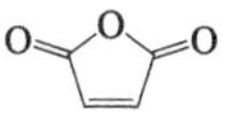 O O O	马来酸酐
 HO OH	顺-丁烯二醇	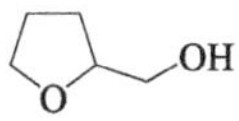 O OH	四氢糠醇
 X X	1,4-二卤丁烷	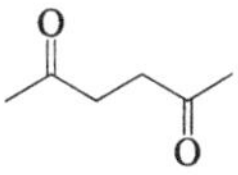 O O	丙酮基丙酮
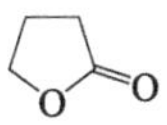 O O	丁内酯	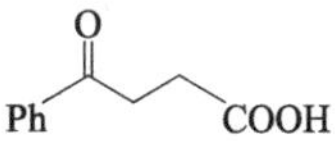 O Ph COOH	3-苯甲酰基丙酸

表 9-5 某些极易获得的起始原料

类别	名称或碳架结构
直链化合物	C_1～C_4的醇、卤代烷、羧酸、醛、胺
支链化合物	C_1～C_4的醇、卤代烷、羧酸、醛、胺
环状化合物	芳烃、C_4～C_8 的环烯、醇、酮
直链酮	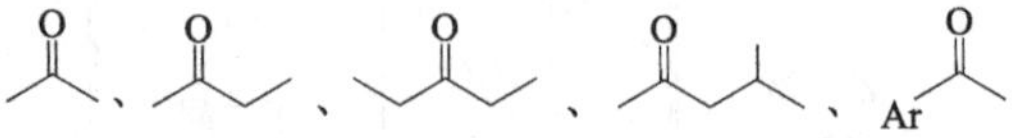 O 、 O 、 O 、 O 、 O Ar
直链烃	C_1～C_6烷、C_2～C_6的端烯、乙炔
二烯	丁二烯、戊二烯、环戊二烯、1,5-环辛二烯、异戊二烯
含活泼亚甲基化合物	乙酰乙酸乙酯、丙二酸二乙酯
塑料的单体	丙烯酸酯、甲基丙烯酸酯、氯乙烯、苯乙烯

表 9-6 使醇氧化成醛、酮的氧化剂

名称	方法	用于使 RCH_2OH 转变成醛
重铬酸钠	$Na_2Cr_2O_7$，H^+	RCHO，一生成即予蒸出
琼斯(Jones)试剂	CrO_3，H_2SO_4，丙酮	RCHO，一生成即予蒸出
科林斯(Collins)试剂	CrO_3，吡啶	在 CH_2Cl_2溶液中使用
PCC	CrO_3，Pyr，HCl	
PDC	2Pyr，H^+，$Cr_2O_7^{2-}$	在 CH_2Cl_2溶液中使用
莫发特(Moffatt)试剂	Me_2SO_4＋RN═C═NR(DCC)	

表 9-7 某些易得的含两个杂原子的试剂

结构	名称	结构	名称
NH_2OH	羟胺	$H_2N—NH_2$	肼
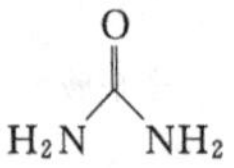 O H_2N NH_2	脲	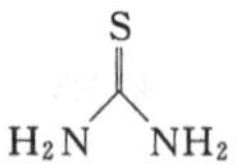 S H_2N NH_2	硫脲
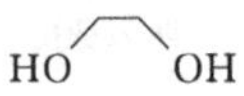 HO OH	乙二醇	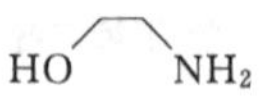 HO NH_2	乙醇胺
CH_2N_2	重氮甲烷	$PhNH_2NH_2$	苯肼
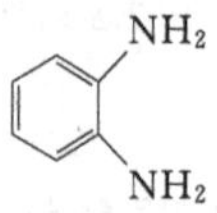 NH_2 NH_2	邻苯二胺	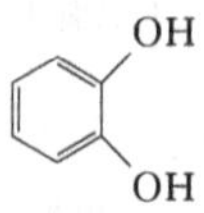 OH OH	邻苯二酚

表 9-8 芳族亲电取代反应中心的定位和活化作用

定位	基团	活化作用
邻、对	R_2N,NH_2 RO,OH 烯基 芳基 烷基	致活(推电子)
	COO^-,H^+	电中性
	卤素	例外
间	CX_3(X=F,Cl) COOH RCO,CHO SO_3H NO_2	致钝(吸电子)

表 9-9 用于芳族化合物合成的一碳亲电试剂

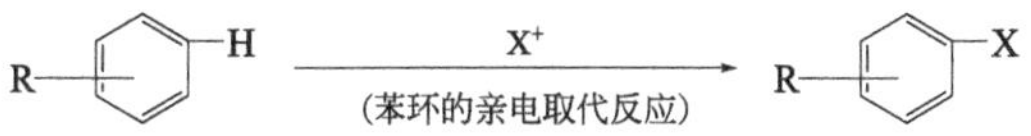

$$R-C_6H_4-H \xrightarrow[\text{(苯环的亲电取代反应)}]{X^+} R-C_6H_4-X$$

X	试剂	反应
$-CH_2Cl$	$HCHO+HCl+ZnCl_2$	氯甲基化
$-CHO$	$CHCl_3+OH^-$	莱默尔-蒂曼反应(Reimer-Tiemann)
	$Me_2N=CH-OPOCl_2$	维尔斯迈尔-哈克反应(Vilsmeier-Haack)
	($Me_2NCHO+POCl_3$)	甲酰化
	$CO+HCl+AlCl_3$	
	$Zn(CN)_2+HCl$	

表 9-10 用于芳族亲电取代反应的试剂

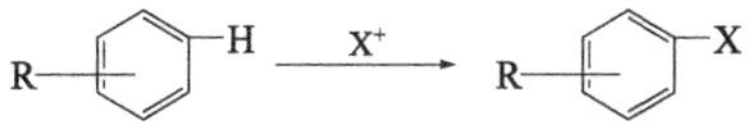

$$R-C_6H_4-H \xrightarrow{X^+} R-C_6H_4-X$$

合成子	试剂	反应
R^+	$RBr+AlCl_3$	付-克烷基化
R^+	$ROH+H^+$	付-克烷基化

续表

合成子	试剂	反应
R^+	烯$+H^+$	付-克烷基化
RCO^+	$RCOCl+AlCl_3$	付-克酰基化
$NO_2{}^+$	$HNO_3+H_2SO_4$	硝化
Cl^+	Cl_2+FeCl_3	氯代
Br^+	Br_2+Fe	溴代
$^+SO_2OH$	H_2SO_4	磺化
$^+SO_2Cl$	$ClSO_2OH$	氯磺化
$ArN_2{}^+$	ArN_2X(X=卤负离子、酸根)	重氮化、偶联

表 9-11　由官能团互换而引入芳族侧链

$$R-C_6H_4-Y \xrightarrow{X^+} R-C_6H_4-X$$

Y	X	试剂
还原		
$-NO_2$	$-NH_2$	H_2/Pd-C;Sn/浓 HCl
$-COR$	$-CH(OH)R$	$NaBH_4$
$-COR$	CH_2R	Zn-Hg,浓 HCl
氧化		
$-CH_2Cl$	$-CHO$	乌洛托品
$-CH_2R$	$-COOH$	$KMnO_4$
$-CH_3$	$-COOH$	$KMnO_4$
$-COR$	$-OCOR$	$-RCOOOH$
取代		
$-CH_3$	$-CCl_3$	Cl_2,PCl_5
$-CCl_3$	$-CF_3$	SbF_3
$-CN$	$-COOH$	H^+,H_2O

表 9-12　某些由重氮盐的亲核取代反应而制得的芳族化合物

$$Ar-NH_2 \xrightarrow{HONO} Ar-N_2^+ \xrightarrow{Z^-} Ar-Z$$

Z	试剂	Z	试剂
OH	H_2O	Br	CuBr
RO	ROH	I	KI
CN	CuCN	Ar	ArH
Cl	CuCl	H	H_3PO_2

表 9-13 从醇衍生的化合物

反应类型	产物	进一步的产物
氧化	醛	通过酰亚胺还原成胺
	酮	—
	酸	通过酰胺还原成胺
羧酸及衍生物的酯化	酯	通过酰胺还原成胺
对甲苯磺酰化(TsCl,吡啶)	对甲苯磺酰基化合物	其他取代物
取代:PBr_3或 HBr	溴代物	醚
$SOCl_2$	氯代物	硫醇、硫醚、腈

表 9-14 官能团的除去

$$ROH \longrightarrow \text{链烯} \xrightarrow{H_2/\text{催化剂}} RH$$

$$RBr \xrightarrow{Mg} RMgBr \xrightarrow{H_2O} RH$$

$$RBr \xrightarrow{H_2/\text{催化剂}} RH$$

$$RCOR \xrightarrow{LiAlH_4} RCH_2OH \xrightarrow[\text{吡啶}]{TsCl} RCH_2OTs \xrightarrow{LiAlH_4} RCH_3$$

$$Ar-CH(OH)-R \xrightarrow[\text{(只限于苄基型)}]{H_2/Pd\text{-}C} Ar-CH_2-R$$

$$>C=O \xrightarrow{Zn\text{-}Hg/\text{浓 }HCl} >CH_2$$

$$>C=O \xrightarrow{H_2N-NH_2} >C=N-NH_2 \xrightarrow[\triangle]{KOH/\text{乙二醇}} >CH_2$$

$$>C=O \xrightarrow[BF_3]{HS\text{—}CH_2CH_2\text{—}SH} >C(SCH_2CH_2S) \xrightarrow{H_2/Ni} >CH_2$$

9.8 合成工艺实例

9.8.1 基于龙脑的新型手性离子液体的合成工艺

手性催化剂的研究是不对称合成反应的关键和热点。从过渡金属配合物到手性有机小分子，人们一直在探索立体选择性高、催化剂可回收的手性催化剂。过渡金属具有较高的立体选择性，但不可避免产生重金属污染，且成本比较高。手性有机小分子催化剂的使用，扩大了不对称催化合成的研究范围，但这类催化剂难以回收。离子液体可循环使用的特点，给手性催化剂提供了一个可循环使用的载体。将具有手性催化作用的有机小分子嫁接到离子液体上，可获得一类新型、可循环使用的手性离子液体催化剂，它们既有手性构型保持的特征，也具有离子液体的特性。

该技术以异烟酸为原料，通过酰氯化、酯化、烷基化和离子交换四步反应工艺合成了一系列基于龙脑的新型手性离子液体。该工艺中酰氯化和酯化反应收率均很高，手性源天然产物（1R，2S，5R)-(−)-龙脑在酯化反应过程中引入，然后与不同碳链的卤代烃烷基化得到一系列溴代离子液体，再分别与四氟硼酸钠和六氟磷酸钠进行离子交换，最终合成了 13 个基于天然龙脑的新型手性离子液体（表 9-15）。

表 9-15　13 个基于天然龙脑的新型手性离子液体结构及物性参数

编号	名称	结构	性状	产率/%	$[\alpha]_D^{25}$	m_p/℃	T_g[a]/℃
1	[MePy]Br	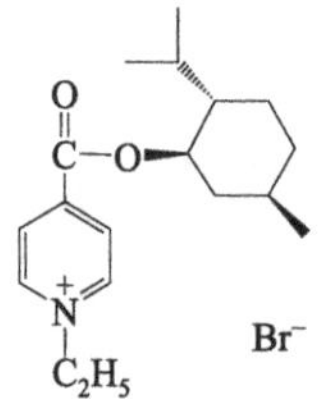	淡黄色固体	81	−55.0	184～185.7	215.0
2	$[MePy]BF_4$	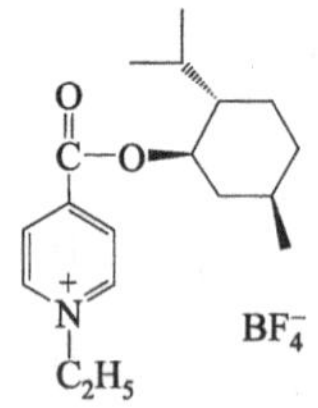	淡黄色固体	90	−62.9	151.7～154.3	241.1
3	$[MePy]PF_6$	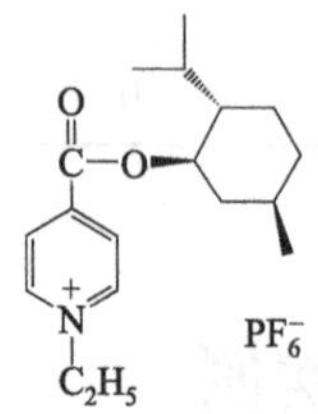	白色固体	93	−40.0	157.9～158.9	269.6
4	$[MePy]C_2H_5SO_4$	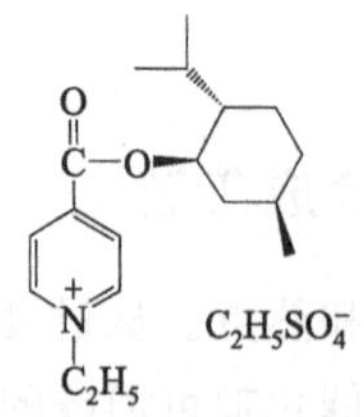	黄色液体	96	−53.8	—	260.7

续表

编号	名称	结构	性状	产率/%	$[\alpha]_D^{25}$	m_p/℃	T_g[a]/℃
5	[MbPy]Br	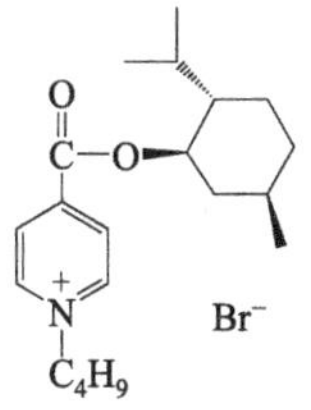 Br^-; C_4H_9	淡黄色固体	62	－60.0	145.6～145.9	220.2
6	[MbPy]BF_4	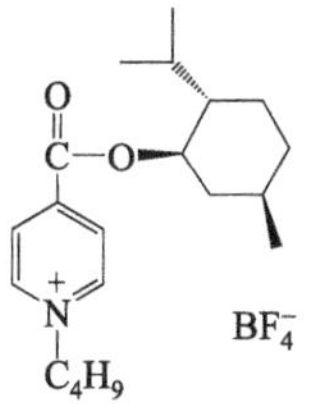 BF_4^-; C_4H_9	白色固体	80	－58.0	116.3～117.4	255.6
7	[MbPy]PF_6	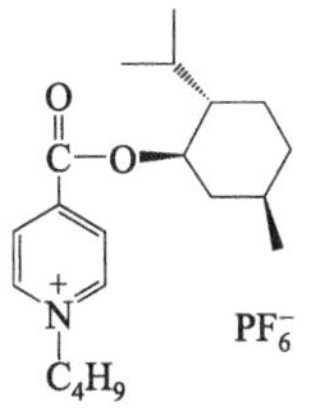 PF_6^-; C_4H_9	白色固体	86	－56.0	151.7～152.3	261.8
8	[MhPy]Br	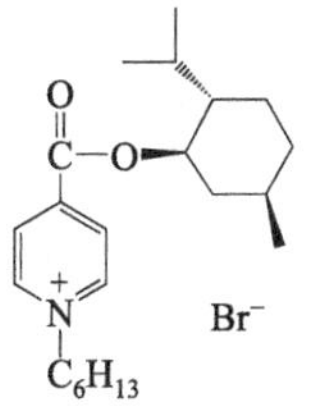 Br^-; C_6H_{13}	淡黄色固体	59	－56.0	135.4～136.4	231.5
9	[MhPy]BF_4	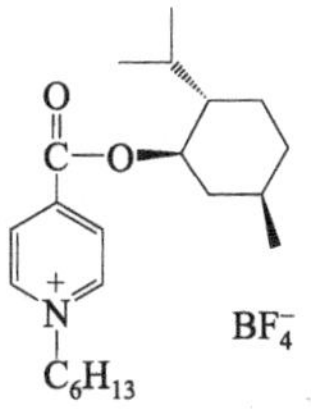 BF_4^-; C_6H_{13}	淡黄色固体	98	－68.0	131.3～133.0	258.2
10	[MhPy]PF_6	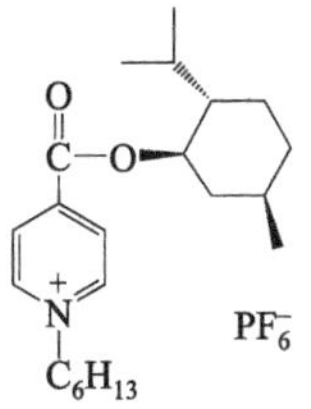 PF_6^-; C_6H_{13}	白色固体	72	－52.0	153.6～156.8	259.3

续表

编号	名称	结构	性状	产率/%	$[\alpha]_D^{25}$	m_p/℃	T_g[a]/℃
11	[MoPy]Br	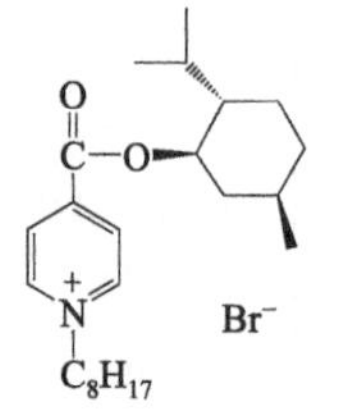 Br^-	淡黄色固体	52	−66.0	130.0～135.7	232.4
12	[MoPy]BF_4	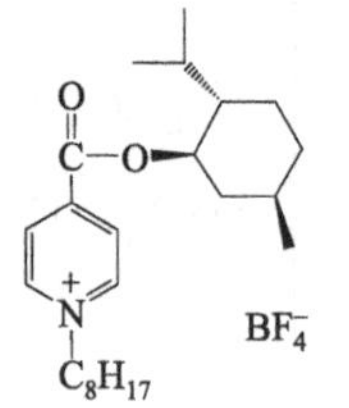 BF_4^-	黄色固体	93	−53.3	118.1～120.5	257.9
13	[MoPy]PF_6	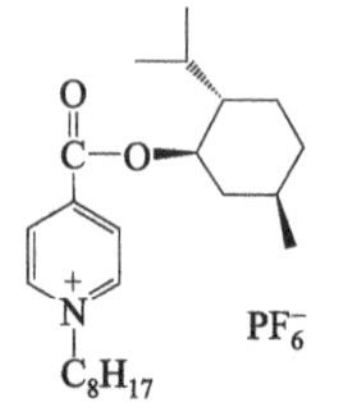 PF_6^-	淡黄色固体	91	−46.5	175.2～177.5	256.4

9.8.2 离子液体介质中多取代芳醚的合成工艺

多取代芳香醚是一类重要的有机医药中间体，在药物化学、有机合成、农药等领域里有着广泛的应用。多取代芳香醚可通过 Williamsoa 醚化反应制得，传统的合成方法为解决原料的溶解性常常在甲苯等芳香性有机溶剂中进行反应，反应时间较长，溶剂的挥发对环境造成较大污染。研究使用相转移催化技术在水相中合成芳香醚，去除了有机溶剂污染，且收率高，但是产生的废水对环境仍有一定的影响，且容易产生卤代烃水解副反应。因此，寻找一种对环境友好无污染的溶剂，实现多取代芳香醚的清洁合成，具有重要的意义。而离子液体以其无蒸汽压、清洁可回收、具有催化作用等优点成为近年来研究的热点，在清洁催化反应中有广阔的应用前景。

以 1-甲基-3-丁基咪唑四氟硼酸盐（简称 [Bmim] BF_4）离子液体作绿色溶剂，以溴代异丙烷、不同取代基的苯酚为原料，合成了 12 个相应的多取代芳基异丙基醚。该技术方法操作简便，反应产物易分离，反应过程中未使用有机溶剂，减少了对环境的污染；离子液体在反应过程中易分离，可重复利用，实现了多取代芳香醚的绿色清洁合成。

（1）方程式

OH, R^1, R^2, R^3 (1) —NaOH→ ONa, R^1, R^2, R^3 (2) —Br, $[Bmim]BF_4$→ O, R^1, R^2, R^3 (3a~3l)

（2）不同取代基对原料反应转化率的影响研究

醚化反应是S_N2双分子亲核取代反应，反应速率与原料卤代烃的浓度和亲核试剂的活性有关。亲核试剂苯氧负离子的亲核性大小与苯氧负离子苯环上的取代基有关，取代基的电子效应结果是吸电子基能使原料多取代苯酚的酸性增加，对应的共轭碱苯氧负离子的碱性减弱；反之推电子基能使多取代苯酚酸性减弱，对应的共轭碱苯氧负离子的碱性增强。而在亲核试剂的亲核性比较中，相同原子的亲核试剂的活性比较与碱性强弱顺序一致，因此，吸电子取代基将使苯氧负离子亲核性下降，而推电子取代基使苯氧负离子亲核性升高。通过对单位时间内反应原料的转化率的变化研究，可以得出不同取代的苯氧负离子的亲核性大小，从而反推得到苯环上这些取代基的吸电子或推电子效应的大小顺序。在其他条件均相同的情况下，反应时间为6h，选择不同取代的苯氧负离子与溴代异丙烷反应合成不同取代芳香醚，气相色谱分析不同取代基对反应转化率的影响见表9-16。

表9-16　不同取代基对反应转化率的影响

NO.	取代基			物	转化率/%
	R^1	R^2	R^3		
1	Cl	NO_2	Cl	3a	90.44
2	Cl	H	H	3b	90.61
3	H	H	Cl	3c	90.54
4	NO_2	H	H	3d	49.66
5	H	H	NO_2	3e	48.82
6	CH_3	H	H	3f	78.25
7	H	H	CH_3	3g	80.17
8	CHO	H	H	3h	52.53
9	H	H	CHO	3i	51.76
10	NH_2	H	H	3j	—
11	H	H	OH	3k	99.32
12	H	H	OCH_3	3l	96.40

从表中可以得出推电子能力为—OH＞—OCH_3＞—Cl＞—CH_3。—Cl在离子液体系中表现为推电子效应，且具有较强的推电子能力，其推电子能力明显大

于甲基，而卤素属于第三类定位基，在水相和有机相中表现为吸电子作用，这说明在离子液体介质中，取代基的电子效应发生了改变。这可能是由于离子液体系中苯环与离子液体阳离子结构的两种芳环所带电荷正好相反，同时离子液体的阳离子体积较大，且为亲油性基团，根据相似相溶原则，咪唑芳环既要与苯环接近，带正电部分又要与苯甲氧负离子之间形成离子对，那么若要同时满足这两种结合，离子液体的咪唑芳香环与反应物苯氧负离子可能以平面叠加方式实现离子液体的溶剂化作用。这种结果使氯取代基不存在常规溶剂中的溶剂化效应，因此氯对苯环的影响是 p-π 共轭效应大于负诱导电子效应。

9.8.3 离子液体中抗肿瘤药物吉非替尼的合成工艺

吉非替尼（gefitinib，商品名 Iressa），2005 年在我国上市，临床上主要用于治疗局部晚期或者转移性非小细胞肺癌（non small cell lung cancer，NSCLC）。文献报道的合成途径存在选择性差、产品纯度不高；或原料昂贵、步骤繁多、成本高等不足。因此，开发吉非替尼的合成新工艺意义重大。通过在离子液体中提高 6-羟基-7-甲氧基喹唑啉-4-酮，化合物（Ⅲ）结构中两个酚氧负离子烃化反应的选择性，设计了新的吉非替尼合成路线。

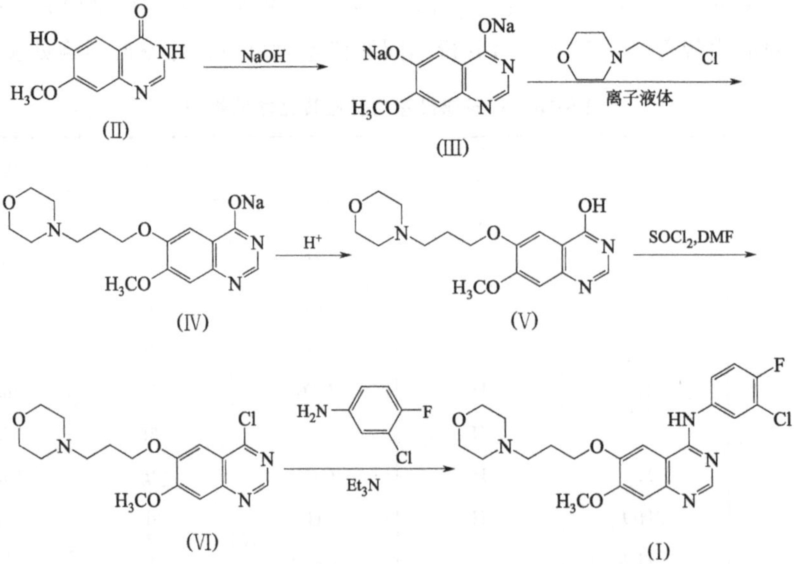

该方法将（Ⅱ）碱化生成钠盐（Ⅲ），由于（Ⅱ）中杂环上羟基受杂原子的影响，酸性强于苯环上的羟基，故生成的钠盐（Ⅲ）中杂环上酚氧负离子的碱性弱于苯环上酚氧负离子的碱性。再将（Ⅲ）与 4-(3-氯丙基）吗啉进行烃化反应就可高选择性地得到 6 位烃化产物（Ⅳ）。然后再依次进行酸化得到（Ⅴ），酚羟基氯代得到（Ⅵ），最后在除酸剂三乙胺存在下与 3-氯-4-氟苯胺反应得目标产物（Ⅰ）。总收率为 59.3%。

9.8.4 2-(3-羟基-1-金刚烷)-2-氧代乙酸的合成工艺

2-(3-羟基-1-金刚烷)-2-氧代乙酸（又称为3-羟基金刚烷酮酸）是一种重要的医药中间体，是合成治疗糖尿病药物沙格列汀（商品名为Onglyza）的重要原料，国内外市场需求量大，具有良好的市场前景。

目前已报道的2-(3-羟基-1-金刚烷)-2-氧代乙酸的合成路线较少，主要采用以下三条合成路线来合成。

（1）以金刚烷甲醇为原料，经对甲苯磺酰氯保护羟基、氰基取代、氰基水解、酯化、酯基α位羟基取代、羟基氧化成酮羰基、金刚烷骨架上氧化引入羟基和酯基水解共8步反应合成目标产物，但需用剧毒原料氰化钾和非常不稳定的试剂异丙基氨基锂，且步骤较长，总收率低于10%。

（2）以溴代金刚烷为原料，先制得金刚烷酮酸酯后，再经混酸氧化在金刚烷骨架引入羟基，最后酯基水解即可目标产物。此法步骤简化，但总收率仍不到10%。

（3）以金刚烷甲酮为原料，利用高锰酸钾分步氧化制备目标产物。虽然收率可以达到74.7%，但高锰酸钾氧化后会产生大量的固体废弃物二氧化锰，且二氧化锰会吸附产物，降低收率。

该技术的制备方法包括：在水中，在碱和相转移催化剂存在下，乙酰基金刚烷与臭氧进行氧化反应，得到2-(3-羟基-1-金刚烷)-2-氧代乙酸。该制备工艺简便、反应条件温和、成本低、产品得率高克服了现有技术中存在的缺陷。

OH
CH_3
O_3
碱，相转移催化剂
O
O
OH
O

9.8.5 王浆酸的合成工艺

王浆酸是蜂王浆的主要有机成分，其含量是衡量蜂王浆质量的主要指标之一，化学名（*E*）-10-羟基-2-癸烯酸，简称10-HDA。因其具有抗菌、抗癌、抗辐射以及强壮机体等多种生理功能，所以引起化学、生物及医学领域工作者重视。国内外已发表的合成路线较多，但从实用的观点来看，许多路线要么是工艺流程太长，产率过低，要么是合成条件苛刻，都没有工业生产价值。

1992年，全哲山等以1，9-辛二酸为原料经$LiAlH_4$还原得到1，9-辛二醇，再用Ag_2CO_3选择性氧化得9-羟基辛醛，最后用乙酸酐乙酰化，与丙二酸缩合，水解得到目的化合物10-羟基-2-癸烯酸，虽然收率高，路线短，反应条件温和，但该方法中用到价格昂贵的Ag_2CO_3，不适宜工业化生产。

2007年，李全等以1,6-己二醇为原料，经单溴代、三氧化铬吡啶盐酸盐

(PCC) 氧化成醛、保护醛基、格式试剂与环氧乙烷反应以增加两碳成醇、去保护与丙二酸发生 Kaoevenaglel 反应而合成王浆酸。虽然该路线具有原料易得、各步反应条件温和、分离简单、产率高的优点，但该法反应路线过长，操作复杂，且 PCC 氧化存在重金属铬污染，不能循环利用。

中国专利申请 CN1280121A 以油酸为起始原料来合成王浆酸，由油酸经若干步制备中间体 9-羟基辛醛，9-羟基辛醛与丙二酸发生 Kaoevenaglel 反应而合成王浆酸。其工艺过程比较复杂，不适合工业化生产。

该技术以 1,9-辛二醇为起始原料，包括如下步骤。

步骤 1：在溶剂存在下，在缚酸剂吡啶或者三乙胺作用下，1,9-辛二醇与酸酐 $(RCO)_2O$ 进行单酰化反应，得到通式Ⅱ化合物，其中 1,9-辛二醇与酸酐 $(RCO)_2O$ 的摩尔比为 1∶(0.5～1.2)，该反应式如下。

HO～OH (I) —$(RCO)_2O$→ HO～O-C(=O)-R (II)

其中，R 为 C_1～C_9 的直链烷基。

步骤 2：在溶剂中，步骤 1 所得到的通式（Ⅱ）化合物，在 NaBr 和二氧化硅负载的 2，2，6，6-四甲基哌啶-氮氧化物（下文简称 SiO_2-Tempo）存在下，在次氯酸盐作用下，进行 SiO_2-Tempo 催化氧化反应，得到通式（Ⅲ）化合物即 9-烷酰氧基辛醛，其反应式如下。

HO～O-C(=O)-R (II) —SiO_2-Tempo→ R-C(=O)-O～CHO (III)

其中所述次氯酸盐为次氯酸钠、次氯酸钾、次氯酸钙或次氯酸镁。

步骤 3：在水中，在催化剂离子液体和 K_2CO_3 存在下，步骤 2 所得到的 9-烷酰氧基辛醛与磷酰基乙酸三乙酯进行 Witting-Horner 反应，得到通式（Ⅳ）化合物，其反应式如下。

R-C(=O)-O～CHO (III) —$(CH_3CH_2O)_2P(=O)CH_2COOCH_2CH_3$, ILs, K_2CO_3, H_2O→ R-C(=O)-O～CH=CH-$CO_2CH_2CH_3$ (IV)

其中，ILs 表示的离子液化合物结构式如下。

A: N-R^1 吡啶鎓 X^-　　B: H_3C-N⊕N-R^1 咪唑鎓 X^-

在结构式 A 和 B 中，R^1 为 $C_1 \sim C_6$ 的烷基，X 为 Cl 或 Br。

步骤 4：步骤 3 得到的通式（Ⅳ）化合物在碱作用下水解，而后酸化，得到王浆酸，其反应式如下。

R-C(=O)-O-(CH₂)₇-CH=CH-$CO_2CH_2CH_3$ $\xrightarrow[(2)\ H^+]{(1)\ 碱/H_2O}$ HO-(CH₂)₇-CH=CH-CO_2H

(Ⅵ)　　　　　　　　(Ⅴ)

思考题

1.“逆向合成法”的基本概念和定义。

2.“逆向合成法”在分子拆分推导中，切断化学键得到的碎片为合成子，合成子的正负由什么因素确定？拆分时主要需要寻找什么基团？

3. 拆分后正离子可能有哪些回归，负离子可能有哪些回归？

4. 拆分有困难时回推到“适当阶段”主要找出相应的产物有哪些？举例说明。

5. 1,3-二氧化、1,5-二氧化的化合物的主要合成方法分别有哪些？拆分时分别需要寻找什么基团？为什么？拆分后正离子可能有哪些回归，负离子可能有哪些回归？

习 题

采用逆向合成分析法，分析合成下列化合物的原料，并写出合成路线。

(1) 3-苄基-4-甲基-2-戊酮（结构式）　(2) 2-乙基戊醇（CH_2OH）　(3) 含 COOEt 的环己酮衍生物（结构式）

(4) 螺环酮（结构式）　(5) 对位取代苯酚（OH）（结构式）　(6) 环戊基-COOH

(7) H_3CH_2C—C(H)=C(H)—CH_2CH_2OH（顺式）　(8) H_3C 取代四氢萘酮（结构式）　(9) 螺环醚（结构式）

(10) 1,2-二溴-4,5-二(CH=CHCH₂CH₂CH₃)环己烷：Br、Br、$CH{=}CHCH_2CH_2CH_3$、$CH{=}CHCH_2CH_2CH_3$

参考文献

[1] 夏敏，韩益丰，周宝成．有机合成技术与综合设计实验［M］．上海：华东理工大学出版社，2012.

[2] Carey F A，Sundberg R J. Advanced Organic Chemistry，Parts A and B，3rd ed.［M］. Plenum Press：New York，1990.

[3] 王利民，邹刚．精细有机合成［M］．上海：华东理工大学出版社，2012.

[4] 李京昊．有机合成设计的艺术技巧［J］．教育教学论坛，2014，(33)：92-93.

[5] 梁静，赵炜．有机合成设计教学谈［J］．大学化学，2011，(3)：22-26.

[6] 王永江．绿色化学及其在有机合成设计中的应用［J］．丽水师范专科学校学报，2003，(5)：47-49.

[7] 马军营，任运来，刘泽民．有机合成化学与路线设计策略［M］．北京：科学出版社，2008.

[8] 巨勇，席婵娟，赵国辉．有机合成化学与路线设计［M］．北京：清华大学出版社，2007.

[9] 张招贵．精细有机合成与设计［M］．北京：化学工业出版社，2003.

[10] 郝娥，强亮生．精细有机合成单元反应与合成设计［M］．哈尔滨：哈尔滨工业大学出版社，2004.

[11] 陈治明．有机合成原理及路线设计［M］．北京：化学工业出版社，2010.

[12] 梁静，李保民，赵云．问题探究式教学模式在有机合成设计中的应用［J］．高等理科教育，2014，(4)：97-101.

[13] 魏荣宝．高等有机合成［M］．北京：北京大学出版社，2011.

[14] 杨光富．有机合成［M］．上海：华东理工大学出版社，2010.

[15] 郭保国，赵文献．有机合成重要单元反应［M］．郑州：黄河水利出版社，2009.

[16] 李克华，李建波．精细有机合成［M］．北京：石油工业出版社，2007.

[17] 徐家业．高等有机合成［M］．北京：化学工业出版社，2005.

[18] 张军良，郭燕文．有机合成设计原理与应用［M］．北京：中国医药科技出版社，2005.

[19] 黄培强，靳立人，陈安齐．有机合成［M］．北京：高等教育出版社，2004.

[20] 王利民，田禾．精细有机合成新方法［M］．北京：化学工业出版社，2004.

[21] 薛永强．现代有机合成方法与技术［M］．北京：化学工业出版社，2003.

[22] 郭海琴．谈有机合成设计中目标分子的剖析［J］．延安教育学学报，1995，(2)：97-98.

[23] 英詹姆斯 R 汉森．有机合成［M］．北京：中国纺织出版社，2007.

[24] Chengping Miao，Xiaohua Tu，Ziwei Xiang，Jianyi Wu. Synthesis of novel chiral ionic liquids based on (－)-menthyl isonicotinate［J］. Synthetic Communications. 2012，(17)：2555-2563.

[25] 缪程平，宗乾收，陈喜，张洋，吴建一．在离子液体中合成多取代苯基异丙基醚［J］．合成化学，2011，(3)：393-396.

[26] 吴建一，向自伟，宗乾收，缪程平，邹玲．在离子液体体系中苯环上氯取代基电子效应差异性研究［J］．有机化学，2010，(5)：753-756.

[27] 徐永平，张洋，王宏亮，吴建一．吉非替尼的合成新工艺研究［J］．化学通报，2014，(12)：1236-1239.

[28] 张洋，吴建一，缪程平，徐永平．7-甲氧基-6-(3-吗啉-4-基丙氧基) 喹唑啉-4 (3*H*)-酮的制备方法［P］. 201410134497.6，2014.

[29] Cao K，Samuel J，Bonacorsi JR，et al. Carbon-14 labeling of Saxaglipin［J］. Journal of labelled compounds and radiopharmaceuticals，2007，50 (13)：1224-1229.

[30] Matthew M，Process for preparing dipeptidyl Ⅳ inhibitors and intermediates therefor［P］. WO：2005106011，2005-11-10.

[31] Berner M，Partanen R. Process for the preparation of admantane derivatives［P］. WO：2006128952，

2006-12-07.

[32] 李先喆，宗乾收，吴建一，车大庆．2-(3-羟基-1-金刚烷)-2-氧代乙酸的合成［J］．中国医药工业杂志，2013，(3)：233-234.

[33] 宗乾收，张洋，缪程平，吴建一，包琳．2-(3-羟基-1-金刚烷)-2-氧代乙酸的制备方法[P]．ZL201410145641.6，2014.

[34] 李全，古昆，程晓红．王浆酸的合成［J］．化学世界，2007，(5)：294-297.

[35] 刘复初，李雁武，林军，朱洪友．一种合成王浆酸的新方法［P］．CN：1280121A，2001-01-17.

[36] 全哲山，张洛成等．10-羟基-2-癸烯酸的合成［J］．延边医学院学报，1992，(1)：19-20.

[37] 宗乾收，黄林美，吴建一，包琳．王浆酸的制备方法［P］．ZL201110160828.X，2013.

[38] Qian shou Zong，Jian yi Wu. A new approach to the synthesis of royal jelly acid［J］．Chemistry of Natural compounds，2014，3：347-348.